2022年度山东省教育科学规划创新素养专项重点项目"提升学生创新素养的小学数学教师胜任力评价与发展研究"（2022CZD011）

2022年山东省优质专业学位教学案例库——教育硕士专业学位研究生《数学教学设计与实施》案例库建设（SDYAL2022067）

张丽　尹相雯◎著

数学教师关键能力评估与发展研究

Research on
the Evaluation and Development
of Mathematics
Teachers' key Competencies

中国社会科学出版社

图书在版编目（CIP）数据

数学教师关键能力评估与发展研究／张丽，尹相雯著．—北京：
中国社会科学出版社，2023.5
ISBN 978 - 7 - 5227 - 1569 - 8

Ⅰ.①数…　Ⅱ.①张…②尹…　Ⅲ.①数学教学—师资培养—研究
Ⅳ.①01 - 4

中国国家版本馆 CIP 数据核字（2023）第 041669 号

出 版 人	赵剑英
责任编辑	张　林
特约编辑	肖春华
责任校对	刘　娟
责任印制	戴　宽

出　　版	中国社会科学出版社
社　　址	北京鼓楼西大街甲 158 号
邮　　编	100720
网　　址	http://www.csspw.cn
发 行 部	010 - 84083685
门 市 部	010 - 84029450
经　　销	新华书店及其他书店

印　　刷	北京明恒达印务有限公司
装　　订	廊坊市广阳区广增装订厂
版　　次	2023 年 5 月第 1 版
印　　次	2023 年 5 月第 1 次印刷

开　　本	710 × 1000　1/16
印　　张	23.5
插　　页	2
字　　数	375 千字
定　　价	126.00 元

目　　录

图目录

表目录

第一章

绪　　论

在当今世界进行技术革命的时代，教育领域应对着前所未有的改革诉求，全新的教育结构与实践也正悄然兴起，教育形态需要不断地更新与改进，教师也面临各种前所未有的挑战①。随着技术革命的热潮愈演愈烈，培养和发展学生灵活适应复杂多变的问题与环境的生存技能，以及创新思维能力是当下全球各组织的共同愿景，"核心素养""PISA测试"等各种项目如火如荼地展开。应对当下生活与学习中日益复杂的各类情境和问题所需要具备的"关键能力"研究又重新进入人们的视野。"关键能力"的概念在20世纪70年代被提出以后，多应用于管理学和组织行为学领域。步入20世纪90年代，整合知识、技能、动机、社会角色与人格特质的综合职业观开始关注教师职业从业者需求与教师岗位从业特质领域。尤其是进入21世纪以来，中小学教师所具备的关键能力和必备品格正成为学者们关注的热点方向。

2020世界经济论坛发布的《未来学校：为第四次工业革命定义新的教育模式》白皮书提出教育4.0学习内容和经验的八个关键转变，旨在为第四次工业革命确定有希望的素质教育模式：包括全球公民技能、创新和创造力技能、技术应用、人际交往能力四项学习内容；个性化和自定义进度学习、无障碍和包容性学习、基于问题和协作的学习、终身学习和学生驱动型四项学习经验。这就要求教师应在任教学科上具备更高的能力。2000年，The National Council of Teacher of Mathematics提出，

---

① Day，C. Developing teachers：The challenges of lifelong learning. London；Philadelphia, Pennsylvani：Falmer Press. 1999：07.

数学课程改革中的重要组成部分就是"使学生能够理解性地学习数学，从经验和以前的知识中积极构建新的知识与能力"。面对全球性教育任务的新要求和挑战，数学教师在应对和落实"新教育模式与变革"，以及"跨学科核心素养培养"过程中又需要具备哪些关键能力与必备品格呢？

在曾经的一线数学教师的职教生涯中，"如何寻求数学课堂的游戏和欢乐，带领学生走进真正的数学世界，激发学生的想象力和创造力，从而更高效地进行数学教学？""如何根据教学大纲完成教学目标和任务的同时又有效地发挥数学学科的特点，将教学中的各种元素有机整合以发展学生其他学科的学习能力？""如何使数学教师岗位所需的各种能力形成合力以贯通教师职业成长与发展的立交桥？"笔者从未停止过对这几个问题的思考。曾深刻体会过那种"有心无力"的无奈感，也曾经历过"倦怠挣扎"的事业瓶颈期，更曾有过空有一腔热血和抱负却找不到努力方向的迷茫期。面对繁重的工作任务、复杂的人际关系，以及无法统筹兼顾事业和家庭的困境，是坚守还是逃离的矛盾痛点始终环绕影响着我，是自身能力不能够胜任当下的工作任务以致无法坚守岗位？抑或是没有精准聚焦正确的发力点而造成专业能力发展缓慢？在职业教育中我们关注更多的是教师的职业核心能力，但在基础教育中，更多的是从教学与课程能力为着力点来研究教师的专业教学能力。但是随着时代的发展和进步，对教师的要求已经不能仅仅从专业教学、师德师风的某一方面去涵盖，而是整体素质能力的评估。以基础教育教师职业生涯发展的视角来分析，从职前师范生—初任教师—骨干教师—名师名校长这样一条教师职业生涯链出发，能不能探寻出一条关于教师能力培养的通识之路？一路思考、一路成长，发现这些问题的答案似乎能从"关键能力"，一种起源于20世纪70年代的理论上得到解答。在参与S省中小学教师工作现状的调研项目中，作者曾深入探索走进数学教师的生活世界。通过与校长、教师们的深度田野调研访谈，深知一线数学教师的艰难与不易。比如，不少数学教师在承担教学任务的同时还要参加各种技能比赛；特别是乡村数学教师在实际教学工作中甚至同时负责科学、计算机等课程的教学任务；当前的自身能力素质水平难以适应大数据时代教育教学手段和教学模式的变更，等等；这些问题都亟须以关键能力为着力点，全方位、广角度、宽领域、深层次地探析与重构数学教师关键能力的内核、结构特征、评估模型的构建和发展之路。

第一节 问题提出

一 转型与发展:"互联网+大数据"时代教师能力的现实诉求

教育可以育民启民、安民富民、化民强民,对个体发展、家庭幸福、社会和谐、国家富强和民族振兴都有巨大的价值。而基础教育尤为重要,是社会发展的重要智力支撑。有一流的教师,才会有一流的教育,才会造就一流的人才。2018 年教育部等五部门印发《教师教育振兴行动计划(2018—2022 年)》,对教师队伍建设提出了新的计划和要求。但是当下数学教师除了应对繁重的工作任务,还要参加各种优质课评比,教师用于钻研学科的时间大大减少,用于发展自身能力素质水平的精力远远不够,更不用说有专门的时间进行数学教材、教学的深入钻研,从而导致业务不精湛、学科教学能力不足等问题。面对"互联网+大数据"时代对数学教师提出的更高要求,怎样才能评估关键能力?促进未来发展?新时代的数学教师应当具备哪些关键能力?采用何种方法对关键能力进行科学有效地评估?其关键能力发展的有效路径有哪些?因此,探究数学教师关键能力核心概念、结构特征及精准把握其影响因素,不仅是促进"互联网+大数据"时代背景下的转型升级的重要措施,而且是"互联网+大数据"背景下数学教师队伍建设的动力源泉。

二 责任与使命:数学教师社会角色的变革重塑

国外学者 Whitman 认为评估教师是否具备能够胜任岗位的关键能力,首先应从是否对任教的学科感兴趣?是否能够指导作业?其个体特质能否帮助自己成为合格的教师等方面着手;其次教师还应具备基本的学科本体性知识、职前培训、创新思维、科学探究、责任与义务等关键能力。也有学者认为 STEM 学科、STEAM 学科是教师胜任工作岗位的关键因素。教师要具备能够设计不同情境的能力来促进学生对概念的深度理解①。

《国家中长期教育改革和发展规划纲要（2010—2020）》明确了深化教师教育改革、加强教师培训工作等要求。为促进教师能力发展开展了"师范生免费教育""特岗计划""国培计划"等一系列项目。2022年，教育部印发《义务教育数学课程标准（2022版）》；2018年1月，教育部印发《中小学幼儿园教师培训课程指导标准（义务教育数学学科教学）》，将课程目标转换为教学能力标准，设计"核心能力项"，确定教师专业发展的能力指标体系。这一"指导标准"着重给出数学教师教学能力的培训指标及教学相关的"能力表现级差表"。但是，关于数学教师关键能力的系统全面的标准体系及其相关的"能力评价量表"仍需进一步研发和实践。小学教育专业认证标准第二级（以下简称"标准"）提出："发展预期体现专业特色，培养目标能够为师范生、教师、教学管理人员及其他利益相关方所理解和认同。"其中"一践行，三学会"的毕业标准是教书育人、为人师表的基本标准。这不仅充分体现师德师风和品格特质在教育教学中的重要性和迫切性，也是积极响应"立德树人"的根本宗旨，更是高等师范院校办学的重要任务。

而在"互联网 + 大数据"时代浪潮中，对数学教师角色多元化定位与发展、跨学科知识的储备和多种综合能力的发展研究迫切而又必要。当代数学教师的教学理念、倾向选择和教学行为不仅直接影响学生的学习效果，而且还影响着学生的学习态度、精神和方法等核心素养，以及人文素养的培养与发展。作为数学学习的组织者、参与者和执行者，数学课程的基本理念只有通过数学教师的具体实施才能够贯彻落实，并最终形成学生的数学核心素质能力。因此，教师必须具备更深厚的文化底蕴和更丰富的教育内涵。当下学生获取知识的渠道是多元化的，学生知道的甚至比教师更多更快。比如学而思、小猿搜题、作业帮等各种网校和辅导软件的出现，让各种数学知识题型一目了然，这就对教师角色提出了更高的要求。教师在其生存的教育社会支持系统中，理应承担更多的社会角色，具备跨学科知识的交叉、综合和渗透（社会学、哲学、心理学）等能力。要具备让学生获取知识能力、信息方法、数学思维创新、数学情感及数学文化

---

① Whitman W D. The Science Teacher [J]. General Science Quarterly, 1929 (1): 46–50.

等方面的关键能力，具备处理课堂"偶发事件"的能力，能够解决处理复杂技术或问题。同时还应当具备传播、推广和发展数学文化的能力，以弘扬传统数学文化的博大精深和精髓，增强社会影响价值。

三 导向与发展：让儿童走进美丽数学世界的应然向度

随着技术革命的热潮愈演愈烈，培养和发展学生灵活适应复杂多变的问题与环境的生存技能以及创新思维能力是当下全球各组织的共同愿景，"核心素养""PISA 测试"等各种项目如火如荼地展开。通过梳理分析不同国家或组织的"核心素养"框架，发现科学素养是重要构成要素（比如我国将科学精神作为文化基础的二级指标）。然而，对当前学生来说，一提到"数学"，总有不少学生出现"谈虎色变"的情况。数学家罗素就曾经回忆过一段儿童时期学习数学的往事："老师要求我背诵下面的句子，两数和的平方等于该两数的平方和，再加上该两数成积的两倍。这到底是什么意思呢？我一点概念也没有，而我无法记住这些字句时，我的老师就把书扔到我头上，但这并未能激发我的智慧。"数学家罗素的幽默令人发噱，但是，当老师把书扔到我们头上的时候，我们未必就会那么开心，非但不会激发智慧，反而带来伤害。当我们看到微博上那么多家长因为辅导孩子做数学题而崩溃、提到数学就谈虎色变的孩子等热搜时，我们是不是应该反思，是不是当前的教师并没有发展出新的能力以带领学生体验数学学科里面十分刺激的"概念的诗意"。数学是众多学科基础的同时又是一门艺术，不仅仅只是定义和公式。随着人工智能的发展，数学的重要性越来越高，要把数学文化和情感融入教材和课堂教学，通过恰当的方式展现数学之美，更需要教师灵性与悟性并存，既积极引导又要学生的深度参与，用欣赏的眼光看待学生，激发学生的热情、潜能与兴趣，将课堂变成求知的乐园。这也是《中小学教师水平评价基本标准条件》等文件对教师提出的基本要求。

但当前数学教师自身能力与工作岗位要求之间存在一定的矛盾：一是对数学学科本体性知识的把握有待系统性发展；二是教学方法手段和处理复杂人际关系能力等方面亟待提高；三是在各种优质课、公开课等评比中，噱头大于内容现象普遍存在。虽然，当下的课堂教学效果要求灵动活跃的课堂气氛，充分激发学生的数学学习兴趣和创新的教学模式和理念，但无论课堂教学怎样变革，都不能忽略教学目标和内容的本真要求，培养学生数学学科知识、数学思维和相关技能才是初心与目标。因此，聚焦分析能够完成这些工作任务的关键能力，评估当前数学教师关键能力、探究其影响因素、剖析现实藩篱与归因，探索关键能力发展路径是迫切需要解决的问题。

第二节　研究意义

一　理论意义

当前，我国数学教师相关的研究资料和结论还不够完善。关于数学学科教师关键能力的研究几乎空白。从国家层面看，义务教育和中小学教师、学生将会受到更多重视和关怀；从已有文献看，数学教师关键能力亟待提高，进而为数学教师队伍建设研究提供新角度、新思路、新方法。

（一）构建数学教师关键能力评估模型及发展的实证研究体系

当前专门针对数学学科教师关键能力的研究还是有待开垦的"处女地"，本研究中所涉猎的研究分析方法具有一定的可探索性和可思考性，在模型建构时通过"政策＋实践＋理论"三种路径应用多种研究方法，数据处理时利用模糊数学、AHP分析法、结构方程模型等统计学分析工具，为数学教师关键能力实证研究体系提供一个全新的分析向度。多措并举逐步拓展数学教师关键能力研究，以构建评估模型及应用的实证研究体系。

（二）丰富教师关键能力理论体系研究

从已有的研究来看，教师能力理论的研究大部分是在国外职业能力标准的原有基础上，融合教师的职业特点引进改编而来。鲜有从实际的调研访谈进行编码聚类分析出具体关键能力结构指标并实证检验，分地域、分阶段、分学段的教师关键能力的相关研究。一般来讲，关键能力研究是针对与工作岗位而设定的要求和标准，数学教师的关键能力评估模型可以作为数学教师关键能力评价的工具，更倾向于体现教师自身能力素质，对数学教师群体更具有普适性和适切性。本研究综合运用多种研究方法构建并应用数学教师关键能力评估模型，对评估模型进行实证检验、修订与完善。并且研究成果具有良好的推广应用价值，有利于数学教师关键能力水平发展，进而丰富教师关键能力理论体系研究。

二 实践意义

本书从多种教育科学的视角调查分析研究数学教师究竟应该具备哪些关键能力，怎样客观真实地反映关键能力的特征，以期推动数学教师研究方法的多元化和综合化。通过三种路径尝试构建教师关键能力评估模型结构框架，通过预调研确定数学教师关键能力各级指标构成，利用 Yaahp 软件分析计算模型中的指标权重并进行当前数学教师关键能力的模糊综合评估。进一步应用评估模型构建数学教师关键能力影响因素理论框架，构建影响因素结构方程模型，从而更加精准切实地把握影响关键能力的因素，开展质性访谈分析探究数学教师的现实藩篱与归因，提出关键能力的发展策略。最后在数学教师教学关键能力评估模型构建的研究过程中，开发、设计、构建的关键能力评估模型对教师个人、学校及社会都具有较高的应用价值。

（一）有利于数学教师对其关键能力进行自我评估

利用本研究所构建的关键能力评估模型，数学教师能够进行自测与诊断，及时发现自身关键能力的不足之处，调整个人发展规划。针对自身情况"量身打造"自我职业生涯发展规划，形成自己对数学教师职业发展的独特理解，促进自身迅速成长，助力数学教师重构自我，发展关键能力。也为高等师范院校定向教师岗位人才培养方案的制定及培养过程提供决策参考。

（二）有利于学校对教师关键能力发展进行评估与助推

实证研究需要在省域范围内搜集大量的数据、案例及第一手鲜活资料，这样不但可以对全省数学教师的关键能力指标有更全面清晰且深刻的认知和把握，还可以有效助力教师队伍建设。应用构建的关键能力评估模型，学校管理层可将其作为可复制、可推广的模板，应用于对整个学校全体教师的关键能力评估工作中，从而对学校教师整体的现状和归因进行问诊和把脉，通过发展学校全体教师的关键能力来强化学校的办学实力和综合竞争力。

（三）有利于教育主管部门对教师关键能力发展提供有力支持

2019 年 12 月 26 日，教育部出台《关于减轻中小学教师负担进一步营造教育教学良好环境的若干意见》提出要有针对性地统筹安排教师培训活动。本研究有利于教育管理部门清晰明确地了解到数学教师在实际教学与生活中的优劣势和需要改善之处，为解决数学教师队伍中存在的突出问题提供有价值的参考，从而优化数学教师的生存与工作环境，打造发展平台，更好地为数学教育服务；有利于教师培训机构直观地了解到数学教师关键能力的不足之处，从而有针对性地对数学教师开展教师培训和能力发展项目，确保每位数学教师都取得进步，我国的数学教育质量才会有质的飞跃。

第三节　文献综述

在全球化背景下各个国家围绕基础教育展开的改革创新热潮势头迅猛，但是，当前基础教育变革的关注点始终围绕着课程改革、教学改革及专业培训，而缺乏对学科教师一般能力方面的关注研究。随着不同国家出台颁布实施"教师专业标准""教育教学评估""教师资格考试""科学标准"等政策文件依据并逐步设计研发出相关测量工具，对教师的创新与创造能力、高新技术的掌握能力以及智慧课堂驾驭能力等相关研究已提上日程，"教师能力"相关研究亦成为基础教育教学领域改革创新研究成功的关键性因素。同时为全面贯彻落实"立德树人"的根本育人要求，在数学学科的育人领域中，数学教师应始终秉承"让每一名学生都实现数学核心素养"这样一个教学目标和职业理想，并为之实现而不断奋斗。数学教师具备相应的关键能力能够帮助学生理解学科以及运用多种教学手段和策略来解决不同学生需求的能力，从而为学生学习生涯发展与学习兴趣的培养奠定深厚的基础。然而，当前数学教育教学改革大多围绕数学学科的课程与教学内容开展研究，而数学教师队伍整体素质能力的发展能够促进学生数学素养的发展。因此，作为贯通自然学科基石与桥梁的数学学科的教师——数学教师究竟需要哪些关键能力与必备品格？如何明确界定数学教师需要何种关键能力？如何构建关键能力评估模型？如何应用评估模型研究数学教师关键能力水平现状及其影响因素？如何探究数学教师关键能力发展的有效路径？已成为当前基础教育事业建设迫切需要解决的热点问题。

以上相关问题虽然始终是学者研究的热点与重点，但是，当前一线数学教师在实际教学实践过程中仍然面临诸多困境，需要教师具备相应的关键能力。如此，就引出一系列问题，这些关键能力到底包含哪些内容？怎样才能拥有并持续发展这些能力呢？通过梳理分析国内外关于教师能力领域的研究资料及成果，发现尽管国内外已经有相关学者开始对某些学科领域的教师所需要具备的关键能力进行研究，但是已有的研究无论是在数量上还是质量上都还未能形成体系。其研究领域大多局限在职业教育范畴，且当前在职业教育领域还处于研究起步的初期阶段，仍未形成深厚的理论基础和可借鉴推广的模板，因此，很少有向基础教育或者高等教育涉猎的研究先例。其研究方法大多采用理论和经验等方式的总结分析研究，在论证方面缺少可量化科学可靠的分析依据。因此，需要运用组织管理学、心理学、社会学等其他学科领域的综合研究方法来探索研究数学教师关键能力的新路径。通过分析总结国内外相关研究领域的研究成果、梳理相关政策文献并进行分析概括总结，对所研究的相关核心概念进行界定，为本研究划定问题域。对数学教师关键能力评估模型构建及发展的理论基础、研究方法、研究步骤等进行研究方案的流程设计，为数学教师研究领域确立新的研究起点和研究空间，为数学教师关键能力的内涵特征、评估模型的层级结构及应用等研究问题领域提供诸多理论基础与启示借鉴。

当前，数学教育在基础教育中处于越来越重要的地位。数学教师通过对学生进行数学学科的教育和培养，使其建立起数学学科本体性知识体系，从而使得数学学科学习的兴趣和热情得到激发，数学学科发展史和数学文化得到传承和发扬，数学学习所需逻辑性、批判性和创新性等思维得到培养，进而为学生今后接受更高水平的跨学科教育打下坚实的基础。学生正处于心智发展与人格塑造的关键时期，在学习思考的过程中具有较强的探索欲和好奇心，如何把握好儿童成长发展的关键时期，做好数学学科教育工作，对数学教师提出了更高的要求与标准。

因此，当前国内外对于"数学教师的研究"越来越关注，以"数学教师"为检索词在中国知网（CNKI）中搜索（时间截至 2020 年 12 月），发现发表文章主题最多的是"数学教师专业发展"，主要分为数学教师专业发展、数学教师自主发展、数学教师专业发展及影响因素、数学教师培训、数学教师专业发展困境、策略及途径等不同的研究领域。有调查研究、叙事性研究和定性与定量相结合的研究等，涉及不同研究视角和研究方法。但是，数学学科教育工作不单涉及教师的专业发展，更重要的是数学教师是否能够具备应对数学学科教育岗位工作的"关键能力"。

选取中国知网（CNKI）对国内数学教师"关键能力"相关文献进行梳理。从研究数量上看，时间节点为 2001 年 1 月至 2020 年 12 月，并没有检索到"数学教师关键能力"的文献；将检索关键词设置为"教师关键能力"后，共检索到 75 篇。将检索关键词设定为"关键能力"共检索到文献 914 篇、"核心素养"340 篇、"职业能力"119 篇。检索"胜任力""胜任能力""特征""胜任素质"等关键词，检索到相关的文献1391 篇。关于"教师关键能力"的研究成果从 2001—2009 年的 10 年间，每年几乎为 1～2 篇的发文量，从 2010 年逐年上升，2017—2020 年快速增长。说明关于"教师关键能力"的研究主要集中在职业教育教师研究等领域，在基础教育教师研究领域中有待开拓。

数学学科作为基础教育的重要学科，应当着重对数学教师的关键能力开展相关研究。但通过分析检索到的相关文献可以看出，当前国内专家学者重点关注在分析研究数学教师专业发展及影响因素等方面，且研究方法与研究途径较为单一重复或大同小异。一是以某一区域的问卷调查为例主要通过量化分析开展教师研究，提出的措施与建议通常比较符合本区域的教师实际，可复制可推广的可行性不高；二是通过选取个案质性分析开展教师研究，或者仅仅局限于某个小案例对教师的专业技能等方面进行了解和分析教师的现状，缺乏对教师能力现状水平的精准评估和对存在问题的成因剖析；并且两者对数学学科的独特性与特殊性都有所忽略，没有体现数学教师作为数学学科教师关键能力的"数学特性"。

对文献中的关键词进行共现网络分析。得出针对"关键能力"开展的研究文献只有 49 篇，"核心素养"为 11 篇，并且大部分文献是关于职业教育教师职业能力的研究。在基础教育中，专门针对"教师关键能力"的研究寥寥无几。因此，继续将检索范围扩大到"教师胜任力"来分析，研究对象为"校长"的占比 64%。换言之，在"教师胜任力与领导力"领域，研究对象仍以校长为主。在针对"教师"的胜任力文献中，从学段上看，74% 的是关于高校、高职及中职教师的，"中小学教师"仅占比22%，其他（无指明学段）的占比仅为 4%；再从学科上看，88% 都没有针对具体学科展开，而针对"数学学科"的则更少。此外，80%来自期刊，其中核心期刊及硕博文献更少。在能够检索到的硕博论文中，关于"数学教师胜任力"的硕士学位论文在数量上要远远高于博士学位论文的数量，涉及"数学教师能力"相关的博士学位论文仅有为数不多的几篇，这表明在博士层次的学术研究中关于数学教师能力相关方面的研究关注极少。由此可见，专门针对某一学科某一学段进行的"教师关键能力"的研究更是鲜见，这也正是本研究最为创新之处。

一　多学科视角下对能力的内涵阐述

（一）哲学视角下对能力的内涵阐述

从辩证和历史唯物主义视角对"能力"内涵进行分析，在马克思看来，人"在改造环境的同时也改变着自己"。即人类通过内外部环境的改造，其能力也在不断发展与发展。马克思认为唯有通过能力，才使得一切对象对人而言才是自身的对象化。并且能力需要通过实践认知活动体现、形成与发展。处于社会系统中的个体，能够通过各种活动改变其生存环境，也能改善其生存境遇，并且在改造进化的过程中，不断更新拥有更高水平的能力。

（二）心理学视角下对能力的内涵阐述

从心理学视角研究能力的学说主要有能量能力说、要素组合能力说和个性心理特征能力说等。能量说认为完成某项工作任务所需要的心理能即能力，认为从业者在完成工作任务的过程中，能力会时刻影响其工作的效率和工作质量。要素组合说认为能力是由多种要素通过某种结构相互作用组合形成的，但对于具体的要素指标并没有给出明确的认知与研究。个性心理特征说认为能力是一种适应工作与活动需求的多种心理特征的组合。

（三）组织行为视角下对能力的内涵阐述

在组织行为学和管理学领域，研究者通常使用胜任力来替代能力进行科学研究。也就是说注重研究个体是否具备能够胜任工作组织中所需要的成就动机、情感态度、知识技能等能力。泰勒（Taylor）通过"时间动作分析"的方法得出工人胜任工作岗位所需要的能力。戴维·麦克利兰（David·C. McClelland）提出"胜任力"用于测量工人的工作绩效，主要分为三大类，如表 1-1 所示。

表1-1   组织行为学视角下能力的内涵阐述

分类	胜任力的概念界定
基于属性	McClelland（1973）认为胜任力是个体具备与岗位工作相关的知识、技能、特质等
	博亚特兹（Boyatzi）（1982）认为潜在个体行为特征构成个体胜任力。比如个体特质或者知识与技能等
	斯宾塞（Spencer）（1993）认为个体的深层次潜在特征构成个体胜任力。具备与工作绩效相关的行为表现。分为动机、个体特质、知识、技能等
	麦克拉根（McLagan）（1980）认为胜任力即具备与工作相关的知识、经验与技能等
	桑德伯格（Sandberg）（2002）认为胜任力是在履行工作职责时应用的相应的知识与技能
	王重鸣（2002）认为胜任力是个体所具备的个体特征。具备与工作绩效相关的知识、技能与态度等
基于行为	伍德拉夫（Woodruff）（1991）认为胜任力是个体在履行工作职责时的外显性行为表征
	弗莱彻（Fletcher）（1992）认为胜任力是员工应具备的能够按照逻辑进行归类的行为
	仲理峰（2003）认为胜任力是能够对优秀教师与普通教师进行区分的潜在的、持久的个体行为特征
基于综合	莱德福（Ledford）（1995）认为胜任力是员工具备的能够生成优异绩效的知识、技能与行为等
	拜厄姆（Byham）（1996）认为胜任力可以分为行为、知识与动机几种能力

由此可见胜任力是与工作任务、工作绩效相联系的。冰山模型和洋葱模型为胜任力结构理论的两大划分。关于冰山模型，Spencer 认为胜任力可分为 motives、traits、self-concept characteristics、knowledge 和 skills 五个方面。knowledge 和 skills 处于冰山上层，可以观测到。motives 与 traits 在水下很难被发现和改变，self-concept characteristics 介于中间。关于洋葱模型认为胜任力特征是由外向内、由表向里，层层深入。最表层较易测量，由易而难，层层推进，最难测量的即核心层。

二 多维度层级下数学教师关键能力的相关研究

1960 年至今基于能力的教师教育在职业教育领域掀起研究热潮。教师作为"教书育人"的角色身份与能力素质越来越受到社会的广泛关注。美国多州制定了基于教师能力能够被辨识和评估的假设条件下，证明教师在能够教学实践中展示特定教学技能的指导方针。依据学生学习成绩、日常综合表现等来评估与划分教师等级是非常有效的。如此，数学教师又需要具备哪些关键能力呢？

对不同网站进行检索分析得出关于教师的很多研究都是综合开展的。国内关于教师专业能力、胜任力等研究也大多借鉴国外相关实践经验的做法。而教师专业标准的颁布与实施，才标志着对教师能力研究的官方确立。教师的关键能力范畴涵盖了教师的专业能力，即依据特定的职业属性，教师所具备的专业能力是其关键能力表征的某一个方面。同时某种程度上来说，教师的关键能力是教师胜任力的外延，即无论是教师这个职业的外部环境还是内部环境如何改变，无论教师这个职业属性发生何种改变，以及无论变革方式如何，教师都具备能够适应这些改变并迅速融入环境的能力，是一种更为普适的方法能力和社会能力，更具有一定的推广和应用价值。

（一）专业教学层面

当下国内外主要从培养目标、师生发展的视角来研究教师专业能力，并且研究方法较为单一，研究途径较为重复。大多是开展某一区域的调查研究或者选取小案例开展个案分析质性研究，较少综合运用多种研究方法和研究手段开展深入分析探究，不具备普适性和较高的可行性。尤其是针对"数学学科教师"能力的研究更是甚少，难以从"数学学科特殊性"的角度去分析研究数学教师所应该具备的关键能力，无法对数学教师水平作出关键能力水平精准判断，无法对数学教师现状存在问题及成因进行精准剖析；从而更难以提出多元化更科学合理有效的建议，对数学教师的关键能力发展进行精准施策。具体如表 1-2 所示。

表1-2   教师专业能力相关研究

分类	教师专业能力相关研究
特社会心理学视角	李方根据德、智、体和谐发展理论和教育教学实践的探索，认为教师的专业能力由"德""能""体""心"四个方面组成并依据新课程总结出九方面的教师专业能力新要求
微观个体视角	巴布娜·凯莉（Barbara Kelley）认为教师素质包含"精深的内容知识；教学实践技能；责任心；评价能力；课堂管理能力；反思与实践；社会性能力；合作探究能力"
综合视角	王宪平认为教师应具备的专业教学能力可以划分为选择能力、整合能力、沟通能力、教学评价与创新能力
	其他学者认为教师专业能力应该从课程及能力在教育教学实践领域中的功能差异来界定

（二）岗位胜任层面

国际对教师胜任力的研究侧重于基本职业技能研究，1962 年开展的关于教师胜任力认知调查中选取教科研相关专家学者、中小学教师、教育主管部门相关管理者等开展调查研究。从学习指导者、辅导员与工作指导者、文化传递者、共同体联系者、教职工、专业化人员等方面构建了中学理科教师胜任力的 60 个行为指标体系。结果表明对教职工的认同度最高，对辅导员与工作指导者的认同度最低；学习指导者、辅导员与工作指导者、专业化人员的认知水平为教师教育管理者＜学科教学论教师＜理科教师＜教育学领域教师；文化传递者的认知水平为教师教育管理者＜学科教学论教师＜教育学领域教师＜理科教师；共同体联系者、教职工的认知水平为学科教学论教师＜教师教育管理者＜理科教师＜教育学领域教师。[①]

1974 年，美国科学教师教育委员会开展关于教师胜任力的全面系统的研究，得到教师胜任力的 23 个要素指标，涵盖了通用教师胜任力的基本内容（如评估课堂行为与学生成绩，开展教学设计，解释课程、单元与课时目标等基本要素指标）。1977 年，辛普森（Simpson）和布朗

① Spore L. The competences of secondary school science teachers [J]. Science teachers [J]. Science Education, 1962, 46 (4): 319-334.

（Brown）运用德尔菲以及因素分析的研究方法构建理科教师胜任力模型，具体见表1-3。该模型更侧重对教师职业基本技能的评估，而倾向性维度（如教师信念、教师自我效能感、个体价值观、教师职业道德）等方面没有对其进行重点关注。

表1-3　　　　　　　　　　教师胜任力结构（理科）

胜任力	具体的描述
实验能力	能够开展实验并研讨与实验相关的过程与价值
情感态度	能够致力于开展正常教学工作及与这些努力不可分割地情感态度
人际关系技能	能够和家长、学生、同事及家人朋友间建立良好的人际关系
规划技能	能够根据课程目标与内容分类分策设计不同性质不同种类的工作任务，为不同层次的学生群体提供相应的学习机会
教学技能	能够运用多种教学方法手段合理有效地开展课堂教学
管理技能	能够管理班级、组织学生开展实践活动等
评估技能	能够自我评估课堂行为，或者具备能够获取相关评估的能力，以便改进

　　教师的教学胜任力重点研究教师在专业教学实践技能方面的能力，也是教师胜任力构成中的重要方面。但是当前诸多高等师范院校毕业生或实习教师、初任教师并未能很好地胜任这些教学能力，未能较为熟练地在本体性学科知识和教学实践之间建立起相互关系。[①] 为能够让高等师范院校毕业生或实习教师、初任教师在未来的一线教育教学活动中将理论和实践紧密联系起来，应着力培养教师能够熟练运用所学的知识、技能与情感态度等来有效处理和解决突发事件的能力。

　　惠特曼（Whitman）认为评估教师是否具备能够胜任岗位的关键能力，应从是否对任教的学科感兴趣、是否能够指导作业、其个体特质能否帮助自己成为合格的教师等方面着手，其次教师还应具备基本的学科本体性知识、职前培训、创新思维、科学探究、责任与义务等关键能力。也有

---

① Pettit D W. Teacher Training: An appraisal and a suggestion [J]. The South Pacific Journal of Teacher Education, 1975, 3 (1): 52 - 59.

学者认为 STEM 学科、STEAM 学科是教师胜任工作岗位的关键因素。教师要具备能够设计不同情境的能力来促进学生对概念的深度理解。[①]

比斯利（Beasley）从教学基础、教育技术、媒体、教材准备等方面研究教学胜任力。[②] 他认为教学基础能力主要涉及能够描述学科素养的内涵、辨识应用技术对教材进行评估诊断、设计实验、探究大纲等方面。教育技术包括程序式教学、探究式教学以及开展实验教学等。具体研究教师是否具备能够合理运用高新技术手段开展教学与实验指导的能力，并且是否能够积极妥善处理突发状况。

布兹（Butzow）与库雷希（Qureshi）提出教师的胜任力表现行为有12 个指标要素，分别为知识、师生关系、个体特质、生动课堂创设、学科能力、教学设计、批判性思维、概念迁移、学业评估、现场应变、规范与责任意识。并且验证了教师对行为指标要素的认知差异，结果显示在个体特质、批判性思维、概念迁移关联与责任意识这些行为指标上并没有显著性差异。[③]

有学者认为教师胜任力是教师个体为了实现个体成就的绩效导向能力，即本体性知识体系结构与认知、能够进行有效互动的心智能力、态度与价值观。[④] 这些教师胜任力核心要素能够发挥作用于工作任务、处理问题及个体角色或职位等。教师个体在胜任日常教学工作中所具备的文化背景与社会性能力，能够反映其在特定的学校和社会关系中如何利用个体特质取得相应的教学成果。因此，教师胜任力和工作效率存在非常大的关联度。

有学者从科学探究和自我效能感的视角将教师教学胜任力分为探究技能中的效能感、指导学生开展合作学习、提高学生在探究学习中和学科知识体系理解中的自我效能感、提供科学合理良好并有助于学生理解学科本

---

① Whitman W. D. The Science Teacher ［J］. General Science Quarterly, 1929（1）：46 – 50.

② Beasley W. Student teaching：perceived confidence at attaining teaching competencies during preservice courses ［J］. European Journal of Sciecce Education, 1982, 4（4）：421 – 427.

③ Butzow J. W., Qureshi Z. Science teachers'competencies：A practical approach ［J］. Science Education, 1978, 62（1）：59 – 66.

④ Alake-Tuenter E., Biemans H. J. A., Tobi H., et al. Inquiry-based science education competencies of primary school teachers：A literature study and critical review of the American National Science Education Standards ［J］. International Journal of Science Education, 2012, 34（17）：2609 – 2640.

质的学习环境。①

　　在数学教育阶段，培养学生的重点在于数学核心概念、事物的本质与原则、基本定律与学科知识等的掌握程度，这些为学生将来能够理解自然科学世界，以及后续的跨学科知识的学习均提供理论基础和思维发展平台。为了使得许多抽象的数学概念和数学本体性知识理论能够以更易于被学生接受的方式展现出来，就需要创设相应的小学生数学学习情境。情境能够激发学生对数学的学习兴趣和探究数学概念与知识的好奇心，因此，这就需要数学教师具备能够情境教学的能力。并且能够熟练掌握和融会贯通数学教材中的概念、内容与知识体系，且能够向学生传授与阐明这些内容。以荷兰政府主导的情境化课堂教学改革为背景，通过对开设情境化课程教学和传统课程教学的不同教师开展教学胜任力的调查访谈及相关性分析，斯米茨（De Putter-Smits）认为学科知识体系构建的侧重点应在如何使得学生能够在社会系统中学习、理解和掌握学科知识。只有把学科知识体系融入社会系统中去学习，才能够使得学生将来在其他多种跨学科的知识学习中，将其当成由社会文化所构建决定的知识体系。② STS 认为学生最应该具备沟通交流与表达的能力，以及能够准确提出与学科相关的社会性议题的能力，斯米茨还指出 STS 学科知识发展的教育教学重点应该是发展学科任教教师的教学胜任力，具体教学胜任力要素见表 1-4。

表 1-4　　　　　　　　　基于情境教学的教师教学胜任力

胜任力	具体阐述
情境处理	教学的情境设计与注重教学情境
教学监管控制	合理引导监督

① Wu L C. Chao L, Cheng P Y, et al. Elementary teachers'Perceptions of Their Professional Teaching Competencies: Differences Between Teachers of Math/Science Majors and Non-math/Science Majors in Taiwan [J]. International Journal of Science and Mathematics Education, 2018016 (5): 876-890.

② de Putter-Smits L G A, Taconis R, Jochems Wet al. An analysis of teaching competence in science teachers involved in design of context-based curriculum materials [J]. International Journal of Science Education, 2012.02 (07) 701-721.

续表

胜任力	具体阐述
教学侧重点	开展概念、本质与规律教学并在社会情境中开展学科本体性知识教学（如STS）
教学设计布局	开展情境化教学并且能够灵活运用多种教育教学手段进行课堂布局
教学创新创造	开展多种学科的合作与交流，建立学习共同体

不同国家或组织在不同学科教育标准中对学科本质的阐述均运用不同的专业术语。比如数学实验、理解认知、技术方法、如何运作等。数学及其他学科教育教学目标在解决当代社会性问题时都坚定不移地基于公民需求。Allchin 认为，教师在培养学生对学科知识体系本质理解和认知过程中可借助历史性案例、实时性案例以及探究活动来开展教学。[①] 以数学学科探究活动为例，探究教学在激发学生共同参与学习、促进学生理解、掌握和构建数学学科本体性知识体系、开展数学实验、进行数学建模、联系数学学科知识与人工智能等探究式课程与技能等方面都具有显著意义。

克里克（Abd-EI-Khalick）从 NOS 教学的视角，将教师胜任力分为NOS、知识及探究技能。[②] 注重教师对学科知识体系本质内涵的理解与掌握，主张教师在开展探究教学活动时能够借助其对学科本质内涵与规律的理解与掌握，科学合理设计并传授与学科本质相关的知识与概念。并且对学科本质内涵与规律的理解与掌握要紧贴教学内容情境。同时不断反思实践学生理解与掌握知识体系中的影响因素，比如哲学、心理学与组织行为学，以及社会学等方面。注重学科知识体系本质内涵规律与探究教学间的相关关系，其中教师的 PCK 是与前面三个方面相关联的重要中介因素。

格林（Green）从环境胜任力、知识胜任力和教学胜任力三个维度研

---

① Allchin D. , Andersen H. M. , Nielsen K. Complementary approaches to teaching nature of science: integrating student inquiry, historical cases, and contemporary cases in classroom practice [J]. Science Education, 2014. 98 (3): 461 – 486.

② Abd-EI-Khalic. Teaching with and about nature of science, and science teacher knowledge domains [J]. Science and Education, 2013, 22 (9): 2086 – 2107.

究教师胜任力。① 其中，环境胜任力是指教师能够创造和维持帮助学生学习自然社会等的相关能力。知识胜任力是指教师能够熟练理解和掌握学科知识体系的同时能够科学合理并创造性地将其应用到对学生学科知识体系的传授过程。教育教学胜任力是指教师是否接受正规的职前师范教育、相关的职业培训学习以及是否具备相应的教学经验，能够进行正常的教育教学活动。

塞迪比（Sedibe）等通过对乡村学校教师的胜任力现状进行质性访谈调查研究，得出认同度较高的三种教师胜任力因素，即教育教学热情、教学资格与经验、教育教学技术与资料。② 认为教育不仅是学生对技能与知识的获得，还应该包括教与学的心理或认知，具有发展一般生活技能的价值，也充分说明倘若有效发展学生个体的认知技能，则教师的教育教学行为活动就会更加持续有效。

（三）关键能力层面

如何科学合理地界定教师的关键能力属性与内涵？如何评估、培养与发展教师的关键能力？是值得深入思考的问题。但由于"教师关键能力"是在综合社会的不断发展变革以及各种教育教学热点问题的基础之上提出的一个全新的概念，其内涵界定和理论基础都有待于进一步深入探究。

1. 关于教师关键能力的国外政策依据

澳大利亚教师专业标准（Australia Institute for Teaching and School Leadership National Professional Standards for Teachers）从初任教师（Graduate teachers）、熟练教师（Proficient teachers）、娴熟教师（Highly Accomplished teachers）和领导教师（Lead teachers）四个教师职业发展阶段把专业能力划分为三个维度，即专业知识、专业实践、专业参与。具体见表 1 – 5。③

---

① Green R. D. , Osah-Ogulu D. J. Integrated science teachers' instrucitional competencies: an emprical survey in Rivers State of Nigerial [J]. Journal of Education for Teaching, 2003, 29 (2): 149 – 158.

② Sedibe M. , Mcema E. , Fourie J. , et al. Natural Science Teachers'perceptions of their Teaching Competence in Senior Phase Township Schools in Soweto Area, Gauteng Province [J]. Journal of Anthropology, 2014, 18 (3): 1115 – 1122.

③ Australian Institute for Teaching and School Leadership Limited. Australian Professional Standards for Teachers [DB/OL]. https: //www. aitsl. edu. au/australian-professional-standards-for-teachers/standards/list. pdf, 2017 – 07 – 03.

表1-5 澳大利亚教师专业标准

一级指标	二级指标
Professional Knowledge（专业知识）	充分了解学生并且能够帮助学生学习
	熟练理解掌握教学内容及相应的教学方法手段
Professional Practice（专业实践）	设计并开展有效教学
	创设维护有利于学生学习的学习环境
	能够对学生开展评价、合理反馈及撰写报告
Professional Engagement（专业参与）	能够持续积极地开展专业学习
	能够与家长、同事、学生等社会团体合作交往

新西兰中学校教师专业标准从九个方面概括教师所应具备的专业能力，包括专业知识、专业发展、教学技术、组织管理、成就动机、语言文化、沟通交流、支持与合作、积极活动。[①]

英国《教师专业标准》[②] 着重指出教师应当把学生的教育放在首位，应当尽全力达到更高的工作与行为标准。并且教师要诚实守信，具备与育人工作相关的知识与技能，及时开展自我批评。

2. 关于教师关键能力的国内政策依据

《小学教师专业标准（试行）》《中学教师专业标准（试行）》《义务教育数学课程标准（2022版）》［以下简称《课标（2022版）》］，以及教师资格证《数学学科知识与能力》考试大纲等。提出对中小学教师所应具备的专业能力的基本要求，成为教师的资格考试、培训考核等工作的政策依据。

《数学学科知识与能力》考试大纲中对数学学科知识、数学课程知识、数学教学知识的掌握和应用都提出具体目标要求。教师应该具备的数学学科本体性知识应该包含数学专业课程、中小数学课程的内容知识，理解数学的重要概念、公式定理及法则等数学学科本体性知识，掌握数学思

---

① Post Primary Teachers' Association. Secondary Teachers' Collective Agreement［DB/OL］. http://ppta. org. nz/collective-agreements/secondary-teachers-collective-agreement-stca/supplement-1-professional-standards-for-secondary-teachers-criteria-for-quality-teaching/，2017-07-03.

② Department for Education. Teachers Standards［DB/OL］. https：//www. gov. uk/government/uploads/system/uploads/attachment_ data/file/283566/Teachers_ standard_ information. pdf.

想方法、数学学科基本方法能力以及综合运用能力。课程知识包括理解数学课程的性质、理念和目标，能够根据其具体内容指导教学实践。数学教学知识包括掌握数学教学知识、数学教学方法与策略的准确选取，将数学本体性知识中的概念、法则以及数学思想方法巧妙地融入数学课堂教学过程中；并且能够多元化全方位广角度科学合理地评估学生的知识、技能、核心素养以及解决问题的能力。

将您的教育方针具体细化为本课程应着力培养学生的核心素养，体现正确价值观，必备品格和关键能力的培养要求。《义务教育数学课程标准（2022年版）》指出教师要对学习者特征着重进行分析研究，选择恰当有效的教学方法，使学生深入思考；充分体现数学学科的特色；充分重视学生已有的知识，逐步引导学生学会从实际情景中抽离出数学问题，依据数学问题如何进行数学模型的建构，解决问题从而得出结果。教师资格证考试大纲也提出教师要能够对学生的个体特性进行分析把握，充分了解学生的学习特点与身心状况，因材施教，因人而异，有的放矢地开展教学。

2018年《关于全面深化新时代教师队伍建设改革的意见》（以下简称《意见》），对中小学教师队伍建设的规模结构与能力素质提出新要求。《意见》对教师所应具备的各项能力均提出明确的规定与要求，从五个维度分别进行阐述教师关键能力，其中"突出德育实效"放在首要位置，说明育德能力是教师应该具备的首要且重要的能力，是坚持"立德树人""以人为本"育人理念的基本要求和根本任务。其次才是"发展智育水平""优化教学方式""完善作业考试辅导""加强科学教育与实验教学"，促进思维发展，激发创新意识，突出学生主体，激发学习兴趣；开展研究型、项目化、合作式学习；探索弹性与跨学科实践性作业等要求，注重培养学生核心能力素养，促进其全面发展。最后提出"重视家庭教育"，提倡家校合一，密切家校联系，关爱学生茁壮成长。《意见》对教师的沟通交流、组织管理、团队协作等能力提出了更高的要求与标准。具体见表1-6。

表1-6   《意见》中对教师关键能力的规定与要求[①]

一级指标	二级指标
育德能力	要求开展学生在理想信念、社会主义核心价值观、传统文化与身心健康等方面教育。加强爱国主义、集体主义、社会主义的宣传教育。加强学生的思想道德修养教育。广泛开展优秀模范、英雄典型等学习宣传活动
课堂教学能力	要求着力培养认知能力，促进思维发展，激发创新意识。突出学生主体地位，保护学生好奇心、想象力、求知欲，激发学习兴趣，提高学习能力
	要求坚持教学相长，注重启发式、互动式、探究式教学，引导学生主动思考、积极提问、自主探究。探索基于学科的课程综合化教学，开展研究型、项目化、合作式学习
作业与考试命题设计能力	要求统筹调控不同年级、不同学科作业数量和时间，促进学生完成好基础性作业，强化实践性作业，探索弹性作业和跨学科作业。认真批改作业，及时做好反馈
实验操作能力	要求坚持知行合一，让学生成为生活和学习的主人。加强科学教育和实验教学
家庭教育指导能力	要求充分发挥学校主导作用，密切家校联系。家长要切实履行家庭教育职责，加强与孩子沟通交流，培养孩子的好思想、好品行、好习惯[②]

3. 教师关键能力的内涵界定与结构特征

在国内，尹金金、胡昌送等学者在职业教育教师培养领域中首次将教师关键能力内涵提出以后，并没有引起广泛重视。但是其对"教师关键能力内涵与结构"的思考与研究，为职业教育教师培养领域开辟了新的发展思路与空间，更加顺应社会与时代的需求，也更加符合职业教育高素质高技能人才培养方案对教师的要求。同时也为基础教育坚持中国特色社会主义道路，着力培养社会主义建设者和接班人提供可借鉴可参考的思路和方法。通过比较分析国内外先进的经验和做法，综合分析不同专家学者对"教师关键能力内涵"的认知与理解，得出以下几个具有代表性的研究观点，比如国外比较权威的"关键能力"构成包括系统规划组织任务、

---

① 中共中央国务院：《关于全面深化新时代教师队伍建设改革的意见》［Z/OL］．（2018－01－31），http：//www. gov. cn/zhengce/2018－01/31/content5262659. htm。

② 中共中央国务院：《关于全面深化新时代教师队伍建设改革的意见》［Z/OL］．（2018－01－31），http：//www. gov. cn/zhengce/2018－01/31/content5262659. htm。

与他人交流、团队合作的能力、信息技术运用能力等 18 项内容。从而为下一步进行数学教师关键能力的内涵界定与结构特征研究提供可借鉴可参考的思路和方法。具体见表 1-7 和表 1-8。

表 1-7　　　　　　　　国外对教师关键能力认知的比较分析①

内容　国别	德国		英国	澳大利亚	美国	日本	中国
	PETRA（联邦教育研所）	凯泽					
系统规划	√	√		√	√		
任务							
与他人交流、团队合作的能力	√	√	√	√	√		√
信息技术运用能力	√		√	√	√	√	√
独立性与责任心	√	√			√		
自我提高能力		√	√				√
解决问题能力			√	√			√
数学应用能力			√	√			√
交流表达能力			√	√		√	√
利用技术能力				√	√		
承受力	√						
文化理解能力				√			
社会理解能力					√		
同情心与正义感						√	
判断技能						√	
实践技能						√	
明确主题能力		√					
创新能力							√
外语运用能力							√

① 尹金金、孙志河:《关键能力的内涵比较与反思》,《中国职业技术教育》2006 年第 34 期,第 26—27 页。

表1-8　　　　国内对教师关键能力的内涵界定与结构特征研究

作者	内涵界定与结构特征研究
刘清清	高等院校师范生应具备的关键能力可分为关键专业能力、关键社会能力、关键职业操守三方面
周思	教师关键能力分为内外两部分。教师内部关键能力由知识力、思维力与洞察力三方面构成；教师外部关键能力由协作力与幸福力构成
朱家存	根据《关于全面深化新时代教师队伍建设改革的意见》提出的教师五大关键能力具体进行阐述
屈玲	教师关键能力可以进行通识胜任力、学科整合力、数字化生存力及终身学习力四个方面的划分

2018 年全球"教师教学国际调查（TALIS）"结果发布。在 PISA 评估结果中，教师能够对学生发展产生深远影响。所以 OECD 又进一步针对教师从学校政策措施、教师培训、课堂教学、招贤纳士等五方面着手开展研究，并实施 TALIS 项目。PISA 是针对学生能力进行的评估，具体包括科学素养、数学素养、阅读素养等，评估结果相对客观；而 TALIS 是针对教师能力进行的评估，且评估结果更为主观，因为教育对教师能力的要求是多元化的。根据 PISA 和 TALIS 的调查结果，上海市教委提出教师专业发展和在职研修的新要求：重点培养和发展"1 + 5"关键专项能力。其中 1 为育德能力，5 为本体性知识技术能力、信息能力、作业命题能力、实验能力和心理辅导能力。具体见图 1 - 1。

图1-1　"1 +5"关键专项能力

Erasmus + 机构组织开展了"Building up Chinese Teachers'Key Competences through a Global Competence-Based Framework"项目，选取我国中小

学教师为研究对象，对其关键能力开展研究，最终尝试研发出教师关键能力的评估工具。尝试以课程中教学单元为基础的能力本位方法（CBA）进行教师教学相关培训。并且对教师的关键能力进行结构的划分。具体见表1－9。

表1－9 　　　　　　　　　　教师关键能力结构①

维度	内涵	描述性因素
1. 规划	能够规划、组织和创新教学过程，实施计划并评估应用能力	能够正确认识学生需求，进行设计、开发、实现与评估有利于学习的课程内容、采取恰当教学策略；创造性解决问题；能够选取有利于学生深度学习的资源与材料
2. 课堂管理	能够灵活运用不同策略组织课堂、促进学习的能力	灵活开展小组动态管理，发展学生的积极性与参与度；能够根据不同的教学情境调整课堂教学实践
3. 评估	有能力评估以改进学习过程与教学实践	能够应用认证目的测量与评价，包括规范性需求和形成性的评估目标，使教师能够选取正确决策促进教学；应用不同评估方法；应用多元的评估报告，促进学习成效的反馈
4. 全纳教育	关注多样性与平等性	能够整合多元化的事物，采取有效策略防止排斥与歧视等问题的发生，能够公平对待每一位学生；能够制定构建学生发展目标，能够采取有效教学策略反馈，以及能够充分考虑不同来源、能力、兴趣、家庭的学生情况，满足每一位学生所需
5. 社区行动	能够建立有效家庭关系，能够与同事及其他机构合作的能力	能够作业辅导；能够与同事建立合作交流、协作的关系，能够具备团队合作的能力；能够积极参与学校或者社区组织的各种项目活动
6. 自我反思与专业发展	能够自我反思实践	能够与同事之间开展调研项目、进行自我评估与相互评估，提高自身能力并改进教学；构建学习共同体，与同事积极沟通交流；进行教学实践，反思

---

① 罗生全：《教师关键能力结构及其实践转化》，《中国教师》2019年第12期，第22—25页。

维度	内涵	描述性因素
7. 信息与通信技术	能够充分利用信息技术、线上资源进行教育教学的能力	能够根据教学目标，充分利用线上与线下教育资源，选择恰当教学技术方法手段；将信息技术和线上资源充分融合，并能够指导教学，发展学生的信息技术素养水平
8. 沟通	具备与学生、家长、同事、管理人员等学者沟通的能力	能够准确表达信息和想法，能够有效阐明问题并提出准确的解决方案；具备能够与学生、家人、同事以及管理人员等进行交流与沟通表达的能力
9. 道德承诺	具备道德与职业责任	能够尊重学生，能够关心爱护学生，能够培养学生积极的态度，具有责任心和奉献精神；能够帮助和支持学生的学习；能够维护和保障学生权益①

三 评估模型的相关研究

（一）能力模型的相关研究

当前国内外针对教师的相关研究主要从教师的知识、教师的技术能力以及教师的职业倾向性等方面着手，对教师关键能力评估模型的研究鲜有涉及。显然，教师关键能力研究及其内涵要比 SMK、探究能力以及教学信念等研究内容的研究意义与价值更为丰富。

当前我国关于教师能力模型的构建研究成果颇丰，但是针对数学教师关键能力评估模型的构建研究还未有学者涉猎。能力模型构建的方法主要有基于共现矩阵的知识图谱分析、问卷调查、关键行为事件访谈、工作特征分析、专家咨询，等等。从而构建出有效、科学、合理、可靠的能力模型，实践应用于不同领域相关研究，从而客观准确地评估教师的工作绩效，选拔和培养优秀的师资人才。其中教育科学研究领域内代表性能力模型研究成果，参见表 1 – 10。

---

① 罗生全：《教师关键能力结构及其实践转化》，《中国教师》2019 年第 12 期，第 22—25 页。

表1-10   教育领域能力模型研究成果

研究者	研究对象	建模方法	胜任特质
徐继存、车丽娜、孙宽宁	校长及一线教师	行为事件访谈、问卷调查	"他者视野中的中小学教师专业素养"指出中小学教师应具备的"爱岗敬业""教学能力""班级管理能力",这些属于核心素养范畴。"学科指导""班级管理""人际关系",这些属于工作任务范畴①
周九诗、鲍建生	专家型	行为事件访谈	中小学专家型数学教师素养实证研究指出专家型数学教师的素养可被划分为三个维度:知识、能力与情感态度。知识包含数学知识、理论知识、学生知识、课程知识,能力包含科研能力、教学实践技能,情感包含关爱学生。专家型的数学教师能够挖掘数学思想,有意识地培养学生在数学学科方面的高层次思维,能够熟练掌握数学教材,具备较强的科研能力,对工作充满热情②
徐建平,2006	小学教师行为事件	行为事件访谈	小学教师胜任力模型包含11项教师胜任力鉴别性特征、11项教师胜任力基准性胜任特征③
王强,2008	小学教师	行为事件访谈、问卷调查	小学教师胜任力特质包含9项,分别包括本体性知识掌握能力、跨学科知识掌握与传授能力、关爱理解与帮助辅导学生、教育实践技能、灵活掌握多元化评价能力、开发、设计与组织实施课程资源能力、团队协作能力、实践反思能力方面④

---

① 王晓诚、车丽娜、孙宽宁、徐继存:《他者视野中的中小学教师专业素养——基于对校长及一线教师的调研》,《当代教育科学》2016年第20期,第30—35页。

② 周九诗、鲍建生:《中小学专家型数学教师素养实证研究》,《数学教育学报》2018年第27卷第5期,第83—87页。

③ 徐建平、张厚粲:《中小学教师胜任力模型:一项行为事件访谈研究》,《教育研究》2006年第1期,第57—87页。

④ 王强:《知德共生:教师胜任力发展研究》,博士学位论文,华东师范大学,2008年。

研究者	研究对象	建模方法	胜任特质
王芳，2008	校长	360 度反馈与问卷调查	小学校长的胜任力包含六方面：特征、学习力、影响力、管理能力、沟通与建立关系等①

（二）关键能力评估模型及影响因素的相关研究

教师能力模型的构建及影响因素的相关研究是学者们关注的热点问题，因为只有深入探究教师能力现状及影响因素才能准确探究教师能力发展的路径。但是综合管理学、社会学、教育学和心理学等多种不同学科的研究方法和研究视角，开展数学学科的教师"关键能力"评估模型构建及应用的针对性研究还处于空白或者刚刚起步阶段。从 20 世纪 90 年代中期起，实现中小学教师入职教育硕士化。"选拔热爱教育、有潜质、高质量的考生成为师范生""本科与硕士贯通的专业教育：以保证 What + How 的水准""注重师范生学科态度（价值与趋势）、结构、内容、技能的培养；防止教师的专业水平与精神的消退"等成为热题，为此本研究尝试探索数学教师的"关键能力"内涵结构与属性特征，开展"关键能力"评估模型构建及应用等方面的研究，探索可借鉴、可复制、可推广的思路方法与模板。

研究数学教师的"关键能力""关键能力评估模型"，以及调查分析数学教师"关键能力"现实藩篱及归因，归根结底是为了大力提升数学教师的"关键能力"水平，最终以促进数学教师队伍发展建设，发展教育教学质量。而唯有在明晰数学教师的关键能力究竟受到哪些因素的影响与制约的基础上，才能探寻出关键能力发展的路径和措施。通过梳理分析相关文献，发现当前主要从教育生态学、教育心理学、管理学、组织行为学等领域开展教师专业发展影响因素及作用机制的研究，并且进入了较为成熟的研究阶段。但是根据教师的岗位需求、具体工作特征和不同职业发展阶段的差异性，需要对数学教师个体的关键能力进行影响因素及作用机

---

① 王芳：《中学校长胜任力模型及其与绩效的关系研究》，博士学位论文，南京师范大学，2008 年，第 14 页。

制的研究，而不仅仅局限于对教师教学能力或者专业能力等某一方面能力的相关研究。但在国内，有关教师能力的研究绝大部分集中在教师的专业教学技能或者专业能力发展等方面，很少有从教师岗位需求、具体工作特征以及能够体现教师职业特点等角度综合开展分析研究；尤其是针对不同学段不同学科的教师关键能力研究更是少见，亟须从适应社会与时代改革发展需求、儿童身心健康发展需求、基础教育教学理念、培养目标和培养标准、数学教师资格标准、数学学科特点、数学文化等方面，全方位、广角度、多层次地综合分析开展数学教师关键能力的核心概念界定、评估模型构建及应用研究。

国外学者针对教师能力评估发展主要从教师胜任力和教师专业能力两方面的研究展开，并且大多偏重于理论层面的设计、教师胜任力维度的划分，或者相关教师标准的制定等方面的研究。比如，"能力素质"方法的创始人，哈佛大学教授大卫·麦克利兰（David McClelland）不提倡评估员工或者教师的个人能力单纯地通过评估智力来判断与衡量，并认为这是非常片面与不科学的，因此提出"能力素质"的概念，并且将"能力素质"进行维度划分，细化为五个维度。1986年在国际上首次提出"教师教学设计能力的标准"。2000年也有学者从设计、开发、利用、管理和评价五个维度来开展教师专业教学能力研究。

2013年，美国师资培育大学协会（AACET）研究制定师资培育表现的量表系统（edTPA），并提出次量表edTPA可以帮助掌握了解即将成为教师的储备人员（国内通常指职前师范生）是否符合或者达到作为一名合格教师从业人员应当具备的关键能力与表现。具体通过不同的教师能力维度划分与具体指标体系来评估教师是否已经达到教师岗位角色需求的程度水平，以确保教学的质量与品质，最终让学生得到最优的学习机会。而加州教师质量评估系统（PACT）提出对即将成为教师从业者的储备人员在具体的教学过程中对教学活动、目标及教学任务完成的标准与要求，目的是帮助评估即将成为教师从业者的储备人员对知识、技能、情感的掌握能力，并采取相应的完善发展措施以提高教师的教学质量与品质。通过比较分析国外学者对教师专业能力颁布的标准和制定的能力维度划分研究发现，无论从哪些维度和标准出发，教师能力评估模型的研究内容均包含"知识、技能与情感态度"等方面，因此，这些内容应该成为一名合格数

学教师所应该具备的关键能力核心指标要素。上述研究成果也为数学教师
"关键能力"的评估模型构建及应用研究提供了理论基础和便利条件。国
外学者针对教师专业化相关研究成果，见表 1 – 11。

表 1 – 11　　　　　　　　国外教师专业化相关研究成果

作者	国外教师专业化研究成果
菲斯勒（Fessler）	从个人环境、组织环境研究影响教师能力的两方面
凯尔克特曼（Kelchtermans）	从教师的个体与教师的情境研究影响教师能力的两方面
丹尼森（Danielson）	提出 4 维度 22 个因子组成的行为图，被运用于教师评估系统
麦克利兰（Mcclelland）	研究出有助于小学教师有效教学的 16 种特质，并被归为 5 个特质群
阿卜杜勒（Abdul）	认为教学能力可分为教学技能、关注学校、学生和自身四个方面

　　通过进一步梳理国内与"教师评估模型构建及应用"相关的研究成
果，发现其中仅有为数不多的论文落脚点在教师专业能力影响因素及模型
构建的研究上，并且大多数为思辨型和主观型的研究，仅有较少部分进行
了实证分析等质性与量化综合的研究。刘赣洪尝试构建针对乡村小学教师
的能力模型，在班主任管理、教学技能、课程建设等具体能力维度划分的
基础上融入乡土文化因素，在乡村教师研究领域取得了开拓性，但是并未
针对某一具体学科进行细化研究，没有体现学科特点。赵苗苗、刘洁和李
朝等学者从微观个体与宏观社会两个角度、内在和外在两个方面等来研究
影响教师能力的因素，均从教育哲学的角度遵循事物的发展规律，探究影
响教师能力的因素，并提出科学合理的措施。但是，大多数研究并没有具
体细化到依据教师的工作特征、学校的发展、家长的支持、社区培训等更
能影响教师能力的多元因素。申琳、任晓玲和李雪等则通过选取某一区域
对教师胜任能力或者专业能力开展实地调查研究，尝试构建教师胜任力影
响因素结构方程模型，以考察不同个体特征因素、不同内外部环境因素、
对教师能力会产生不同程度的影响。为后续数学教师关键能力评估模型的
构建及应用研究打下基础和依据。国内教师关于教师胜任能力及专业能力

模型构建的研究成果，见表1–12。

表1–12　　　　国内关于教师能力模型构建的研究成果

作者	国内关于教师能力模型构建的研究成果
刘赣洪	以乡土文化视域研究教师能力模型的构建，但没有体现学科特色
赵苗苗	教师专业发展作为发生在教育领域中的特有活动受到两方面影响
刘洁	认为影响教师专业发展的基本因素包括社会与个体两个因素
李朝	认为影响教师能力的内在因素包括理论与技能、身份认知等，影响教师能力的外在因素包括激励机制、文化内涵等
申琳	以某一地区的教师现状调查为例，分析得出调研所在区域教师的胜任力得分与个体特征变量不显著相关
任晓玲	以5个代表性的地区为例，调研分析得出乡村小学的教师胜任力水平与学校所在地域、性别和第一学历等相关
李雪	以辽宁某个地区为例开展调查研究，分析得出乡村小学教师的胜任力模型分为10个维度，并且与教师的教龄显著相关，而教师的性别对教师的胜任力没有影响
何晶	选取吉林某一地区的乡村学校开展调查研究，构建五维度的胜任力模型，职业知识与职业技能属于模型的外层，职业的态度品德、个人特质、终身学习能力等属于模型的内层
孟凡媛	选取信息化的视角，研究得出教师胜任力结构模型，包括3个维度24个因素指标

第四节　核心概念界定——为本研究划定问题域

一　能力

哲学层面：能力是指向物质或者精神世界的主体的本质能量，是人类改造物质世界的基础，是人与自然或者社会关系的展现。心理学层面：《心理咨询大百科全书》从广义和狭义两方面对"能力"进行内涵界定，广义指完成某项工作任务个体所具备的心理与行为条件；狭义上则仅指保证顺利完成一定活动所必需的心理特征。[①] 能力包含"胜任某项工作或做

---

① 车文博主编：《心理咨询大百科全书》，浙江科学技术出版社2001年版。

好某一件事情的才能、力量或条件"。① 能力的主体还包括群体、机构、社会组织等。能力可分为普通能力与专业能力两种,普通能力是指从事某项工作必备的一般能力,专业能力是指保证顺利胜任某个岗位而必备的能力。在管理学与组织学领域,对能力内涵界定为能够精准快速、有意识地完成某项工作或者活动必备的本领综合。能力往往与工作绩效相联系,是能够产生优秀绩效的综合特质。②

二 教师能力

当前对"教师能力"的概念尚没有统一精准的界定,"教师能力"的概念大多源自不同国家所制定的各种与"教师资格标准""教师资格考试"等政策文件及评估工具中与"能力素质"相关的概念构成。IBSTPI制定的"教师专业化标准"(1993年制定,2004年修订)成为普遍认可的"教师能力标准"。美国学者斯特朗(Stronge,J H)在《有效教师素质手册》中提出:"从课堂管理与组织实施教学、关注学生的发展与潜力等来研究教师所应具备的能力。"徐君藩认为应"从终身学习、沟通表达、组织等方面研究教师能力"。罗树华等认为应"从基本能力、职业能力与自我完善能力等方面来研究教师能力"。曾晓东从教师掌握的知识、拥有的技能及具备的价值观的具体内容来研究教师能力。

三 关键能力

通过梳理总结国内外研究资料,从不同学科(组织行为学、心理学、哲学)等视角进行关键能力属性与本质内涵的分析阐述。③

(一)关键能力的属性

通过比较相关概念来讨论关键能力的属性,关键能力不同于通常所指

---

① 莫衡等编:《当代汉语词典》,上海辞书出版社2001年版。

② 此外,对能力还有另外一种理解,即一方面指个人到现在为止,实际所能做到的或实际会做的事情,如某人懂两门外语、某人辨别脚印的准确性极高等,此时属实际能力;另一方面指可造就性或潜力,即指将来如经学习或训练可能达到某种程度而言。详见彭克宏、马国泉、陈有进等:《社会科学大词典》,中国国际广播出版社1989年版。

③ 胡昌送、李明惠、卢晓春:《"关键能力"研究述评》,《山西师大学报》(社会科学版)2008年第6期,第112—115页。

的专业能力范畴，具有迁移性、持久性、价值性、通用性和难以模仿性等属性特征并能够体现教师综合素质。教师的关键能力范畴涵盖了教师的专业能力，即依据特定的职业属性，教师所具备的专业能力是关键能力的某一方面，关键能力是专业能力的外延，是包含与被包含的关系。即无论教师这个职业的内外部环境如何改变，无论教师这个职业属性发生何种改变，以及无论变革方式如何，教师都具备能够适应这些改变并迅速融入环境的能力，是一种更为普适的方法能力和社会能力，更具有推广和应用价值。

（二）关键能力的内涵

"关键能力"——"key competency"，"competency"的另一种含义为"胜任"，即关键能力的内涵首先应该包括具备能够"胜任"岗位工作的能力。但与"胜任力"相区别的是，"胜任力"更加强调专业技能，而"关键能力"更加强调具备与岗位工作相应的适应性。从业者不但能够胜任当前的岗位，并且随着岗位需求的变化，其自身也能够具备及时调整变化适应的能力。也有学者提出两层次三因素的观点，强调关键能力的"胜任属性"和"适应属性"，因此，在工作岗位中不断"充电"和不断"进步"已成为必然趋势。始终强调无论是职业的内部环境还是外部环境发生变化，在职业生涯不断进步或者更新时，具备能够动态发展并持续不断地更新知识和技术的能力。关键能力与专业能力等既相互依赖又能独立发展。从内涵来看，关键能力可分为六大类二十小类；或者职业素养、自我学习、竞争意识及创造能力等；又可分为反思实践、沟通交流、信息应用及责任心；或再增加问题解决、掌握高新技术、人际交往、组织管理能力等。需将其融入个体职业能力体系中来开展研究，包含的能力要素应该更加系统化和多样化，使得从业者具备能够创造更多职业价值、获取更多从业机会的综合职业能力。[①]

四　数学教师关键能力

数学教师关键能力是指从事数学学科育人工作的教师个体通过多种方

---

① 刘清清：《高职师范生关键能力培养的现实困境与优化策略》，《湖北开放职业学院学报》2019 年第 32 卷第 20 期，第 61—63 页。

式和途径带领学生完成育人目标、实现育人任务所具备的知识、技能、实践、态度与个体特质的综合以及欲胜任这一社会角色所应具备的方法能力与社会能力的要素总和，是能够胜任数学教师这一岗位角色相关潜在特征与行为的整合。通过对国内外教师能力相关的政策文件、标准及测量评估工具等进行高频关键词知识图谱分析，明确数学教师所应具备的关键能力核心要素；依据基于扎根理论的关键行为事件分析得出数学教师关键能力核心要素与范畴划分；基于整合研究范式利用两轮德尔菲专家咨询法得出关键能力结构框架。基于政策＋实践＋理论经验三种路径整合分析得出数学教师所应具备的关键能力，即不仅需要具备完整的数学学科本体性知识、先进的教育教学理念方法和创新思维，还应身心健康，能够进行正确的自我认知与协调，保持良好的生活态度与习惯，熟悉儿童身心成长发展规律，具备能够实践反思与持续发展的终身学习能力等。

五　数学教师关键能力评估模型

数学教师关键能力评估模型，即用来描述数学教师从事数学这一岗位工作能够与其他岗位工作相区分，且具有数学学科属性评估标准，能够对当前数学教师所具备的关键能力开展调查评估的模型。数学教师关键能力评估模型用于分析数学教师这个岗位的特定角色在履行相关职责、完成育人工作应该具备的"关键能力"究竟处于何种水平现状，受到哪些因素的影响，存在问题与成因。它能够区分优秀数学教师与普通数学教师，并且可分维度等级阐明分析关键能力核心要素、结构特征及影响因素，能够客观科学、精准合理的评估数学教师的关键能力水平。即数学教师关键能力评估模型是一种可用于进行数学教师绩效考核、选拔优才、培养培训的可复制可推广可借鉴的测量甄选工具。

第五节　数学教师关键能力评估模型构建及应用研究的创新之处与重难点

前文已经完成对国内外相关文献及研究成果的综述与小结，发现存在以下几个方面的问题。一是关于数学教师关键能力的研究还有待进一步开拓。与数学教师关键能力的相关研究仍然处于初始成长阶段的最初期，开始逐步真正受到学者的关注始于 2019 年。虽然相关研究在最近两年才慢慢凸显，但仅有的十几篇论文也仅仅局限在管理学领域、职业教育等领域的相关研究，即"关键能力"的概念及其相关主题研究并没有引入拓展到中小学教师群体的相关研究。与此同时，当前教师关键能力的研究处于起步阶段，并且标志性研究成果大多集中在国外，缺乏明晰、科学、可靠、规范的科学设计和实证研究，亟待从研究深度和广度上进一步拓展。二是研究手段和方法层面还不够成熟，亟待开辟新的领域与跨学科领域的综合应用分析。当前对于教师专业化发展的研究主要集中于经验总结和认知归纳，缺少实际量化实证与质性材料分析的综合研究。尽管当前国内学者尝试借鉴国外关于"教师胜任力"相关模型来研究教师的专业化发展，但技术手段较为单一，特别是对模型的实证检验分析仍处于初步研究，从而降低了胜任力模型的利用价值。所以，亟待借鉴组织行为学、管理学等领域中应用较为成熟和系统的方法手段来进行"数学教师关键能力"的相关研究。三是专门针对数学教师关键能力评估模型的研究仍未有开拓性成果。当前对数学教师关键能力评估模型研究成果的文献梳理，还存在很大的空白。尤其是对数学教师关键能力评估模型的结构特征、具体应用等都未形成明确的认知，并且与评估模型的构建、应用相关的质性与量化研究等都未有学者涉猎。但是，如果引入相关领域的方法手段开辟数学教师关键能力评估模型研究领域，不但能够促进学生的数学学习，发展教育质量，而且能够促进数学教师的职业发展，这对义务教育事业无疑起到势如破竹般的积极影响效应。

一 数学教师关键能力评估模型构建及发展的创新之处

数学教师关键能力评估模型构建及发展研究是本研究的重点也是难点。对数学教师"关键能力"核心概念界定、评估模型的结构属性特征以及"关键能力"的测量评价都至关重要，同时也是数学教师关键能力发展研究的基础。开展多种渠道来进行评估模型的构建研究，以确保所构建的评估模型更加科学合理有效，更具有权威性代表性合理性，并能够推广复制应用到更多教师研究领域。构建出来的评估模型能够客观、精准、有效地反映当前数学教师关键能力的真实水平现状，探寻数学教师关键能力的发展策略。综合对比分析多种模型构建的方法路径，采取整合三种构建路径得研究范式，采用多种研究方法综合分析以构建和应用数学教师关键能力评估模型。

（一）数学教师关键能力评估模型构建及发展的范式依据层面

当前大多数研究成果是基于数学教师教学能力的经验总结与归纳思辨，其研究的水平和研究的深度亟待进一步提高和深化扩展。在新的时代背景下亟待对数学教师"关键能力"进行核心概念界定、研究构建评估模型，分析模型的结构属性特征以开展科学有效合理的数学教师"关键能力"现状调查，研究其内外部影响因素，探索有效措施以更好地发展数学教师的关键能力，从而发展数学学科教育质量和教育品质。因此，通过全面对比分析国内外当前"能力模型构建"的研究方法，本研究采取多维度、广角度、全方位、整体式的整合研究范式对数学教师关键能力评估模型进行构建与应用。在整合研究范式中，具有代表性的研究之一为 Cheetham 与 Chivers 开发研究设计的综合能力模型。即通过五种相关能力的整合，按照一定的整合方式与结构，对从业人员所应具备的通用知识、个体品质与个体特征进行描述与评估，包括认知能力、职责能力、个体行为特征、价值与伦理能力及元能力。

德拉马尔（Francoise Delamare）与乔纳森（Interton Jonathan）认为从员工的工作需求出发，员工需具备理论与实践两个方面的能力。理论包括元能力；实际操作包括社会能力等。因此，基于能力整体性，从四个维度开发设计能力评估模型，即增加认知能力与职责能力，构成密不可分的四面体能力评估模型。

整个评估模型的构建过程首先要通过搜集国内外关于数学教师的政策文件要求来确定关键能力核心要素；通过关键事件访谈法来搜集具有代表性的数学教师的"关键行为和关键事件"，依据扎根理论，对搜集到的访谈文本资料进行三级编码分析，最终析取数学教师关键能力的核心要素；整合两种路径得到的核心要素，然后运用德尔菲专家调查法，进行两轮专家论证调研，得出数学教师关键能力评估模型结构框架。基于数学教师的岗位职责和关键能力评估模型构建的理论框架，通过问卷调查法对初步构建的数学教师关键能力评估模型结构框架进行验证分析、权重赋值最终得出数学教师关键能力评估模型。并进行数学教师关键能力模糊综合评估、现状调查、影响因素研究力求构建出来的数学教师关键能力评估模型不仅具有良好的结构效度和信度,还能够科学合理有效地充分反映数学教师关键能力的层次结构及水平现状,具有较高的可靠性与可行性。

(二) 数学教师关键能力评估模型构建及发展的研究方法层面

1. 与"教师能力评估模型"构建及发展相关研究方法比较分析

模型构建及应用的研究方法有文本分析、关键事件访谈法、专家咨询法、问卷调查法等。根据研究对象的特点和属性,每种研究方法所适用的研究领域有所不同。下面对多种评估模型构建的方法进行比较分析,从而为数学教师关键能力评估模型构建的研究方法选择提供充分的依据,以求选取最为恰当的研究方法。具体见表1-13。

表1-13 能力评估模型构建方法比较分析

方法	过程	优点	缺点
行为事件访谈研究法	对工作绩效优秀和普通的教师进行面对面访谈,分别描述工作中成功或者失败的案例。确定能够区分样本的关键能力核心要素指标来构建能力评估模型	能够精准明晰工作绩效与影响因素的相关关系	具体操作过程相当繁琐,容易存在未知误差项,并且效率较低。故只能局限在一定的范围内实施,不能大规模开展
关键事件研究法	通过接受访谈对象对有效与无效关键事件的具体案例,逐步分解案例中的具体关键行为,最终确定数学教师岗位工作中所需具备的关键能力	覆盖范围比较广,能够确定与胜任岗位所需要关键行为	研究过程比较耗费时间,对优秀绩效教师与普通教师并没有相应区分,不能客观地阐述什么样的工作是优异
专家咨询研究法	选取与调查对象岗位工作相关的专家进行咨询。经过专家间的相互沟通交流和头脑风暴等途径所获得信息	能够聚集凝练专家的智慧,在短时间内迅速获取信息	针对每一位专家的经验与知识无法保持一致,从而导致收集到的信息存在片面性

方法	过程	优点	缺点
问卷调查研究法	通过选取文献综述和访谈法来进行问卷的编制,选用大样本进行调查研究,最后对回收的有效问卷进行分析得到准确的解释	能够在短时间内迅速获取大量数据资料,有助于研究设计开发关键能力评估工具	具备能够进行较为专业性的测量与统计的方法与能力,对数据分析的技术有较高的要求,需要具备一定的职业经验,确保问卷有效性①

2. 政策文本分析 + 关键事件法 + 德尔菲专家咨询法 + 问卷调查法

国际上普遍采用行为事件访谈法进行胜任力模型构建的相关研究,主要参考依据是《胜任力辞典》等,但其只涵盖了服务业、技术技能人员等的胜任力模型,鲜少涉猎教育行业从业者的胜任力模型研究,更缺乏关于某一学科的教育行业从业者的胜任力模型构建研究,因此缺少可参考可复制可借鉴的模式和辞典。

本研究综合选取多种研究方法来进行评估模型的构建。一是选取政策文本分析法对国内外相关资料进行知识图谱分析得出数学教师关键能力的核心高频词汇;二是利用扎根理论分析具有代表性的数学教师的"关键行为和关键事件",对搜集到的访谈文本资料进行三级编码最终得到数学教师关键能力的核心要素;三是整合两种路径得到的结果,然后进行两轮德尔菲专家咨询调查法,依据专家们的理论经验与实践总结,归纳出数学教师所应具备的关键能力核心要素。分析数学教师的岗位职责,概括归纳数学教师关键能力评估模型构建的理论框架,通过问卷调查法对初步构建的数学教师关键能力评估模型结构框架进行验证分析、权重赋值,最终得出数学教师关键能力评估模型;并基于评估模型进行数学教师关键能力模糊综合评估、现状调查及影响因素研究具体如图 1-2 所示。

同时,采用定量与定性相结合的研究方法,对质性材料的分析采用 3C 分析模式,使得研究得出的结构要素更具客观性和代表性。如第二章、第三章、

① 王亚南:《高职院校专业带头人能力模型构建及发展研究》,博士学位论文,华东师范大学,2018 年。

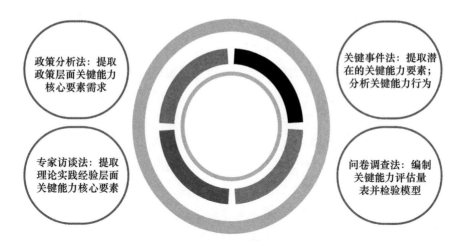

政策分析法：提取政策层面关键能力核心要素需求

关键事件法：提取潜在的关键能力要素；分析关键能力行为

专家访谈法：提取理论实践经验层面关键能力核心要素

问卷调查法：编制关键能力评估量表并检验模型

图1-2　数学教师关键能力评估模型构建的方法选取

第四章三个章节，从不同角度综合选取政策文本分析法、关键事件访谈法、德尔菲专家咨询调查法、田野调研与大数据分析论证等多种研究方法来进行数学教师关键能力评估模型的构建。层层递进，综合分析，开展数学教师关键能力评估模型构建的系统性科学性的研究，本研究填补了此问题领域的空白，能够解决管理层、学校及教师个体对数学教师关键能力水平现状的把握、评估与开发。除了运用国内外相关政策文本分析、"德尔菲"专家咨询等研究方法，还走进数学课堂深入数学教师群体进行田野调研与听课访谈，并基于扎根理论对搜集到的访谈资料进行三级编码关键事件分析。进一步运用实证主义研究方法真正走到数学教师群体之"内心"，为数学教师关键能力评估模型构建及发展研究打下牢固的理论根基。

（三）数学教师关键能力评估模型构建及发展的研究视角层面

根据数学教师职业生涯发展规律，本研究进一步借鉴国外的先进经验与研究方法，比如借鉴国外从"领袖教师"概念切入的做法，研究要胜任"领袖教师"这一角色需要具备哪些技能，以及研究如何在教师所处的组织环境中开展活动、如何保持教育教学工作高效运转等问题。这些"精髓"对数学教师"关键能力"评估模型发展研究非常重要且必要。因为在教师个体的职业生涯发展中，不可避免地经历从初任教师—骨干教师—名师名校长这样一个成长过程，数学教师也应当具备"领袖教师"的关键能力，这不仅对学生的健康成长具有一定的引领示范作用，也是在数学教师关键能力评估模型构建及发展研究中的侧重点与创新点。

二　数学教师关键能力评估模型构建及发展研究的重难点

开展数学教师关键能力评估模型构建及发展研究过程中的重点在于研究成果的质量，难点在于研究方法的运用，两者均需取得突破性进展。

（一）理论假设方面

本研究会重点对"数学教师关键能力"的现实藩篱与归因进行质性分析，探究数学教师关键能力的现实困境，深入数学教师群体去"倾听"数学教师的声音，探索应如何采取有效措施发展整体数学教师关键能力，为出台相关政策和开展有效措施提供科学依据。研究的理论前提是数学教师关键能力不仅仅是知识技能习得的过程，其影响因素作用机理及归因分析较为复杂，外部影响因素需要通过内部影响因素起作用。在这些理论假设与基础上，就可基于对数学教师关键能力结构的科学认知和能力现状的精准把握，进一步探讨数学教师关键能力的现状及其影响因素，并基于对数学教师关键能力的规律性认知与归因分析，探讨如何进一步促进数学教师关键能力提升。

（二）设计过程方面

由于研究基础的薄弱和全新的研究思路与方法，在整个研究过程中，通过数学教师关键能力影响因素结构方程模型不仅要从宏观上把握探寻哪些因素对数学教师能力产生影响及其影响程度如何，更需要从数学教师个体自身角度出发，探究在具体工作与现实生活中能够对数学教师关键能力产生影响的因素到底有哪些？根据数学教师职业生涯发展历程，在每一个阶段关键能力的侧重点都不同，按照共性与特性并存的原则，基于初任教师、骨干教师、名师名校长职业生涯发展的理论基础，构建数学教师关键能力发展的理论框架。走进数学教师的内心深处进行面对面的访谈、田野调查，"身临其境"触及他们所处的真实生存情境之中，调查探究数学教师自身所处的真实境遇，其身份认同和成就动机又是怎样的。分析影响数学教师关键能力的社会环境、学校环境以及个体自身环境究竟如何，存在何种现实困境与藩篱，并对当下影响与制约数学教师关键能力的因素进行归因分析，研究这些因素是怎样相互作用相互影响，探索关键能力发展路径。同时，开展量化研究与质性研究并综合研究分析，研究设计是本研究的难点。

第六节　研究方案

一　数学教师关键能力研究设计的整体框架

本研究主要解决以下问题：如何对关键能力进行内涵界定与结构认知？数学教师需要具备哪些关键能力？现状如何？其关键能力水平如何评估？数学教师能力受到何种因素的影响？其内外部生态环境如何？需要研究哪些因素？如何发展数学教师关键能力？

二　数学教师关键能力评估模型构建的研究方案

（一）研究目标

目标一：明晰能力、关键能力、数学教师关键能力等核心概念及内涵，即数学教师的"内核力"，界定本研究主要问题数学教师关键能力基本内涵与可操作性定义；并基于对数学教师的工作职责任务的分析，明确指出数学教师的工作特征与要求。

目标二：通过对国内外相关政策文本的搜集整理，利用知识图谱软件对政策文本的相关内容进行分析。提取数学教师关键能力的核心高频词汇，并对高频词汇进行范畴划分研究。

目标三：根据教育公平及均衡发展的原则，按照合适的比例合理选取山东省多所学校（包括城市、乡村等区域），通过深入课堂、田野调研以及面对面访谈、微信访谈、电话访谈等方式，基于扎根理论，对搜集的资料分别采取文本和音频分析、关键事件访谈法和3C分析等技术手段，析取数学教师关键能力的核心要素与范畴。基于整合研究范式，将两种研究结果归类合并，有效整合，初步得出数学教师关键能力的核心构成要素及理论框架。

目标四：基于初步得出的基本核心要素及理论框架，利用两轮德尔菲（Delphi）专家咨询法论证，得出数学教师关键能力评估模型结构框架。利用问卷调查法，基于数学教师关键能力评估模型的理论框架，编制"数学教师关键能力评估模型题项量表（他评卷）"。对数学教师关键能力评估模型进行验证及调整修订，构建数学教师关键能力评估结构方程模型。

目标五：通过问卷调查，利用SPSS21.0、AMOS20.0以及AHP等多种数据分析软件，基于 AHP 层次分析法进行专家咨询论证，构建数学教师关键能力评估模型的指标体系，并对模型中的权重予以赋值，最终得出数学教师关键能力评估模型。

（二）研究内容

其一：数学教师关键能力的内涵界定与结构认知；

其二：数学教师关键能力评估模型构建的理论基础；

其三：数学教师关键能力核心高频词汇提取；

其四：数学教师关键能力理论框架构建（基于关键事件访谈法）；

其五：数学教师关键能力评估模型结构框架（基于德尔菲专家咨询法）；

其六：数学教师关键能力评估模型的实证检验分析；

其七：数学教师关键能力评估模型的权重赋值；

其八：数学教师关键能力评估模型的构建。

（三）研究方法

1. 文献分析法

搜集整理国内外与"教师能力"相关的政策文件、标准及测量评估工具等，并进行梳理分析，厘清其与其他相关概念的区别，试图明确数学教师关键能力的核心概念内涵；通过对数学教师职责文本资料的搜集分析，确指数学教师所应具备的关键能力核心素质特征；具体操作过程为从文本材料中抽取高频关键词并对其进行知识图谱分析，从而获取数学教师关键能力高频核心词汇。

2. 关键事件（行为）访谈法

本研究基于扎根理论，选取具有代表性的数学教师，采取关键事件（行为）访谈法作为数学教师关键能力的核心要素进行析取，对深度访谈所搜集到的第一手鲜活资料进行质性材料分析。

3. 问卷调查法

通过在 S 省全省域范围内抽取具有代表性的数学教师、数学学科带头人、校长、教育主管部门管理人员、数学教研员、数学学科专家学者进行两轮专家咨询和调查研究分析，从而获取实证数据。首先通过两轮德尔菲专家咨询法，确定数学教师关键能力评估模型结构框架。然后基于评估模型结构编制"数学教师关键能力评估模型量表（他评卷）"调查问卷并开展调查研究，对数学教师关键能力评估模型结构进行实证检验。通过小样本选取，利用

SPSS21.0 软件对回收的有效数据进行统计分析，删除无效题项。利用 A-MOS20.0 软件初步构建分析得出数学教师关键能力评估结构方程模型。

4. 数理统计方法

选取多名数学教师、数学学科带头人、校长、教育主管部门管理人员、数学教研员、数学学科专家学者等对初步构建的数学教师关键能力评估模型的一级指标和二级指标进行权重赋值，进一步讨论与确定最终评估模型的具体一级指标和二级指标。通过 AHP 软件分析回收的有效受访专家问卷，进而对评估模型各个维度的具体指标权重进行赋值，最终得出数学教师关键能力评估模型，从而能够对当前数学教师关键能力水平现状进行模糊综合评估。具体见表 1-14。

表 1-14　数学教师关键能力评估模型构建研究中所使用的研究方法

技术方法	本研究的用途
关键事件访谈法	关键事件访谈法（Critical Incidents Technique）是弗拉纳根（Flanagan）在《人事评估的一种新途径》中提出的新的研究方法技术手段。它所依据的理论基础是，对工作绩效起到决定性作用的关键行为事件进行提取研究，工作绩效好的员工在关键事件中的表现较为出色，工作绩效差的员工在关键事件中的表现较差。在访谈的过程中，引导受访对象具体阐述这些他们认为导致他们做事成功或者失败的关键案例或者事件，并对访谈的资料进行梳理总结分析，从中提取关键行为，最终确定关键能力核心要素
探索性因子分析法（SPSS 软件）	探索性因子分析的方法其目的在于分析解答发放量表的结构效度，并将一群或者一系列相关或者相互作用的变量，压缩删减成少数的独立因素变量。因为本研究中，并没有现成的数学教师关键能力评估量表可供使用或者借鉴，所以需要采用探索性因子分析的方法来检验研究者自行编制的"数学教师关键能力评估量表"的结构效度。通过因素分析的方法，抽取特征值大于 1 的因素，并对其进行方差最大正交旋转，以检验因素的累积解释方差占总方差是否满足基本研究。并将各个因素与原始量表的各因素对照检查，检验是否与原量表相符。采用主成分分析的方法，提取公共因子，得到初始因素载荷矩阵，再通过斜交旋转法得出旋转后的因子负荷矩阵，对各个因子进行一致性检验，检验各个因素所有题项对因子总方差的解释能力

续表

技术方法	本研究的用途
验证性因子分析法（Amos 软件）	使用 Amos 软件进行验证性因子分析。根据 Amos 验证，经过模型的反复检验与修正调试，建立数学教师关键能力评估模型路径分析图。使得评估模型的拟合指数达到标准值，说明该评估模型拟合指数较好
文本分析法	基于知识图谱对数学教师关键能力核心要素进行政策、文本的分析提取。通过把从文本中提取出的关键词汇进行量化分析研究来表示搜集到的文本具体信息。采用 MKD 技术对数学教师关键能力的内涵界定与特征结构进行分析、归纳和总结。具体 MKD 技术分析核心要素社会网络关系、中心度，能够直观展现出构成数学教师关键能力的核心要素的信息汇聚点，从宏—中—微等不同层面来揭示数学教师关键能力要素的核心维度和领域。基于扎根理论进一步分析归纳数学教师关键能力核心要素，为后续模型的构建提供基础
层次分析法（AHP）软件	将数学教师关键能力评估模型的指标体系按总目标、各层子目标、评估准则分解为不同的层次结构，利用 Yaahp 软件构建层次结构模型，然后对回收的有效数据导入软件中进行计算分析，求得判断矩阵，并进行一致性检验分析，求得每一层的各个元素对上一层次元素的优先权重，用几何加权平均的方法递阶，最终求得总目标的具体权重值和排序分析

三 数学教师关键能力评估模型应用的研究方案

在数学教师关键能力评估模型建立与应用的基础上，就可基于对数学教师关键能力结构的认知、水平的施测与现实藩篱的分析把握，进一步探讨数学教师关键能力的影响因素，并基于对数学教师关键能力的规律性认知与归因分析，探究如何进一步发展数学教师关键能力水平，促进关键能力提升。

（一）量化研究设计

本部分用于开展数学教师关键能力模糊综合评估、数学教师关键能力现状调查、存在哪些问题以及解决数学教师关键能力受到哪些因素的影响和制约。

1. 研究分析框架

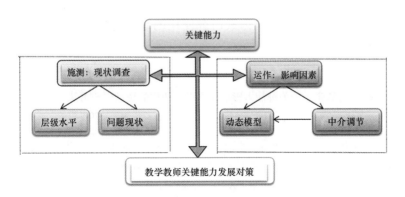

图 1 - 3　数学教师关键能力评估模型应用研究分析框架

2. 研究目的及拟解决的问题

（1）综合运用多种相关统计的研究方法对数学教师关键能力进行模糊综合评估及现状调查。编制并发放"数学教师关键能力模糊综合评估量表（他评卷）"、《数学教师关键能力现状调查（自评卷）》，进一步探讨数学教师关键能力的层级水平、现实状况、个体特征及工作特征上的差异程度等问题。

（2）根据数学教师职业生涯发展历程，在每一个阶段教师能力提升的重点和侧重点都不同，共性与特性并存的原则，基于初任教师—骨干教师—名师名校长职业生涯发展的理论基础，构建数学教师关键能力发展的理论框架。

（3）编制"数学教师关键能力影响因素量表（自评卷）"，对问卷进行信效度分析，通过问卷调查和统计分析，最终确定数学教师关键能力的具体影响因素，利用 Amos 软件构建数学教师关键能力影响因素结构方程模型，并对模型进行修正。

（4）借助"数学教师关键能力影响因素量表（自评卷）"，通过综合运用多种统计分析方法研究相关影响因素与数学教师关键能力之间的关系，并进行质性材料的现实藩篱与归因分析。

3. 样本选取

样本选取原则：一是对数学教师进行整体分层抽样；二是刚到学校未

满半年的教师和退休教师不在本调查范围之内。

4. 研究方法

数学教师关键能力影响因素研究使用的统计方法，具体如表 1 – 15 所示。

表 1 – 15   数学教师关键能力影响因素研究使用的统计研究方法

统计方法	研究的用途
模糊综合评估法（Fuzzy and comprehensive evaluation method）	模糊综合评估法的关键是能够将定性评估转化为定量评估，从而使评估结果较为清晰、明了，并且系统性强。此方法能够较好地应用并解决各种模糊问题
描述性统计分析（Descriptive Statistics Analysis）	首先对被测试的数学教师职称、性别、所在地域、最高学历等个体特征变量进行描述性统计分析，再对数学教师关键能力现状进行描述性统计分析
信度分析（Reliability Analysis）	测试不同等级所得到的分数变异中，决定于真分数的比例，以能够反映问卷受到随机误差的影响程度，从而得到可靠性程度
方差分析（Variance Analysis）	采用 T 检验和 F 检验两种方式来检验所选取的数学教师样本中不同性别、年龄、最高学历、职称、教龄、学校所在地等个体特征变量下数学教师关键能力是否存在显著性差别
相关分析（Correlation Analysis）和回归分析（Regression Analysis）	采用相关性分析等方法探究数学教师关键能力影响因素以及他们之间相关性的高低程度，当一个或者某几个不同的自变量对因变量产生影响的时候，利用回归分析法来判断和比较自变量对因变量的影响程度，以此探究数学教师关键能力影响因素对关键能力的作用及大小

5. 调节效应分析和中介效应分析

调节变量的定义为：若自变量 X 与因变量 Y 之间的相互关系受到变量 M 的影响，则 M 是调节变量。[①] 调节变量分为两类，既可是定性的分类变量，也可是定量的连续型变量（如工龄、成绩、身高等）。见图 1 – 4。

本研究主要利用 AMOS 软件进行数学教师关键能力评估结构方程模

---

① 温忠麟：《调节效应和中介效应分析》，教育科学出版社 2012 年版，第 81 页。

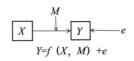

$$Y=f\ (X,\ M)\ +e$$

图1-4 数学教师关键能力评估模型构建与调节效应分析

型的构建和数学教师关键能力影响因素结构方程模型的构建，具体探索分析影响数学教师关键能力的因素及其相关性。

（二）质性研究设计

数学教师关键能力发展的研究要从数学教师个体自身角度出发，深入到一线数学教师群体中，探究在现实工作与生活中具体影响数学教师关键能力的因素究竟有哪些？身份认同如何？成就动机又如何？这就需要走进数学教师的内心深处进行面对面的访谈、田野调查，"身临其境"触及他们所处的真实生存情境，才能有更多的"感同身受"，才能倾听到一线数学教师最真实的"声音"与"诉求"。

1. 研究的目的及拟解决的问题

（1）数学教师关键能力受到哪些因素的影响？

（2）这些影响因素间是如何相互作用？

（3）不同教师的个体特征变量之间对关键能力的影响是否存在差异？

（4）影响数学教师关键能力的社会环境、学校环境以及个体自身环境究竟是怎样的？而数学教师自身所处的真实境遇又是怎样的？

2. 理论假设

（1）数学教师关键能力不仅仅是知识技能习得的过程；

（2）数学教师关键能力的影响因素作用机理及归因分析较为复杂；

（3）数学教师关键能力的外部影响因素需要通过内部影响因素起作用。

3. 搜集方法

对于质性材料的搜集和整理，主要采用以下研究方法，具体见表1-16。

表 1 - 16　　　　数学教师关键能力影响因素质性材料分析方法

分析方法	研究的用途
访谈法	在质性研究过程中最常用的分析原始资料的方法即为访谈法，能够对受访者的认知、情感以及情境进行较为准确的感受与现实构建。包括开放性、半结构以及结构性等几种访谈方式。本研究在具体的研究过程中采用了半结构访谈的方法。之所以选取半结构访谈，是因为半结构访谈有助于研究者聚焦于问题的访谈与研究，能够确保访谈的开放性。因为受访者在访谈过程中，会出现一些超出预期或者预设的回答或者反应，需要研究者具备能力及时调整与把控局面的能力。在具体的访谈过程中，首先研究者会找到一个恰当的易于受访者接受的切入点进行访谈。并且会充分利用录音笔、手机或者电脑进行录音，将音频资料转化为文字进行记录分析研究。以面对面正式访谈形式为主，以电话、QQ 语音、微信语音等非正式访谈形式为辅。为保护受访者隐私，对受访者信息做匿名处理
政策文本分析法	政策文本文献资料分析法在本部分研究中起到比较重要的作用，主要用于进一步精准、丰富具体信息，能够丰富分析研究的渠道，为其它研究方法运用提供新的分析向度以及材料来源。文献资料的来源主要包括两个方面：权威官方文件以及个人基本文件资料。个人基本文件资料包括日记、信件、自传、备忘录等个人记录资料；权威官方文件包括源自各个官方组织机构，包括文件、政策、各种规章制度等
质性研究资料分析	本研究是基于扎根理论对所搜集到的资料进行质性资料的分析研究。对相关的原始资料的分析需要研究者具体高度的专业化的方法能力与系统的专业知识。首先归类并编号原始访谈，利用 3C 编码分析法对资料进行分析，编码方法是将原始资料进行打散，重新排入不同的类目当中。即 3C 编码分析模式：编码（codes），范畴（categories），概念（concepts）。3C 编码分析模式的操作方式前提是不做预设的结构分析，在原始资料当中寻找内涵意义进行归类，形成类属。采取类属分析、情境分析与解释性分析进行质性分析

第 二 章

基于政策文本的数学教师关键能力
核心要素知识图谱分析

按照研究方案的设计思路，利用"政策＋实践＋理论经验"的三个关键程序来开发构建数学教师关键能力评估模型。本章作为首要程序即基于相关政策文本对数学教师关键能力核心要素进行知识图谱分析提取，为数学教师关键能力评估模型构建的后续步骤打下重要理论依据和基本分析框架。

首先将国内外相关政策文本文件进行筛选，最终选取国外具有代表性权威性的相关政策文件，比如欧盟和美国的教师关键能力框架、美国和澳大利亚的教师专业标准、世界经济论坛（World Economic Forum）"教育4.0 计划"白皮书、Erasmus ＋ 组织研发实施"Building up Chinese Teachers' Key Competence through a Global Competence-Based Framework"项目评估工具等。同时选取国内具有代表性权威性的相关政策文件，比如《小学教师专业标准（试行）》《课标（2022 年版）》，以及教师资格考试《数学学科知识与能力》考试大纲、2019 年《关于深化教育教学改革全面提高义务教育质量的意见》、北京师范大学中国教育创新研究院与美国21世纪学习联盟合作研究提出的 5C 模型等。并对这些国内外与"数学教师专业能力""数学教师胜任力""数学教师专业标准"等相关政策文件的文本资料进行全面系统地搜集梳理。利用知识图谱技术研究分析，提取这些政策文本资料中与"数学教师关键能力"相关的高频核心词汇，得出数学教师所需具备的关键能力核心要素并进行范畴划分。为数学教师关键能力评估模型的构建提供技术支撑与研究基础。

第一节　研究过程设计

　　基于政策文本提取数学教师关键能力的核心要素，通过对这些核心要素的高频词汇阈值、社会网络关系、共现关系、点度中心度、接近中心度、中介中心度和多维尺度进行比较分析，将数学教师关键能力的高频核心词汇聚点用图形直观地展现出来，从不同视角来展示数学教师关键能力高频核心词汇的维度层次和范畴划分，也为数学教师关键能力评估模型的构建打下基础。

一　文本分析材料的选取

　　在尽量全面完整地搜集整理国内外关于"教师能力"具有代表性权威性的政策文件后，分别选取英国中小学合格教师专业标准、美国卓越科学教师专业标准、欧盟伊拉斯姆斯 + "Building up Chinese Teachers' Key Competences through a Global Competence-Based Framework"项目、澳大利亚国家教师专业标准、欧盟教师能力结构标准、欧盟教师胜任力框架、美国 21 世纪教师知识与技能框架及我国《小学教师专业标准（试行）》《课标（2022 年版）》和 2019 年颁布的《关于深化教育教学改革全面提高义务教育质量的意见》，以及教师资格考试大纲基本要求、北京师范大学中国教育创新研究院与美国 21 世纪学习联盟合作研究提出 5C 模型等文本材料进行统计整理分析。全球核心素养框架中提出的 5C 模型，具体见表 2 - 1。

表 2 - 1　　　　　　　　全球核心素养框架中关注的核心素养

维度		核心素养
领域素养	基础领域	语言、数学、科技、人文与社会、艺术、运动与健康
	新兴领域	信息、环境、财商
通用素养	高阶认知	批判性思维、创新创造力、解决问题、学会学习、终身学习、
	个人成长	自我认知与自我调控、人生规划与幸福生活
	社会性发展	沟通合作、领导力、跨文化与国际理解、公民责任与社会参与

二　关键能力高频核心词汇的获取方法

利用知识图谱相关技术综合分析 21 世纪核心素养 5C 模型、国际数学教师专业标准和国内《小学教师专业标准（试行）》《课标（2022 年版）》，以及 2019 年颁布的《关于深化教育教学改革全面提高义务教育质量的意见》、中小学教师资格考试基本要求等国内外相关文本资料的基础上，得出涉及"数学教师关键能力"的核心高频关键词。

对国外相关文本分析关键词的具体方法是直接自动检索"词根"与"近义词"的编码；对国内相关文本分析关键词，除了需要进行词频统计，还需要将"内涵相近"与"表达相近"的关键词进行合并分析。比如将"课程实施""策略实施""选择课程和实施教学"等统称为"课程与教学实施能力"；将"考试评价""学业质量评价""过程性评价"等统称为"评价能力"。

三　原则与流程

（一）具体原则

其一：内涵与表述相近的关键词汇命名要统一。其二：采用灵活的提取方法。比如在使用 citespace 软件来分析国外相关文本资料时，与"实践反思能力"相关的词汇，考虑到"Practical"的词性和时态（如 Practice、Practiced、Practicality 等），可直接用"Practical＊"来自动检索，不区分大小写，之后再将检索范围拓展到"句子"。[①] 其三：文本资料分析的基础为高频关键词，编码提取的基本单位是"句子"。其四：关注分析核心要素高频词的指向性。比如以《课标（2022 年版）》的编码为例，如"数与代数""空间与图形"等能够发展学生的数感和空间观念等，均隶属于学生应达到的核心素养内容的范畴，应当予以剔除。

（二）具体流程

其一：基于本研究确定的数学教师关键能力可操作性定义，对数学教师关键能力的高频核心要素进行提炼。其二：利用 citespace 软件提取高

---

① 叶剑强、毕华林：《我国科学教育研究热点、现状与启示——基于 2370 篇硕士博士学位论文的知识图谱分析》，《课程·教材·教法》2017 年第 37 卷第 11 期，第 74—80 页。

频核心词汇[1]。其三：统计与可视化分析编码结果。其四：总结提炼。具体流程见图2-1。

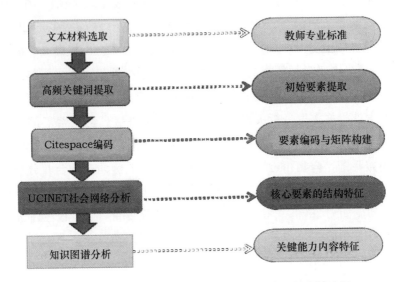

图2-1　数学教师关键能力高频核心词汇获取与分析流程

第二节　数学教师关键能力高频核心词汇分析

一　数学教师关键能力高频词的频次分布

基于时代变化的背景和要求，数学教师的关键能力也被重新定义。本节依据社会网络分析的原理，利用共词分析的方法定量地探讨数学教师关键能力问题，[2] 利用 spss21.0 软件对搜集的政策文本进行多维尺度分析、利用社会网络中的中心度分析来探索数学教师关键能力核心内容。

国外和国内相关政策文件中，涉及关键能力核心要素的频率基础比较大，共提取关键词 2667 个，国外为 1213 次、国内为 1454 次，在频次层

---

① 廖康平、杨斌：《近二十年我国职业教育人才培养研究的回顾与展望——基于 CiteSpace 的可视化分析》，《中国成人教育》2020 年第 9 期，第 6—12 页。

② 刘甲学、冯畅：《基于共词分析的国内信息资源管理研究热点可视化分析》，《情报科学》2016 年第 34 卷第 11 期，第 173—176 页。

面能够反映当下对教师关键能力培养的关注度。其中，"评价能力""创新与创造力""实践反思能力"等在国内外政策文件中均出现较高频次，说明这几项关键能力核心要素存在全球共同通用性；而"人际关系""学习共同体""信念""辨识""领导力"等与胜任力相关的关键能力核心要素在国外政策文件资料中出现较高频次，相对"课程与教学设计能力""探究教学""课程与教学实施能力"等与专业相关的关键能力核心要素在国内政策文件资料中出现较高频次，说明国内外政策文件在教师标准与要求等方面存在差异性。高频关键词的选取原则为出现6次及以上词频的关键词，共有51个；筛选与合并数据，剔除与数学教师关键能力相关度不高的核心词，合并意义相同的关键词，共选取40个高频词汇。具体如表2-2所示。

表2-2　　　　　　　数学教师关键能力核心词汇出现频次

序号	高频关键词	频次	序号	高频关键词	频次
1	评价能力	371	40	人生规划与幸福生活	7
2	探究教学能力	354	41	经验	7
3	课程与教学设计能力	242	42	技术素养	7
4	创新与创造力	217	43	环境意识	7
5	团队协作能力	203	44	道德伦理	7
6	创设情境能力	190	45	洞察力	7
7	实践反思能力	178	46	求知愿望	6
8	模型建构与建模教学能力	129	47	掌控课堂	6
9	解决问题能力	126	48	德行垂范	6
10	课程与教学实施能力	122	49	成就欲	6
11	信息化（大数据）能力	113	50	角色意识	6
12	实验操作能力	92	51	学习经历	6
13	数学学科教学知识	91	52	奉献	5
14	科学研究能力	89	53	耐心	5
15	辨识能力	84	54	自我教育	5
16	终身学习能力	80	55	主动进取	5
17	家庭教育指导能力	79	56	情绪观察能力	5

序号	高频关键词	频次	序号	高频关键词	频次
18	管理与监督能力	73	57	吃苦耐劳	5
19	组织协调能力	64	58	认知能力	5
20	适应能力	62	59	职业特质	4
21	数据分析能力	59	60	利他主义	4
22	激发数学兴趣能力	58	61	概念性思维	4
23	数学实验能力	56	62	应急处理能力	4
24	决策判断能力	55	63	知识更新及应用能力	4
25	推理假设能力	51	64	专业价值观	4
26	作业与考试命题设计能力	50	65	道德修养	4
27	跨学科思维	47	66	法治修养	4
28	批判性思维	44	67	组织管理能力	4
29	尊重与包容	42	68	教学判断能力	4
30	责任心	36	69	系统思维能力	4
31	数学文化素养	34	70	勇于挑战	3
32	自我认知与自我调控能力	33	71	预知能力	3
33	沟通与交流（表达）能力	31	72	坚韧	3
34	人际关系	30	73	精力充沛	3
35	专业共同体	29	74	正确使用教具	2
36	领导力	16	75	公关能力	2
37	健康素养	12	76	指挥能力	2
38	跨文化与国际意识	11	77	社交意识	2
39	公民责任与社会参与	8	78	勇于冒险	2

表 2-2 展示了不同文件中出现频次较高的关键能力核心要素。其中，对教师评价与反思能力的关注成为国际教师能力政策文件中的一个值得重视的亮点。比如，在《美国卓越中学理科教师专业标准》《英国中小学合格教师专业标准》《欧盟教师专业标准》等国外文件中的关键词"评价能力"出现频次超出关键词出现频次总和的 10%。说明"评价能力"俨然已成为教师关键能力的一项重要核心元素。又如，欧盟伊拉斯姆斯＋（Erasmus＋）研究项目中，"跨学科思维"的出现频次在所有高频关键词中的频次达到最高。说明 21 世纪 20 年代，随着社会的变革和技术推进，

教师的跨学科思维，即全科教师的培养以成为教师培养的改革创新之处，亟须进一步出台相关政策措施予以推进。依据《小学教师专业标准（试行）》《课标（2022年版）》和教师资格考试大纲的基本要求，从理念与师德、知识与技能等维度来划分，重点突出了教师的育德品质、责任心以及专业知识技能等要素；在《关于深化教育教学改革全面提高义务教育质量的意见》中首次提出五大关键能力，说明新时代对教师的要求和标准是不断契合社会的发展与科技的进步而不断更新和完善的。表2-3为数学教师关键能力核心要素的频次统计。

表2-3　　　　数学教师关键能力核心要素的频次统计

序号	相关政策文件要求	高频核心关键词
1	美国卓越科学教师专业标准	实践反思（13.3%），评价能力（10.6%），团队协作能力（8.6%）
2	英国中小学合格教师专业标准	实践反思（11.5%），责任心（9.1%），激发学生兴趣（8.7%）
3	欧盟伊拉斯姆斯＋	跨学科思维（21.0%），课程与教学规划能力（19.4%），课程与教学规划能力（13.6%）
4	澳大利亚国家教师专业标准	评价能力（10.1%），经验（6.6%），技术素养（5.9%）
5	欧盟教师专业标准	实践反思（13.3%），评价能力（10.6%），团队协作能力（8.6%）
6	《小学教师专业标准（试行）》	专业理念与师德（35.3%），专业知识（31.5%），专业能力（33.2%）
7	《关于深化教育教学改革全面提高义务教育质量的意见》	育德能力（20%），课堂教学能力（20%），作业与考试命题设计能力（20%），实验操作能力（20%），家庭教育指导能力（20%）
8	教师资格考试基本要求	知识技能（33.3%），职业道德（30.6%），教育教学手段（19.8%）

综合上述文件对数学教师关键能力的要求分析，国内外相关文件政策对教师的实践反思和评价能力都有不同程度的涉猎。比如，优秀的数学教

师会对利用数学学科本体性知识，组织构建学习共同体，实时动态把握数学课堂，反思实践，不断调整、修正和完善课堂教学，以促进学生的数学学习，发展数学学习能力，从而推动数学学科的发展。此外，数学教师的另一项关键能力为团队协作能力。比如，当下在学生群体中如火如荼开展的建模能力、编程能力及大数据分析能力培养培训课程，等等，要求数学教师首先应具备相应的跨学科知识和技能，其次要具备较强的团队协作能力，以培养学生建模编程与大数据分析处理能力、团队协作意识与能力。当前学生的家庭作业亦不局限于课本知识的理解与习题的解答，而更多的应完成与社会热点难点相关的综合性应用实践报告，要求其综合运用数学、语文、科学、英语等多种跨学科知识来解决具体问题，完成相关报告。因此，数学教师也需要具备相应的科学研究与数学实验能力等以培养学生的数学及跨学科思维，创新与创造力。

二 数学教师关键能力高频词分析

（一）数学教师关键能力高频词词云图分析

由上述得到的数学教师关键能力核心高频词汇出现频次，利用 HT-ML5 Word Cloud 对编码结果继续进行词云图绘制，其中拟合节点大小的依据是高频词出现总频次次数。从而能够更加形象直观地了解国内外相关政策文件对数学教师的具体要求与标准。由图 2 - 2 可直观地看出，拟合节点最大的是"评价能力"，总频次为 371 次。其余分别为探究教学能力（354 次），课程与教学设计能力（242 次），创新与创造力（217 次），团队协作能力（203 次），实践反思能力（178 次），创设情境能力（190 次），模型建构与建模教学能力（129 次）等。参见图 2 - 2。

（二）数学教师关键能力高频词的社会网络分析

利用 UCINET 软件通过分析编码交叉单的重合率值①来绘制社会网络图，进一步展示编码间的相互关系，从而进一步提炼数学教师关键能力的核心要素。以关键能力高频词"跨学科思维"的网络编码为例子，在对"跨学科思维"进行编码的时候会出现一些其他关键能力高频词，比如决

---

① AB 编码重合率 = AB 编码重合次数/（A 编码次数 + B 编码次数 = AB 编码重合次数）。这个重合系数越高，说明两个编码之间的重合度越高，编码之间的联系也就越紧密。

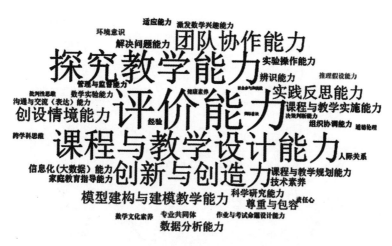

图 2 – 2　数学教师关键能力高频词的词云图

策判断能力、团队协作、实践反思、课程与教学规划能力。图 2 – 3 为数学教师关键能力高频词的具体社会网络呈现，高频词节点间的关联越紧密，说明此处高频词的社会网络密度越大。其中，节点的大小与其连线的密度说明该节点处的高频词在整个社会网络的重要性。比如图 2 – 3 中的高频词"跨学科思维"的节点较大，其连线的密度也较大，位于整个社会网路的中心位置。说明跨学科思维在数学教师关键能力内容构成中处于举足轻重的地位，应该赋予相应分量的权重。尽管"跨学科思维"的频次总数没有进入 40 个高频词的前列位置，但是在数学教师关键能力核心要素体系中，它与其他各个要素的关联度最高，即关联最为紧密，在整个关键能力核心指标体系中控制能力最强，这也更加说明了"跨学科思维"在数学教师关键能力核心要素体系中的重要地位。数学教师的跨学科思维体现在信息化（大数据）能力、数据分析能力、数学建模、实践反思、实验操作能力、作业与考试命题设计能力以及家庭教育指导能力，并且能够与教研共同体展开团队协作、沟通与交流（表达）、创新课程与教学、创造教学资源等关键能力。数学教师关键能力高频词社会网络具体见图 2 – 3。

　　由图 2 – 3 还能看出，创新与创造力、数学实验操作能力、家庭教育指导能力、作业与考试命题设计能力、科学研究能力、探究教学能力、团队协作等核心高频关键词的节点都较大、连线密度也较大，

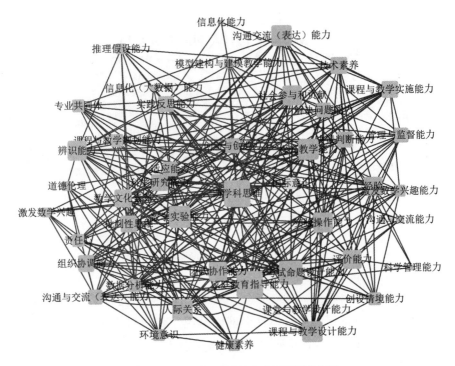

图 2 - 3 数学教师关键能力高频词社会网络

说明这几项能力是当前数学教师关键能力的核心组成部分。从整个社会网络来看，社会参与和贡献的节点越小，其连线也就越低。但这并不能说明其对数学教师关键能力的重要程度就越低，两者之间没有必然的关系。比如，其中一个高频词"信息化能力"的节点小，连线密度低，但是它却是数学教师关键能力中非常重要的一个组成部分，它代表了教师适应时代变革需求，追踪掌握高新技术知识，设计与实施智慧课堂的必备关键能力。尤其是 2020 年疫情时期对线上课堂教学的特殊需求，信息化应用能力就是数学教师能够及时应对突发状况和复杂问题需求的关键能力最好的体现。另外一个高频词"健康素养"的节点也较小，但是教师的情感态度和价值观对儿童的健康成长产生非常直接而又深远的影响。它代表着责任心、伦理道德等个体特征的健康程度，从与前几项核心高频关键词的连线密度就能呈现，因此，"健康素养"也是非常重要的一项关键能力。

利用三种不同中心度来客观描述图 2 - 3 中的数学教师关键能力高频

词之间的社会网络关系。用点度中心度来刻画描述节点的中心性，能够体现其领导影响力。若一个高频关键词的接近度数值越小，说明其距离中心越近。[①] 国外学者 Lee 认为点度中心度的数值越高，则越能够刻画描述这个主题领域的热点现状。数值越低，则越能够刻画描述次主题领域的发展趋势。[②]

由表 2-4 得出，"家庭教育指导能力""跨学科思维""作业与考试命题设计能力""数学实验能力"的点度中心度均 > 20，说明这几项能力是数学教师关键能力的重要组成部分。并且"跨学科思维"与"人际关系"的中介中心度值最高，说明其对其余关键词的控制程度较高，是核心组成部分。"道德伦理""信息化（大数据）能力""模型建构与建模教学能力"这几项接近中心度较低，说明这几项代表数学教师关键能力的未来发展趋势。

表 2-4　　　　　　　　高频词的中心度数据（部分）

序号	关键词	点度中心度	中介中心度	接近中心度
1	家庭教育指导能力	25	0.69	0.58
2	跨学科思维	25	4.96	0.5
3	作业与考试命题设计能力	22	1.19	0.58
4	数学实验能力	20	1.00	0.43
5	人际关系	19	2.97	0.37
6	沟通交流（表达）能力	19	0.47	0.59
7	课程与教学设计能力	19	0.77	0.62
8	探究教学能力	19	0.56	0.61
9	社会参与和贡献	18	0.31	0.28
10	实验操作能力	18	0.43	0.46
11	辨识能力	18	0.96	0.47

---

① 杜智涛、张丹丹、付宏、李辉：《新媒体环境下微学习研究热点领域与前沿探析》，《现代情报》2019 年第 39 卷第 4 期，第 166—177 页。

② Lee W. How lo identify emerging resewch fields using scientometrics：An example in the fkid of Information Security［J］. Scientometrics，2008，76（3）：503 – 525.

续表

序号	关键词	点度中心度	中介中心度	接近中心度
12	经验	17	0.89	0.52
13	团队协作能力	17	0.65	0.53
14	评价能力	17	1.34	0.60
15	数学文化素养	16	0.23	0.30
16	组织协调能力	15	0.31	0.41
17	技术素养	15	0.48	0.41
18	科学研究能力	15	0.19	0.47
19	课程与教学实施能力	15	0.29	0.48
20	批判性思维	15	0.39	0.29

（三）数学教师关键能力高频词知识图谱分析

基于社会网络初步清晰的展现数学教师关键能力高频词之间的关系。继续将 40 个高频关键词统计生成 40×40 的共词矩阵，具体见表 2－5。

表 2－5　　　　　　　　高频词共词矩阵（部分）

序号	关键词	1	2	3	4	5	6	7	8	9	10
1	沟通与交流（表达）能力	35	3	1	0	0	1	0	1	0	2
2	家庭教育指导能力	3	25	2	0	0	0	1	2	0	0
3	跨学科思维	1	2	25	2	0	1	0	0	1	1
4	作业与考试命题设计能力	0	0	2	22	2	1	0	0	0	1
5	数学实验能力	0	0	0	2	20	1	0	0	0	0
6	辨识能力	1	0	1	1	1	19	1	0	1	0
7	探究教学能力	0	1	0	0	0	1	19	0	2	1
8	人际关系	1	2	0	0	0	0	0	19	0	1
9	课程与教学设计能力	0	0	1	0	0	1	2	0	19	0
10	团队协作能力	2	0	1	1	0	0	1	1	0	18

为了消除共现频次差异较大对数据分析造成的影响，选用 Ochiai 系数将共词词频矩阵转换成相似矩阵，用"1"减去相关矩阵中的各个数字，得到高频词相异矩阵，具体见表 2－6 和表 2－7。

表 2-6 高频词相似矩阵（部分）

序号	关键词	1	2	3	4	5	6	7	8	9	10
1	沟通与交流（表达）能力	1.000	0.101	0.034	0.000	0.000	0.039	0.000	0.039	0.000	0.080
2	家庭教育指导能力	0.101	1.000	0.080	0.000	0.000	0.000	0.046	0.092	0.000	0.000
3	跨学科思维	0.034	0.080	1.000	0.085	0.000	0.046	0.000	0.000	0.046	0.047
4	作业与考试命题设计能力	0.000	0.000	0.085	1.000	0.095	0.049	0.000	0.000	0.000	0.050
5	数学实验能力	0.000	0.000	0.000	0.095	1.000	0.051	0.000	0.000	0.000	0.000
6	辨识能力	0.039	0.000	0.046	0.049	0.051	1.000	0.053	0.000	0.053	0.000
7	探究教学能力	0.000	0.046	0.000	0.000	0.000	0.053	1.000	0.000	0.105	0.054
8	人际关系	0.039	0.092	0.000	0.000	0.000	0.000	0.000	1.000	0.000	0.054
9	课程与教学设计能力	0.000	0.000	0.046	0.000	0.000	0.053	0.105	0.000	1.000	0.000
10	团队协作能力	0.080	0.000	0.047	0.050	0.000	0.000	0.054	0.054	0.000	1.000

表 2-7 高频词相异矩阵（部分）

序号	关键词	1	2	3	4	5	6	7	8	9	10
1	沟通与交流（表达）能力	0.000	0.899	0.966	1.000	1.000	0.961	1.000	0.961	1.000	0.920
2	家庭教育指导能力	0.899	0.000	0.920	1.000	1.000	1.000	0.954	0.908	1.000	1.000
3	跨学科思维	0.966	0.920	0.000	0.915	1.000	0.954	1.000	1.000	0.954	0.953
4	作业与考试命题设计能力	1.000	1.000	0.915	0.000	0.905	0.951	1.000	1.000	1.000	0.950
5	数学实验能力	1.000	1.000	1.000	0.905	0.000	0.949	1.000	1.000	1.000	1.000
6	辨识能力	0.961	1.000	0.954	0.951	0.949	0.000	0.947	1.000	0.947	1.000
7	探究教学能力	1.000	0.954	1.000	1.000	1.000	0.947	0.000	1.000	0.895	0.946
8	人际关系	0.961	0.908	1.000	1.000	1.000	1.000	1.000	0.000	1.000	0.946
9	课程与教学设计能力	1.000	1.000	0.954	1.000	1.000	0.947	0.895	1.000	0.000	1.000
10	团队协作能力	0.920	1.000	0.953	0.950	1.000	1.000	0.946	0.946	1.000	0.000

　　然后利用 citespace 生成的编码进行多维尺度战略坐标分析，对具体每个关键能力核心要素所在领域划分，以坐标离散点分布的形式直观展现。其中，X 轴为向心度，代表各个范畴的相互影响程度，Y 轴为密度，代表各个范畴内部间的关联度。① 由此可见，第一象限研究主题内部联系较为紧密，并且向心度比较高。但是第三象限和第四象限的密度和向心度都比较低，主题之间的关联度较弱，即这两个象限相互影响程度比较弱，所以此范畴呈现较为松散态势。

　　由高频词知识图谱可见，数学教师关键能力可分为四大范畴：一是学科本体性知识与教实践技能；二是跨学科与信息技术应用能力；三是社会性与创新创造力；四是个体特质与育德能力。

　　范畴一表示数学教师学科本体性知识与教学实践技能。此范畴包含的高频核心词汇主要分布在第一象限，其中高频核心词汇为课程与教学规划能力、课程与教学设计能力、课程与教学实施能力、作业与考试命题设计能力、创设情境能力、数学学科教学知识和数学文化素养等，均为数学教师专业课堂教学关键能力的组成部分。专业课堂教学关键能力与课堂教学的"方法技术手段"相关，反映了在不同的复杂的专业教学情境下，数学教师能够应对和胜任的专业技能，它更侧重于教师规划、设计和实施数学学科课堂教学的关键特征。数学教师线上教学资源课程包的规划设计、开发利用和实施监测技能即 WEF 白皮书中倡导的无障碍和包容性专业教学能力的体现。数学教师针对线上教学的问题与实践反思组成线上学习共同体、开展线上教研活动，则是基于问题和协作的知识和教学能力。

　　范畴二表示数学教师跨学科与信息技术应用能力。此范畴包含的高频核心词汇有跨学科思维、数据分析能力、数学实验能力、模型建构与建模教学能力等。这些都隶属于数学教师跨学科思维及数据分析能力范畴，也是 WEF 白皮书中技术应用学习内容的体现。包括基于发展数字技能的内容，即编程、数字责任和技术的使用等能力。更侧重于教师在"互联网＋大数据"时代的跨学科教学手段革新能力、数学实验操作、数据分析能力、教育教学资源数据挖掘分析能力、跨学科科学研究思维与能力、

<hr>

① 邱均平：《文献计量内容分析法》，国家图书馆出版社 2008 年版，第 323—324 页。

数学教师全科综合能力等的培养，涵盖了数学学科领域教师关键能力的综合性、通用性、科学性等要素，这些要素是整体而又复杂的。尤其是在2020年疫情的特殊时期，为落实"停课不停学，停课不停教"的要求，保驾学生在线学习的质量与效率，数学教师的跨学科及大数据分析能力更是得到了充分的体现并起到至关重要的作用。比如，线上授课综合体现了数学教师线上教学资源的搜集、利用与设计能力、线上丰富教学资源数据挖掘能力、线上学习监控能力、时时跟进指导有效衔接的教育技术手段革新能力、课堂内外有机融合能力、利用数据分析解释疫情等各种关键能力。线上研讨将数学教师的教学实践与科学研究精密结合，打造教研共同体。数学教师可以依靠团队的力量帮扶协作开展数学学科的科学研究，分享创新育人方式的智慧课堂布局技巧，共同打造高端数学智慧课堂的新生态。

范畴三表示数学教师社会性与创新创造力。此范畴包含高频核心词汇有创新创造能力、团队协作能力、解决问题能力、管理与监督能力、组织协调能力、辨识能力、批判性思维、激发数学学习兴趣能力、评价能力、经验社、领导力、国际意识与社会参与等。其中，社会性能力侧重数学教师的沟通交流表达能力、团队协作能力、组织管理能力等，而创新与创造力则更侧重于质疑式思维、批判性思维等，突出数学教师关键能力的综合性、广泛性与创造性。此范畴所包含的关键能力核心要素能够体现当下学生数学核心素养培养的要求与标准，也是数学教师关键能力领域里相对比较重要的研究方向。

范畴四表示数学教师个体特质与育德能力。此范畴包含高频核心词汇主要有家庭教育指导能力、沟通与交流（表达）能力、责任心、适应能力、健康素养、尊重与包容、道德伦理、自我认知与自我调控、幸福生活、人际交往等与教师情商相关的关键能力。研究内容主要涉及教师个体特征（健康、人际关系、沟通、科学管理、幸福生活）与职业品质（责任、道德、尊重与包容）。这些个体特征能够客观真实地反映数学教师关键能力的水平，对学生数学学习也能够起到积极影响作用，并且能够体现数学教师如何从自身素养出发，科学管理自我以实现高效有质量的教学过程，以及在整个教室职业生涯中所表现出来的洞察力、挖掘力与进取心。比如家庭教育指导能力，并不局限于批改作业等终结性评价的过程，而是持续地通过自身不断的学习完善以达到促进学生驱动性学习、学会学习的家庭教育指导过程。具体见表2-8。

表2-8 基于国内外政策文件提取的数学教师关键能力核心要素划分

一级要素	二级要素
学科本体性知识与教学实践技能	数学学科教学知识（MPCK）、课程与教学规划能力、课程与教学设计能力、课程与教学实施能力、课程与教学评价能力、作业与考试命题设计能力、创设情境能力和数学文化素养
跨学科与信息技术应用能力	跨学科思维、数据分析能力、数学实验能力、模型建构与建模教学能力、科研能力、实践反思能力、技术素养
社会性与创新创造力能力	创新创造能力、团队协作能力、解决问题能力、管理与监督能力、组织协调能力、推理假设能力、辨识能力、批判性思维、激发数学学习兴趣能力、评价能力、经验、领导力、国际意识、公民责任与社会参与
个体特质与育德能力	自我认知与自我调控、家庭教育指导能力、沟通与交流（表达）能力、责任心、适应能力、健康素养、尊重与包容、道德伦理、终身学习能力、人生规划与幸福生活

第三节 本章小结

通过对比分析国际与国内相关政策文本资料发现，数学教师关键能力高频词呈现共性与异性并存的属性态势。共性主要体现在：一是整体性，从国内外文件中涉及的高频词频次分布图表即可观察。二是都关注与重视数学教师诸如实践反思能力、创新与创造力、跨学科思维以及数据分析能力。异性主要体现在我国《小学教师专业标准（试行）》等政策文件内容比较重视教师的情境创设能力、课程与教学的设计、实施等专业教学能力、数学实验能力、家庭作业指导能力等，国外文件更多地强调数学教师的团队协作、创新与创造力、领导力、国际意识、科学管理能力等通识性职业胜任关键能力。

数学教师关键能力的核心内容是随着环境与时代的发展变化呈现持续地不间断地动态发展的特性，并且会伴随数学教师的科学认知、反思实践及不断更新变化的高新技术知识与持续不断地终身学习呈现不同的属性特征。比如，进入 21 世纪以来，数学教师关键能力的核心内容会不断更新重构，但其强调教师在社会组织中不断学习工作及共同活动的终身学习能力始终是本质内涵，是教师所需要具备的基本技能，也是关键能力评估的基本要求。比如，2020 年自新型冠状肺炎疫情以来，对数学教师运用信息通信技术（ICT）、线上线下时时跟进指导有效衔接的教育技术手段、课堂内外有机融合数学文化、建立学习共同体帮扶协作开展科学研究，探索线上高效智慧课程路径、开发创新育人方式的新课堂布局技巧，构建高端数学智慧课堂新生态，等等，都提出了更高更新的要求。显然，娴熟的教学实践技能、积极构建并参与学习共同体、具备较高水平的社会性能力以及创新创造力等均是数学教师关键能力的核心组成要素，并且这些能力会通过终身学习不断完善并动态发展变化。

通过整理搜集文献资料，选取国内外具有代表性权威性的与"教师关键能力"相关的政策文件与标准，结合各国的教师专业标准与教师能力评估相关的各类工具方法等，利用 citespace 及 SPSS 软件对核心高频词汇进行频次统计与比较、社会网络分析以及内容分析。结果表明，课程与教学设计能力、课程与教学实施能力、创新与创造力、团队协作与沟通能力、跨学科思维、模型建构与数据分析能力、责任心等关键能力与个体特质成为各文本的高频词。数学教师的家庭教育指导能力、跨学科思维、作业与考试命题设计能力，以及数学实验等能力在社会网络中具有较高的中心性。由高频词知识图谱得出数学教师关键能力核心高频词可划分为四个范畴：一是学科本体性知识与教学实践技能；二是跨学科与大数据分析信息技术息应用能力；三是社会性与创新创造力；四是个体特质与育德能力。具有系统性、情境性、动态性等属性特征。

第 三 章

基于扎根理论的数学教师关键
能力核心要素关键事件分析

　　数学教师关键能力评估模型构建研究是本研究的重点也是难点。对数学教师"关键能力"核心概念界定、评估模型的结构属性以及"关键能力"的测量评价都至关重要,同时也是数学教师关键能力发展研究的逻辑起点与应用基础。在研究过程中包括综合运用多种研究方法,开展多种渠道来进行评估模型的构建研究,以确保所构建的评估模型更加科学合理有效,更具有权威性代表性合理性,并能够推广复制应用到更多教师研究领域;并且能够客观、精准、有效地反映当前数学教师关键能力的真实水平现状,探讨数学教师关键能力的发展对策。综合对比分析多种模型构建的方法路径,采取"政策+实践+理论经验"三种构建路径的研究范式,综合运用多种研究方法分析构建数学教师关键能力评估模型。

　　第二章已经完成第一步政策文本路径的分析研究,通过搜集国内外关于数学教师能力的政策文件分析确定得出数学教师关键能力的核心要素。本章则需完成第二步,通过关键事件访谈法来搜集具有代表性的数学教师的"关键行为和关键事件",依据扎根理论,对搜集到的访谈文本资料进行三级编码分析,析取数学教师关键能力的核心要素,然后对"政策+实践"这两种路径分析得出的结果进行归类整合,最终得到数学教师关键能力评估模型的核心要素并进行范畴划分。之后的第四章再采用德尔菲专家调查法,进行两轮专家论证调研,得出数学教师关键能力评估模型的结构框架。

　　因此,本章是对关键能力评估模型构建的第二个关键要害关键步骤,也是数学教师关键能力评估模型的构建与实证检验的秉轴持钧。

第一节　基于关键事件访谈的数学教师关键能力核心要素提取

一　关键事件访谈设计

（一）准备工作

一是要深入充分地了解被访谈对象的工作环境与生存境遇，即数学教师的工作和生活环境，以及其社会人际关系、社会经济地位、教师情绪状态等；二是要充分理解与把握关键事件访谈的基本流程。在做好上述两项准备工作以后，才能避免在关键事件访谈研究过程中，出现负面失误以及消极影响。

（二）样本选择

为了能够获得具有代表性的关键事件样本，通过参与 S 省教育科研机构在全省层面开展的"中小学教师工作情况调研项目""乡村教师工作现状调研项目"，本书作者深入一线数学教师群体中开展田野调研和深度访谈。选取分层随机抽样的方法，根据教育公平和均衡发展的原则，从 S 省省域层面（鲁西地区、鲁中地区、鲁东地区）选择三种不同类型的学校（一是地市级城市中心区小学学校，二是城区中的城乡结合部学校，三是乡村偏远地区小规模学校），从中选取 12 名数学教师作为访谈对象。受访者的具体信息如表 3-1 所示。

表 3-1　　　　　关键事件访谈对象（数学教师）基本信息汇总

序号	性别	任教时间	最高学历	学校所在地	备注
1	女	20	本科	城市中心区	S_1
2	男	18	本科	城市中心区	S_2
3	女	9	硕士研究生	城市中心区	S_3
4	女	5	硕士研究生	城市中心区	S_4
5	女	4	本科	城乡结合部	S_5
6	女	8	本科	城乡结合部	S_6
7	女	10	本科	城乡结合部	S_7

序号	性别	任教时间	最高学历	学校所在地	备注
8	女	1	硕士研究生	城乡结合部	S_8
9	女	2	硕士研究生	乡村小规模	S_9
10	男	6	本科	乡村小规模	S_{10}
11	女	4	本科	乡村小规模	S_{11}
12	女	1	硕士研究生	乡村小规模	S_{12}

（三）主要内容

利用 STAR 访谈登录提纲表开展数学教师关键事件访谈研究。该研究工具能够充分合理地挖掘数学教师的关键行为事件，清晰明了系统地呈现事件经过，并且能够引导数学教师在接受访谈时的思考和回答都充分聚焦于"关键能力"的主题。采用的三栏式访谈登录提纲如表 3-2 所示。

表 3-2 STAR 访谈提纲

情境（situation）任务（task）	反应（action）	结果（result）
1. 请具体描述一下事件？ 2. 您认为发生这样事件的原因是什么？ 3. 您当时的主要工作任务是什么？ 4. 您之所以这么做是为了达到怎样的目标？	1. 请具体描述您当时的想法或感受？ 2. 请具体描述您当时采取了何种具体行动？ 3. 请具体描述您采取的行动步骤是什么？	1. 请描述最后的结果，是成功还是失败？ 2. 事件的结果给您产生了哪些影响或者反馈？ 4. 请具体描述您认为在处理事件中的优缺点，这些优缺点对你的工作产生何种具体影响？ 5. 请具体描述您在此事件中获得的经验教训？

二 关键事件访谈实施

通过"中小学教师工作现状调研"等项目的调研机会，跟随调研团队深入数学教师群体开展实地访谈，于 2019 年 10 月至 2020 年 5 月在三种不同类型的学校选取 12 名不同任教年限、不同职称的数学教师进行访谈调研，访谈时间不受限制，访谈形式不受限制（座谈、电话、微信语音等）；受访时间为 0.5~2 个小时不等。经受访者同意，对大部分谈话内容进行录音。调查所选取的是部分具有代表性比较典型的数学教师，其个体特征包括（性别、教龄、编制、职称、最高学历、是否当班主任、是否独生子女、每周任教时间等个体基本信息）；其次根据流程，对数学教师依次询问并做好纸质记录。具体关键事件访谈时长及访谈地点信息见表 3-3。

表 3-3　　　　　　　　　　关键事件访谈具体信息

编号	时长/形式	地点
S1	1 小时/面谈	城市中心区（J 市市中区舜耕路小学）
S2	70 分钟/面谈	城市中心区（J 市天桥区实验小学）
S3	120 分钟/面谈	城市中心区（L 市外国语小学）
S4	53 分钟/面谈	城市中心区（L 市东关小学）
S5	48 分钟/微信语音	城乡结合部（L 市陈口路文苑小学）
S6	35 分钟/面谈	城乡结合部（L 市开发区辛屯小学）
S7	150 分钟/面谈	城乡结合部（L 市东昌府区闫寺办事处中心小学）
S8	41 分钟/电话沟通	城乡结合部（L 市度假实验小学）
S9	45 分钟/电话沟通	乡村小规模（章丘区垛庄镇官营小学）
S10	148 分钟/电话沟通	乡村小规模（L 市朱老庄中心小学）
S11	51 分钟/微信语音	乡村小规模（J 西营镇龙湾小学）
S12	30 分钟/面谈	乡村小规模（L 市梁水镇小学）

三　基于扎根理论的关键事件访谈结果内容分析

经过收集和整理数据资料后，利用扎根理论分析归纳数学教师关键能力核心要素内容，能够充分解释数学教师关键能力问题及现状。从收集到的访谈数据材料、调查问卷等原始资料入手进行归纳分析，经过开放式编码、主轴编码和选择性编码，再进行饱和度验证，最后形成扎根理论。

（一）实施流程

扎根理论中最关键的步骤为分级编码，包含三个层次。

（二）基于扎根理论的分析

通过对 12 名一线数学教师进行深度访谈，除了关键事件访谈法包含的问题，还增加了另外一些典型的具体问题。包含受访者对工作成功最为关键的或对工作失败最为关键的事件。具体如表 3-4 所示。

表 3 – 4 对数学教师进行深度访谈的具体问题

类别	具体典型问题
自我评价	您认为您和其他数学教师相比您的优势有哪些？您认为一个优秀的数学教师应该具备哪些关键的能力和素质，存不存在公认的评估标准？作为一名合格的数学教师，您最关注哪些层面的自我发展，为什么？如果您想成为数学名师或者名校长，您打算从哪些层面努力，或者您认为如何培养一名优秀的数学教师？
成功或失败的关键事件	请您描述工作中您认为最成功或者失败的事件。这是一个怎样的事件？请您详细具体描述？您当时是如何处理的？您对事件的成功或者困难程度作出哪些判断？您感觉到处理事件的成功因素或者困难因素是什么？您采取哪些行动？这些行动对事件产生了什么样的影响？您采取这些行动来处理事件的原因是什么？事件最终的结果是成功还是失败？您对自己的行为表现是否满意？您当时的体会或感受是怎样的？您事后有分析过事件成功或失败的原因吗？您认为在您的执教生涯中，能够促进您工作成功进步或者阻碍工作进步的因素有哪些？请您详细谈谈若想成为一名合格或优秀的数学教师，应当具备哪些关键能力？
追加问题	您对当前的数学教师培训体系有哪些意见或者建议？ 您认为需要增加哪些体系化的内容？ 您对当前的工作和生活满意吗？ 您对当前的工作是否存在压力？ 您对当前的师生关系、家长关系、同事关系、领导关系满意吗？具体在哪些方面？ 您认为数学教师的职业生涯发展，从职前师范生—初任教师—骨干教师—名师名校长，应该采取何种举措来分别进行培养？

访谈完毕后，最大限度地还原被访谈者的原始语言，保证第一手资料的客观性和鲜活性，不掺杂任何其他主观因素的影响。在文字转录的过程中，注重被访谈者的情绪体验、微表情和一些非语言动作。

1. 开放式编码（Open Coding）

对 12 名数学教师的关键事件访谈后，整理文本资料进行开放式编码。首先是采用对逐个事件编码的方式进行初始编码，编码原则为尽量保持一致性。编码的字母选取前 12 个英文字母代表这 12 名受访的数学教师，共形成 107 个初始码号。具体如表 3 – 5 所示。

表 3 - 5　　　　　　　　　　扎根理论初始编码

A 原始书面数据	贴标签
算下来，我是一名从教快 20 年的老数学教师了。首先我本身大学学的专业不是数学专业，但是刚参加工作那会儿，学校里比较缺老师，所以就做了几年全科教师，后来学校的数学教师是缺口最大的，又因为我教出来的学生数学成绩连续几年都还不错，所以学校领导就建议我坚持任教数学学科，再加上积累了几年的工作经验，自己通过一线教学也摸出些门道儿，也就是自己教学的一些心得和体会，然后自己也慢慢热爱数学这门学科，所以就坚持下来做了专职的数学学科教师，并一直担任班主任。这一做就是十几年坚持下来，取得了一些不错的成绩，也评上了高级，在学校也连续多年担任年级组主任。回顾这么多年的数学学科执教生涯，突然不知从何说起，若一定要描述，我想唯有这几个词"热爱、担当、敢拼、敢闯、执着"能形容吧。	A1 跨学科思维 A2 经验 A3 尊重与包容 A4 坚持不懈，不畏困难 A3 尊重与包容 A4 坚持不懈不畏困难 A5 责任心 A6 心理辅导
我们学校是一所私立学校，其实也算是在十多年前突然在全市基础教育领域杀出的一匹"黑马"，才出现今天家长们宁肯放弃公立学校入学资格也要挤破头连夜打地铺为孩子排队报名的局面。靠的就是我们这些一线老教师当年艰苦奋斗、踏实从教、认真负责、积极拼搏并且多年如一日全力以赴的综合实力，连续多年始终保持小升初成绩第一，打下来的江山。由于学校学生全部都是住宿生，我记得当时都分不清上学和放学，上班和下班。家里小孩没人照顾就晚上带孩子去学校继续辅导功课，下班后都直接把有需求的学生带回家一起吃晚饭继续辅导功课，孩子们学习也都特别认真刻苦。想想那个时候，虽辛苦，但很简单很快乐。	A4 坚持不懈不畏困难 A5 责任心 A7 数学学科教学能力 A3 积极情感 A6 心理辅导
至于可借鉴的工作经验我认为进行科学合理的课堂整体布局设计，以能够充分激发学生的数学学习兴趣为宗旨，关键要使他们勇于探索和质疑。课堂导入要巧妙设疑，令学生的头脑里呈现诸多问号，引导其针对问题去思考、探索，从而真正了解问题本身的含义。比方在《分数的初步认识》这节课，我就以《孔融让梨》为导入，借故事设置问题，启发学生动动小手帮孔融分梨。"假如老师有 6 个梨，要均分给 3 个同学，每个同学分到几个呢？"学生纷纷伸出了两根手指。因为他们已经学习过除法，这对他们来说非常简单。"假如老师手上有 2 个梨，需均分给两位同学，每个同学得几个？"听完，大家都伸出一根手指。"那假如老师手上只有 1 个梨，可还要平均分给两位同学，应该如何分呢？"好多学生回答	A8 情境教学 A9 激发数学学习兴趣 A10 课堂教学设计能力 A11 解决问题能力

A 原始书面数据	贴标签
"一人一半"，因为在他们的生活常识和认知中，是相对比较好理解的。"那一个梨要平均分给 3 个同学呢？"我又继续提问，此时，学生的好奇心理被完全激发，似乎一个梨是无法被均分成 3 份的。此时。几乎所有学生的注意力与好奇心都被激发起来，迫切地想要了解答案以解除心中的疑惑。有的学生说："把梨平均分成 3 份。"我微笑的点点头，基本的核心概念是好理解了，我接着说："但是如何能均分 3 份呢？"学生们又陷入了困惑，有的说可以用笔做标记，有的说可以用卷尺测量周长，等等，甚至把高年级的新知识和技能都激发出来，课堂气氛非常活跃，效果显著，学生们印象也非常深刻，对分数的概念能够很好地理解。	A12 数学实验能力 A13 课堂教学实施能力 A9 激发数学学习兴趣

B 原始书面数据	贴标签
我有幸于 2018 年参加 S 省第二期齐鲁名师建设工程，有机会遇到了更多优秀而努力的数学教师团队。通过交流取经学到了很多宝贵的教学方法和发展自我的方式。比如时时跟进指导有效衔接的教育技术手段、课堂内外有机融合、接受了数学学科教学论专家大咖们的学术盛宴洗礼，学习见识了更多更丰富的教育教学资源。我们培训班就是一个学习共同体，充分依靠团队的力量帮扶协作开展科学研究，努力探索课程高效路径。也学到了创新育人方式的新课堂结构布局技巧，见识了令人叹为观止的高端数学智慧课堂新生态。建设工程也为我们数学教师提出了教学实践与科学研究精密结合的新要求。 比如在进行线上《三角形面积计算》这一单元教学时，我提倡学生利用家里的七巧板玩具，或者动手制作或者裁剪出两个完全一样的锐角三角形、直角三角形、钝角三角形，然后动动小手拼一拼，拼成一个学过的图形，最终学生有的拼成长方形，有的拼成正方形，还有的拼成平行四边形等。形成一个主动操作、自主学习和实验验证的习得过程。使得知识更具体形象更加容易理解，从而激发数学学习兴趣。因为要成功做好一个数学实验，需要我们的学生进行多感官的自觉参与、手脚并用、互相协作、交流表达，并且需要学生独立自主地运用所学的数学学科及其跨学科知识有效地解决实验问题。	B1 混合式教学手段 B15 终身学习能力 B1 混合式教学手段 B2 家庭作业指导能力 B1 混合式教学手段 B3 打造学习共同体 B4 团队协作 B5 科学研究能力 B6 课堂结构布局能力 B7 数学智慧课堂能力 B8 实践反思 B9 科学研究 B2 家庭作业指导能力 B10 数学学科本体性知识 B11 数学实验能力 B12 激发数学学习兴趣 B13 沟通交流表达 B14 问题解决能力

C 原始书面数据	贴标签
2020 年，自新冠肺炎疫情以来，根据教育部门有关"停课不停学，停课不停教"的要求，我也积极参加线上课程录制、教研以及开展数学讲座等工作。这对我来说是挑战更是学习发展关键能力的机会。使命在心，职责在肩，方法在手，实效在干！尤其是复学以后的数学课堂，也发生了质的变化，我们数学教师是"领跑"还是"跟跑"，映射出的是数学教师的使命和学科姿态。未来已来，我们数学团队的每个人没有谁可以置身事外。要努力学习高超的教育技术手段、创新设计高效数学课堂结构布局，等等，虽然是老教师，但我们需要学习发展的太多，要树立终身学习的理念。	C1 混合式教学手段 C2 课堂结构布局能力 C3 终身学习理念
比如在线上开展"倒数"教学时，我会以游戏的形式开始讲课。比如我说："我们的方块字具有独特的结构之美，比如把'干'字进行180度旋转颠倒过来，那么就变成什么字了呢？"学生们不假思索地回答："士。""那如果把'甲'字颠旋转180度颠倒呢？"同学们纷纷回答："由。"	C4 课堂教学设计能力 C5 跨学科思维
然后我又继续问道："你们玩过正话反说的游戏吗？"此时学生们的兴趣和好奇心完全被激发，我又故作玄虚道："能否仿照老师的样子说一说。别离—离别、绿水青山—青山绿水、和平—平和、语言—言语、我爱爸爸—爸爸爱我。"同学们在短暂的思考后，纷纷给出很多不同有趣的答案："奶牛—牛奶，柴火—火柴、门前—前门、牙刷—刷牙、我爱老师—老师爱我……"这时，屏幕前每个学生的脸上都露出喜悦的表情，每位学生都参与到问题的回答上来。我夸赞说："孩子们真的很聪明，你们真棒！"紧接着就给孩子们展示了美丽的山水风景图，数学几何图片，等等，配上优美的音乐，把孩子们深深吸引，学生看得如痴如醉。我便就通过孩子们所熟悉的方块字的结构特征来引入这堂课的主题，培养了孩子们的跨学科思维、创新创造力、举一反三的能力。通过正话反说的小游戏，充分调动起孩子们回答问题的积极性和主动性。让孩子们在游戏的过程中理解了数学中，两个数的特点就像方块字一样可以互换位置。最后通过 PPT 展示能够体现数学之美的具有对称结构的体现数学原理的图片和小视频，让孩子们体验数学之美，激发孩子们学习数学的兴趣。	C6 激发数学学习兴趣 C7 数学学科本体性知识 C8 数学课程知识 C9 跨学科思维 C10 创新与创造力 C11 数学实验能力 C12 激发数学学习兴趣

续表

D 原始书面数据	贴标签
我刚刚参加完 S 省的线上研讨会，参加在线研讨的人员有各市、县（市、区）数学教研员、省兼职数学教研员、数学文化实验学校代表、数学骨干教师等。通过学习研讨，我们 S 数学教师团队的高素质高技能这一点我是感同身受，同时反思自己的关键能力素质亟须尽快发展。包括对数学文化、数学史的教学课题项目研究、创新实践设计情境课例、有效整合数学文化及合理植入数学课堂的方式、开展课堂教学评价；激发学生的数学学习兴趣，使其受到优秀文化的熏陶，能够使学生对数学学习进行重新认识、喜欢学习数学，助力数学核心素养和创新与创造力的培养。并推动素质教育活动。一切的数学教学都源于热爱，基于需要、深挖根源——不等不靠，关注"影响圈"，积极主动地去做一件事；"第三选择""协同双赢"拥有成长金钥匙；理论是航母，是决胜之器，找准教学研究的方向，选取一个最有价值的切入点，是教师获取专业成长的保障；从借鉴模仿走向创新，借鉴—模仿—创新，是教师成长的必经之路。	D1 传播数学文化能力 D2 情境教学能力 D3 学生发展的评价能力 D4 激发数学学习兴趣能力 D5 创新创造能力 D6 心理辅导 D7 科学研究能力 D8 实践反思能力

E 原始书面数据	贴标签
我们学校的数学文化主题实践活动是 J 市开展的区域性数学文化主题实践活动的缩影，提供了开展数学文化主题实践活动可借鉴的范例。根据综合实践活动的特点，充分利用疫情导致的这一超长假期，化"危"为"机"培养学生收集信息、规划研究方案的能力，综合运用知识解决问题的能力，体验数学的价值，感受数学文化的魅力。 　　由于小学阶段低龄儿童比较多，我会主动学习儿童心理学、教育学等相关知识，阅读相关书籍。在充分掌握儿童心理发展和身体成长规律以后，我上课时经常运用故事情境来进行课堂导入，这样能够比较吸引孩子们的注意力。使学生获得知识的同时，也能够保持轻松愉悦的心情，从而提高学习数学的积极性。如教求平均数时，可以通过孩子们喜爱的故事的形式来进行导入：小鸭子的妈妈要小鸭子把水倒入画有刻度的 4 个杯子里面进行分水喝，第一个杯子要倒进 8 厘米，第二个杯子要倒进 7 厘米，第三个杯子要倒进 6 厘米，第四个杯子要倒进 5 厘米，小鸭子妈妈让小鸭子们计算出 4 个杯子里面水的平均高度，小朋友们快来帮助小鸭子们算一算吧？这样一下子把孩子们的积极性全部调动起来，能够积极主动的去探究解决问题的办法。	E1 培养学生社会实践能力 E2 培养解决问题的能力 E3 激发数学学习兴趣能力 E4 传播数学文化能力 E5 终身学习能力 E6 心理辅导 E7 情境教学 E8 课堂结构布局能力 E9 激发学生数学兴趣 E10 数学学科教学知识 E11 数学实验 E12 问题解决能力 E13 团队协作能力

F 原始书面数据	贴标签
我们学校数学教研团队为了保驾在线学习，制定了完整的开发流程和层层审核的制度确保教学资源的质量；采用问卷调查、家访、预约上课等措施确保"一个都不能少"……站在儿童立场，立足农村实际，一切为了学习的真正发生，为了发展学生的七大能力。我们团队兢兢业业，踏踏实实，精益求精，充分体现了勇于担当的优秀品质。	F1 线上教育教学资源开发能力 F2 信息化（大数据）能力 F3 心理辅导 F4 关爱与奉献 F5 责任心 F6 数学生活经验 F7 数学实验
比如在进行《秒的认识》这一节课的教学时，我让学生先"望"——观察表盘中秒针的运转；然后再"听"——聆听秒针转动时发出的声音；"思"——思考下一秒钟到底有多久，体验"时光如梭"的感受；最后"问"——与同学进行交流表达，互相询问其对"1 秒钟"的感受，如果还有其他感悟可以分享给大家。这都是建立在学生日常生活经验和对生活的感悟。不但发展了同学们交流沟通表达能力，实践反思能力，独立思考能力，而且还发展了同学们数学实验，观察协作等能力。充分做到"启发式教学""情境式教学和"跨学科思维"的培养。让学生感受生活的同时更加体会到时间的宝贵，更加珍惜当下。这种主动而富有个性的数学实验活动，也是数学文化与跨学科思维的体现。	F8 启发式教学 F9 数学学科教学知识 F10 探究能力 F11 实践反思能力 F12 沟通交流表达能力 F13 数学实验 F13 传播数学文化能力 F14 跨学科思维

G 原始书面数据	贴标签
J 市教学团队的《小学生"居家学习"的实践与反思》，以问题为引领，遵循儿童居家学习的规律，站在儿童的立场，辛勤耕耘，一丝不苟，从学什么，如何学，学得怎样，居家学习与学校教育如何衔接等方面，创新性地设立了"1＋X"课程和"135＋X"空课模式，边实践边思考，便探索边改进。不仅在教学资源的设计上下足功夫，在学习质量的监控上更是不遗余力，确保每个学生保质保量地进行学习。	G1 责任心 G2 家庭教育指导能力 G3 作业与考试命题设计能力 G4 科学研究能力 G5 数学实验操作能力 G6 线上教育教学资源开发能力 G1 责任心

H 原始书面数据	贴标签
S 教研员对数学教师团队提出数学教师应具备四个精神（担当精神、敬业精神、合作精神、专业精神）和四个意识（问题意识、研究意识、成果意识、创新意识）。我们团队以农民心态辛勤耕耘，以工匠精神精益求精，为"守土有责，守土担责，守土尽责"作出了最美的诠释。	H1 责任心 H2 团队协作能力 H3 数学课堂教学能力 H4 问题解决能力 H5 科学精神 H6 创新创造能力 H1 责任心

I 原始书面数据	贴标签
我在执教《圆的周长》一课时，从直尺测量曲线图形这一问题入手，使学生经历改变工具、改变方法的全过程，着力发展学生的问题解决能力；引导学生借助已有的图形研究经验展开<u>探究式学习</u>，渗透类比、转化、极限、区间逼近等<u>数学思想</u>，同时充分挖掘数学史料的育人价值，使数学文化成为<u>激发学生兴趣</u>、点燃学生思维的有效载体。	I1 跨学科思维能力 I2 探究式教学能力 I3 传播数学文化能力 I4 激发数学学习兴趣能力
J 原始书面数据	贴标签
我在执教《数据分析》一课时，从<u>学生自主提出的问题入手</u>，<u>经历概念产生和知识形成的过程，学习像数学家一样做研究，充分经历体验数学研究的过程</u>。在学习显性知识的同时有机地融入隐性的<u>数学文化</u>，将数学学习和数学文化的渗透有机地融为一体。并<u>对课堂教学及时进行反思</u>。	J1 探究式教学 J2 科研能力 J3 传播数学文化能力 J4 实践反思能力
K 原始书面数据	贴标签
我原来以为数学文化就是数学史、数学家的故事，对数学文化的认识很片面，因此导致自己在教学中无法将数学文化融入数学知识与技能的教学中。但当我在执教《圆》单元分析时，<u>从数学文化载体、数学文化运用水平、数学文化功能三个维度，用统计数据</u>对当下正在使用的教材中的数学文化进行重构分析。重在强调学生的学，强调为学生提供更多的学习机会，<u>让学生有机会用数学的眼光去看问题，用数学的思维习惯去想问题</u>。教之道，重实践，寻方法，探路径；研之道，重规律，会提炼，成经验。	K1 传播数学文化能力 K2 数据分析能力 K3 跨学科思维　K4 实践反思能力　K5 科研能力 K6 数学与生活整合能力
L 原始书面数据	贴标签
我们学校以融合为核心理念，持续 10 年的<u>生态化教育研究的思考与实践</u>，由"教师立场"向"学生立场"转变，为学生提供更多学习机会。"数学学习最重要的是兴趣与好奇心的培养。"如果孩子们总是在数学的学习过程中体验到挫败感，一提到数学就"谈虎色变"，惧怕做题甚至演变成了恐惧做题，那就与我们教学的初衷背道而驰。因此，无论是在<u>数学教学、数学实验</u>还是在数学学科知识的传授过程中，学生的兴趣与好奇心是重中之重。只有学生积极主动的愿意参与到数学知识海洋中来，体会每一个概念、每一个符号、每一个公式的真正内涵，并感受到数学无穷的魅力时，孩子们才会形成<u>积极的情感体验</u>，对数学学习建立足够的自信心，才会真正的喜欢学习数学，愿意学习数学。从而培养孩子们坚韧不拔、不达目的不罢休等宝贵的品质，体现教育的真正内涵。	L1 跨学科思维　L2 实践反思能力　L3 积极情感　L4 关爱学生身心健康 L5 数学实验 L6 激发数学学习兴趣 L7 团队协作能力 L8 积极情感 L9 数学学科本体性知识

初始编码工作完成以后，下一步对收集整理到的原始资料进行概念化和范畴化处理。根据数学教师关键能力核心要素提取的普适原则，将初始编码提取的概念"重整收敛"，进一步进行概念辨析与范畴归类，综合提取相关概念和范畴。基于概念界定—范畴归类—命名处理—特征属性的开放性编码过程。对前面所得到的初始编码进行整理分析，准确提取相关概念，合理划分范畴，最终提取 47 个概念和 7 个范畴。具体开放式编码结果见表 3 - 6 和表 3 - 7。

表 3 - 6　　　在关键事件访谈中数学教师关键能力核心概念的频次

序号	概念名称	频次	序号	概念名称	频次
1	跨学科思维	43	23	课堂结构布局能力	26
2	关爱奉献	42	24	信息化（大数据）能力	24
3	责任心	42	25	数据分析能力	24
4	创新与创造力	39	26	培养学生社会实践能力	23
5	团队协作能力	39	27	终身学习能力	21
6	问题解决能力	39	28	混合式教学手段	20
7	创设情境能力	38	29	线上教育教学资源开发能力	19
8	数学实验能力	36	30	模型建构与建模教学能力	18
9	激发数学学习兴趣能力	35	31	家庭教育指导能力	18
10	实践反思能力	35	32	打造学习共同体	17
11	探究式教学	33	33	学生发展的评价能力	16
12	科学研究能力	32	34	启发式教学	16
13	沟通与交流（表达）能力	32	35	作业与考试命题设计能力	15
14	关爱学生身心发展	31	36	批判性思维	14
15	数学与生活整合能力	30	37	综合运用思想方法	14
16	传播数学文化能力	30	38	决策判断能力	14
17	数学学科知识	28	39	推理假设能力	14
18	数学课程知识	28	40	领导力	12
19	课堂教学设计能力	28	41	健康素养	11
20	数学学科实施能力	28	42	跨文化与国际意识	9
21	尊重与包容	27	43	公民责任与社会参与	9

序号	概念名称	频次	序号	概念名称	频次
22	数学智慧课堂能力	26	44	自我认知与自我调控能力	6
45	人生规划与幸福生活	6	46	坚持不懈，不畏困难	5
47	积极情感	4			

表 3 - 7　　　　　　　　开放式编码分析结果

开放式编码		
概念	范畴	范畴的性质
终身学习能力 自我认知与自我调控能力 人生规划与幸福生活 健康素养	个体特质	能够胜任数学教师工作岗位所应当具备的相对稳定的思想和情绪；具备终身学习能力；能够进行正确的自我认知；开展准确的自我调控；合理的规划人生并幸福的生活；具有健康的体魄
责任心 尊重与包容 关爱奉献 心理辅导	育德能力	具有育德方面的意识、觉知能力；能够以身示教并且能够运用教育进行引导和约束；能够关爱、尊重与包容学生；具备较高责任心和积极情感
数学学科内容知识 学生学习认知知识 数学课程知识 教育学、心理学等相关理论知识	数学本体性知识	能够掌握数学学科本体性知识、学习认知知识、数学课程知识；能够对数学核心能力与学业质量标准进行精准把握；熟悉数学学科与教学；熟悉不同年龄阶段的心理变化和认知规律
数学智慧课堂设计能力 课堂教学实施能力 学生发展的评价能力 作业与考试命题设计能力 家庭教育指导能力 科学研究能力	教学实践技能	能够熟练掌握教学目标与评价一体化设计与实施的策略与技术。能够利用分析、归纳、演绎等逻辑思维的方法，通过多种方法技术手段感知学生学习信息，精准判断学习表现，及时调整对学生的学习指导方式，从而完成学生的学习目标并作出科学判断

开放式编码		
概念	范畴	范畴的性质
跨学科思维	跨学科与信息技术应用	具有跨学科思维；具备将跨学科知识与信息技术深度融合与应用创新的能力；能够带领学生开展数学实验并及时解决实验过程中产生的问题；具备较高的数据分析和跟踪学习技术能力；能够整合、利用和开发数字化教学资源开展混合式教学；掌握人工智能相关知识，模型建构和建模教学能力；跨学科与信息技术应用能力是数学教师关键能力的支撑
数学实验能力		
数据分析能力		
混合式教学手段		
线上教育教学资源开发能力		
模型建构与建模教学能力		
沟通与交流（表达）能力	社会性能力	社会性能力即任何承担某项工作或者任务所应具备的能力。即沟通交流能力、协作能力、帮助服务能力、组织管理能力等社会大众性质的能力（出自 Spencer 辞典）。融合数学学科特点，除此之外，数学教师还应具备打造学习共同体、社会实践能力、数学与生活整合能力、传播数学文化能力
团队协作能力		
打造学习共同体		
培养学生社会实践能力		
数学与生活整合能力		
传播数学文化能力		
组织领导力		
跨文化与国际意识		
公民责任与社会参与		
激发学习数学兴趣能力	创新与创造力	创新与创造能力即具备发现解决问题、技术改革、社会经济进步与创造生态价值等的新思想、理论、方法、发明的能力。即激发数学学习兴趣的能、综合分析能力、创造能力、逻辑推理能力等
问题解决能力		
实践反思能力		
批判性思维		
逻辑推理能力		

2. 主轴式编码（Axial Coding）

在完成概念界定与范畴划分的工作之后，需要进一步分析处理，对核心要素之间的关系进行深入研究，明晰各个范畴间的属性特征。根据属性特征，进一步重新整合与划分范畴，最终得出两个主要范畴。一是"数学学科育人过程的所应具备的智识基础及应采取的一般关键行为能力"，包含育德能力、数学学科本体性知识、教学实践能力；二是"数学学科育人过程中应具备跨学科跨课程的特定能力要求"，包含跨学科思维与信息技术应用、社会性能力、创新与创造力。一般关键行为能力是数学教师若要胜任数学教师这项工作所必需拥有一般关键能力。而数学教师的职业生涯的发展过程，要求教师要顺应社会的发展、世界的变化，不断发展自己，让自己成为优秀教师，具有终身学习的意识与能力，动态地实现自身知识的更新以及能力素质发展的同时，这就需要数学教师必须具备跨学科跨课程的特殊关键能力。

表3-8　　　　　　　　　　主轴式编码分析结果

主轴式编码		
范畴	主范畴	主范畴的性质
个体特质	数学学科育人过程中若要胜任工作岗位应具备的必要的个体特质	具有相对稳定的思想和情绪；终身学习能力；能够准确地进行自我认知与调控；能够合理地规划人生并幸福生活；具有健康的体魄
育德能力	数学学科育人过程中若要胜任工作岗位应具备的智识基础、实践技能等应采取的一般关键行为能力	能够胜任数学教师这一工作岗位所应当具备的育德意识、觉知能力、以身示教与引导约束能力、掌握数学学科本体性知识、具有较高水平的教学实践技能等一般关键行为能力
数学学科本体性知识		
教学实践技能		
跨学科与信息技术应用	数学学科育人过程中若要胜任工作岗位并进行个体职业生涯发展所应当具备的特殊关键行为能力	能够胜任数学教师这一工作岗位所应当具备的跨学科与信息技术能力、社会性发展能力、创新与创造力等的特殊关键行为能力
社会性能力		
创新与创造力		

3. 核心编码（Selective Coding）

最后进行对收集的资料进行核心编码，即选取最核心的范畴将前面得到的所有主范畴进行串联，开发设计出整个数学教师关键能力评估模型的主线。通过政策文本资料分析和关键事件访谈分析两种不同的研究方法对数学教师的关键能力进行研究发现，一线数学教师的工作是复杂而又琐碎的。通过各种教育教学方法手段、探究学习儿童成长发展心理、传承数学史精髓，传播数学文化、激发学生数学学习兴趣、培养学生跨学科思维以及创新创造能力、数据分析能力等来发展数学学科育人工作的质量水平。而在这个过程中数学教师的一般关键行为能力与特殊关键行为能力则贯穿于育人环节的始终。因此，核心编码主线为"数学教师关键行为能力"。即，这一编码就是统领了其他所有范畴的"核心范畴"，"关键行为能力"即指数学教师为了高效、高质量完成数学学科的育人工作，其所必须具备的知识、技能、情感态度等方面的关键能力，并且这些能力通过教育教学行为相互作用、相互影响。包括育德能力、学科本体性知识、教学实践技能、跨学科与信息技术应用、社会性能力、创新与创造力六大维度。因此，将数学教师关键行为能力作为"核心"编码范畴，是数学教师在数学学科育人活动中的一种自然呈现。

第二节 数学教师关键能力评估模型框架的整合与阐释

一 数学教师关键能力评估模型框架的整合

前文内容已经对国内外数学教师关键能力研究作了系统的综述分析，对能力、关键能力、数学教师关键能力等核心概念做了梳理和归纳。此外，基于国内外教师专业标准和教师资格考试要求等政策文本材料，对数学教师关键能力核心要素做了词频统计分析、社会网络分析、知识图谱、内容分析以及关键行为事件等方法技术对数学教师关键能力要素的构成进行了提取和分析。研究结果显示，诸如"创新与创造力""教学实践能力""育德能力"等词汇都是所选取的文本资料中的高频关键词，表明国内外教师专业标准内容对数学教师关键能力和核心品质的重视与关注。但由于高频核心词汇与基于扎根理论的关键事件访谈分析这两种评估模型构建的研究方法存在差异性，导致数学教师关键能力核心要素的提取结果存在差异，需要对两种结果进行科学合理的整合，最终得出数学教师关键能力评估模型的核心要素框架，并对数学教师关键能力评估模型框架的内涵进行解读分析。具体见表 3-9 和表 3-10。

表 3 – 9　基于国内外政策文件提取的数学教师关键能力核心要素划分

一级要素	政策文本分析所得二级要素
数学学科本体性知识与教学实践技能	数学学科教学知识（MPCK）课程与教学规划能力、设计能力、实施能力、评价能力、作业与考试命题设计能力、创设情境能力和数学文化素养
跨学科与信息技术应用能力	跨学科思维、数据分析能力、数学实验能力、模型建构与建模教学能力、科研能力、实践反思能力、技术素养
社会性与创新创造力	沟通与交流（表达）能力、团队协作能力、解决问题能力、管理与监督能力、组织协调能力、推理假设能力、辨识能力、批判性思维、激发数学学习兴趣能力、评价能力、经验、领导力、国际意识、公民责任与社会参与
个体特质与育德能力	自我认知与自我调控、家庭教育指导能力、责任心、适应能力、健康素养、尊重与包容、道德伦理、终身学习能力、心理辅导、人生规划与幸福生活

表 3 – 10　　基于关键事件提取的数学教师关键能力核心要素划分

一级要素	关键事件、专家访谈所得二级要素
个体特质	终身学习能力、自我认知与自我调控能力、人生规划与幸福生活、健康素养
育德能力	责任心、尊重与包容、关爱奉献、心理辅导
数学学科本体性知识	数学学科内容知识、学生学习认知知识、数学课程知识、教育学、心理学等相关理论知识
教学实践技能	数学智慧课堂设计能力、课堂教学实施能力、学生发展的评价能力、作业与考试命题设计能力、家庭教育指导能力、科学研究能力
跨学科与信息技术应用能力	数学实验能力、数据分析能力、混合式教学手段、线上教育教学资源开发能力、模型建构与建模教学能力
社会性能力	沟通与交流（表达）能力、团队协作能力、打造学习共同体、培养学生社会实践能力、数学与生活整合能力、传播数学文化能力、组织领导力、跨文化与国际意识、公民责任与社会参与
创新与创造力	激发学习数学兴趣能力、问题解决能力、实践反思能力、批判性思维、逻辑推理能力

　　基于政策文本的数学教师关键能力核心高频词汇知识图谱分析法，利用基于扎根理论的关键事件访谈分析法来研究数学教师关键能力核心要素与理论框架，能够更直观地展现数学教师具体工作任务，从而更清晰地获得数学教师关键能力与岗位工作需求和工作任务之间的联系，能够更加真实地反映一名优秀的数学教师所应该具备的关键能力。因此，关键事件访谈法是对通过政策文本分析法提取出来的数学教师关键能力核心要素的检验与验证，通过实践检验，说明第二章基于政策分析的研究结果与基于实践分析的研究结果，即数学教师关键能力现实情况相吻合。从而两种研究方法得出的结论相互支撑与补充，能够更加科学、精准、合理地构建数学教师关键能力评估模型，并为评估模型的构建研究奠定深厚的理论基础。通过整合两种研究结果，最终得出数学教师关键能力评估模型框架。具体见表 3 – 11。

表 3 – 11　　　　　**数学教师关键能力评估模型框架整合示意**

关键能力结构	关键能力要素	要素来源
个体特质	终身学习能力、自我认知与自我调控能力、人生规划与幸福生活、健康素养	政策文本分析
育德能力	责任心、关爱奉献、尊重与包容、心理辅导	关键事件、专家访谈
数学学科本体性知识	数学学科内容知识、学生学习认知知识、数学课程知识、教育学、心理学等相关理论知识	两者都有
教学实践技能	数学智慧课堂设计能力、课堂教学实施能力、学生发展的评价能力、作业与考试命题设计能力、家庭教育指导能力、科学研究能力	两者都有
跨学科与信息技术应用能力	数学实验能力、数据分析能力、混合式教学手段、线上教育教学资源开发能力、模型建构与建模教学能力	两者都有

关键能力结构	关键能力要素	要素来源
社会性能力	沟通与交流（表达）能力、团队协作能力、打造学习共同体、培养学生社会实践能力、数学与生活整合能力、传播数学文化能力、组织领导、跨文化与国际意识、公民责任与社会参与	两者都有
创新与创造力	激发学习数学兴趣能力、问题解决能力、实践反思能力、批判性思维、逻辑推理能力	两者都有

综合运用政策文本内容分析、关键事件等方法技术手段，本研究最终提炼出数学教师关键能力的一级核心要素和二级核心要素，其中一级核心要素为 7 项、二级核心要素为 37 项，为数学教师关键能力评估模型的构建提供框架依据。

二　数学教师关键能力评估模型框架的阐释

为了能够进一步明晰数学教师关键能力的构成与内涵，基于关键能力要素之间的相互关系，对数学教师关键能力评估模型框架的内涵进一步深入阐释分析。数学教师关键能力是由个体特质、育德能力、数学学科本体性知识、教学实践技能、跨学科与信息技术应用能力、社会性能力、创新与创造能力七个层面构成。下面分别对这七个内涵进行分析："个体特质"是指教师作为个体本身所具备身心健康素养、职业品格特质及其所应遵循的教师职业行为规范准则，要求个体需要具备相对稳定的思想和情感。个体特质是教师能否长期从事并胜任数学教师这个职业岗位以及能否不断发展取得成功的基本素质。"育德能力"是从"教师的根本任务是教书育人"这一首要任务出发，"教书"的关键即"教学实践"，而"育人"的关键即"育德"。"育德能力"侧重思想品德教育、精神道德教育、心育、法育、社会主义核心价值观教育和学科品德育人，等等，是当下教育工作的首要内容。而"数学学科本体性知识"和"教学实践技能"是指数学教师从事并胜任数学课程教育教学实践这一岗位职责所需具备掌握的基本数学本体性知识与教学实践的技能和能力。这四个基础层面是保障数学教师能够顺利完成岗位工作的前提与基础，均属于内显的基础层。而外显的发展层就是"跨学科与信息技术应用能力""社会性能力""创新与创造力"，这些能力是个体在育人工作中能够胜任工作岗位需求和工作任务所应该具备的关键行为能力。"跨学科与信息技术应用能力""社会性能力""创新与创造力"这个外显发展层，"个体特质""育德能力""数学学科本体性知识""教学实践技能"这四个内显基础层是整个数学教师关键能力评估模型理论框架的基础。每个范畴的关键能力都环环相扣，缺一不可。

本研究所构建的数学教师关键能力评估模型在核心要素的构成维度与框架上，积极借鉴与参考政策文本内容、关键事件访谈两种路径的研究结果。但需要说明的是，评估模型的核心要素指标与政策文本内容分析的四个主题存在一定的区别。但是，这种区别从本质上讲是由它们之间存在的逻辑关系所引起的，虽然词汇名称不同，但两者之间存在一定的共性和从属关系，具体而言即包含与被包含的关系，评估模型的核心要素是以关键事件为基础框架，涵盖了政策文本内容分析的结果，是其延伸与扩展。究其原因，主要在于本研究所选取的政策文本材料具有一定的局限性，覆盖面不够广泛，大多来源于国际教师的专业标准，而国内的相关材料相对有限。其中，国内《课标（2022年版）》在内容上主要针对学生的核心能力、价值观念与必备品格来提出具体要求与培养目标，而关于数学教师则更多的是侧重于教学指导方面的工作要求。而在教师外显发展层面的"跨学科与信息技术应用能力"等内容并未有太多涉及。但在基于扎根理论的关键事件分析中，更侧重于体现从适应社会发展角度的教育教学实践方面的关键能力要求，是对政策文本内容分析结果的覆盖与扩展，更综合更全面。特别是自2020年疫情以来，对数学教师线上教育教学资源的开发利用、线上授课所需要的积极心态的应对、智慧课堂的设计与实施等一系列的跨学科领域的综合能力素质得到了很好的体现和更高的要求。所以，综合政策文本内容、关键事件分析两种研究结果，本研究将更多、更新、更全面的关键能力核心素质指标纳入并初步构建数学教师关键评估能力模型基本框架与层级结构。

第三节 本章小结

本章利用扎根理论，深入一线数学课堂，选取 S 省具有代表性的数学教师进行面对面访谈，对搜集整理的访谈资料进行三级编码分析，得出数学教师关键能力范畴划分及具体核心要素，然后与第二章的研究结果进行科学合理的整合，最终得出数学教师关键能力评估模型的基本框架与层级结构，并对数学教师关键能力评估模型基本框架的内涵进行解读分析。

数学教师的个体特质、育德能力、创新与创造力等是相辅相成、缺一不可的整体。其中，"个体特质"与"育德能力"是数学教师能否从事数学教师这一职业的前提与条件，囊括了隐形内容目的；"数学学科本体性知识"与"教学实践能力"是数学教师开展与实施数学学科教学的基石与根本，囊括了支撑性工具。这四个维度隶属于内显层面，是关于外显层面的约束和保障。而外显层面的"跨学科与信息技术应用能力"是数学教师能力发展的关键，"社会性能力"和"创新与创造力"是数学教师能力发展的核心。这些要素虽然看似相对独立，实则紧密相连，但这些关联与作用机制又是复杂多变的，而正是这种复杂性将数学教师关键能力系统转化成一个有机统一的整体。

具体而言，数学学科本体性知识与教学实践技能是数学教师关键能力的基础，因为不管是情境式教学、质疑式教学、探究式教学，还是建模教学，都离不开数学教师前期对数学学科内容知识的熟练把握、数学智慧课堂的设计、中期对课堂教学实施和后期对学生发展的评价和教学研究。

此外，在数学教师教学实践过程中又必然伴随德育工作内容，这些内容既包括工具性技术与能力，又囊括在具体的育人实践活动中所体现出的个体品格特质和育德范畴。前者主要包括终身学习能力、自我认知与自我调控能力、人生规划与幸福生活、健康素养等，是相对体现数学教师内显化的特质。终身学习是指个体为了适应社会与实际发展需要，能够持续不断地并伴随一生的进行学习的过程。即我们所常说的"活到老学到老"，或者"学无止境"。在快速发展变革的社会、教育和生活背景下，教师终身学习能力得到国内外专家学者的普遍重视并积极实践。要求教师树立终身教育思想，不但使学生学会学习，也要让自身具备不断探索、不断更新、不断优化知识体系、不断学以致用的能力。自我认知与调控也被称为自我意识，是个体能够对自我人格进行自主调控以确保人格的完整。其中包括对个体自我的认知、体会与控制，对个体人格的各部分能够进行调控。保持身心健康能够对自己的职业生涯进行准确合理的规划并能够正确地对待人生理想，幸福地生活。后者主要包括对待学生具有较强的责任心、关爱奉献、尊重与包容、能够关注并辅导学生的心理健康，是相对体现数学教师外显化的能力，更侧重于德育内容（目的）。

综合内显性层面的四个维度，教师在对学生进行数学学科教学实践过程中需要与个体不断地进行沟通交流与表达、团队协作、打造学习共同体（比如小组讨论、线下与线上相结合进行教育资源共享和相关技术培训，通过师生互动等在数学学科的学习过程中充分发挥群体动力作用）、培养学生社会实践能力（比如在已有的经验和知识基础上，鼓励带领学生运用所学数学知识解释某种社会现象或者解决生活问题，等等）、数学与生活的整合能力（能够将数学本体性知识以更加生活化的形式展现给学生，以学生易于接受并喜爱的方式呈现、传授，让学生真真切切地感受到在生活中处处都有数学的存在）、传播数学文化能力（比如教师重视数学发展史和数学文化的讲授，从美学的角度帮助学生发现欣赏数学之美，介绍相关知识点的数学文化背景以及中国当代数学家孜孜不倦获得真理的艰苦过程和经典故事，磨炼学生坚韧不拔的心智，激发学生的爱国热情）、组织领导力等这些具备社会属性的能力素质，对学生产生积极的影响；而教师的决策、管理与组织、创新创造力、问题解决过程等外显层又深深依赖于数学教师价值观、深刻的责任感、强烈的使命感、有教无类的师德等这些个体特质和育德能力的内显层。

最后，数学教师还须具备在面对社会重大突发事件的应对管理能力。2020年1月，自新冠肺炎疫情以来，又对教师提出了新的挑战与要求。线上教育教学等隶属于"跨学科与信息技术应用能力"维度的能力素质成为当代教师的关键必备技能。比如，从钉钉、腾讯等App的直播课堂、到微信、QQ的在线聊天课堂，网易的云课堂、雨课堂等，从专业教学软件到社交软件再到"平台＋直播"方式的熟练掌握运用无不体现了教师的"跨学科与信息技术应用能力"。体现了教师音频、视频、PPT文档、录屏、搜集整合线上教育资源等跨学科和线上教育教学的新技能，以满足线上教学的需要。

　　数学教师作为基础教育教师队伍中的一支较为"特殊"的群体，必须具备数学学科特征的关键能力和品格特质，而这又是区分于其他学科（语文、英语、科学等）的显著性标志。比如数据分析能力、模型建构与建模教学能力、数学实验等跨学科思维能力不仅体现了数学教师认识事物本质属性、内在规律以及相互作用的思维范式与认知方式，也能够充分展示出数学教师在如何运用分析、综合、逻辑推理、论证假设等不同观点和结果，提出质疑与批判的过程中所表现出来的系统性思维、创造性思维以及创新精神。数学教师在社会实践的过程中还应该妥善处理人际关系、合理把握不同学科间的相关性、科学设计作业与考试命题、及时恰当的开展家庭教育指导，并具备科学研究的能力。

第 四 章

基于德尔菲专家调研数学教师关键能力评估模型结构分析

本章利用德尔菲专家调查咨询的研究方法对初步形成的数学教师关键能力框架结构进行分类与细化调整，依据研究的逻辑理论和分析框架设计，初步探索出数学教师关键能力评估模型的具体指标，进一步编制"数学教师关键能力核心要素筛选调查表"，对专家学者进行调查。该评估模型的具体结构框架由 7 个一级核心要素和 40 个二级核心要素构成。通过进一步调查得出评估模型结构体系的具体指标中，基本指标要素为13 个，发展指标要素为 27 个。下一章再通过层次分析法对一级要素和二级要素的权重进行分配，构建出数学教师关键能力评估模型。

第一节　数学教师关键能力核心要素体系的完善

一　样本选取

本研究采用定量与定性相结合的德尔菲研究方法进行专家咨询调查。在 S 省内选取具有副高级及以上专业技术职称、教龄 10 年及以上的学校管理者、教育主管部门、教育科学领域、数学学科教育研究领域、一线数学教师等 33 名专家学者为研究对象。具体见表 4-1。

调查问卷的设计是将前面用政策文本分析法和关键事件访谈法两种研究方法综合分析出的数学教师 7 个范畴和 37 个关键能力核心要素编制成本次德尔菲专家咨询调查问卷，即"数学教师关键能力核心要素筛选调查表"。

表4-1   所选取专家的基本信息

主要项目		人数（名）
性别	男	19
	女	14
年龄	30~40	6
	41~50	22
	51~60	5
从教年限	5~10	6
	11~20	22
	21~30	5
职称	副高级	6
	正高级	27
最高学历	本科	3
	硕士研究生	12
	博士研究生	18

其中各位专家的具体划分见表4-2。

表4-2   专家选取划分

主要分类	人数（名）
教学副校长	3
市教育局副局长	1
高校教育学专家	5
省级科研院所教育学专家	2
市级科研院所教研员	4
高校教育心理学专家	2
高校数学教育学专家	7
省级数学教研员	2
市级数学教研员	3
数学教研组组长	4

二 德尔菲法的实施

(一) 专家自评

第一步先请受访的专家学者对数学教师关键能力的熟悉和了解程度进行打分。打分根据理论知识、实践经验、相关认知度、个体直觉进行。具体见表 4-3。

表4-3　　　　　　　　　专家判断根据及其影响程度量化

您对关键能力核心要素重要性评估依据和影响程度					
评估依据	影响程度				
	很大 (0.9)	大 (0.)	中 (0.5)	小 (0.3)	很小 (0.1)
理论知识					
实践经验					
科研成果					
个体认知					
您对本次调查内容的了解程度					
程度	很了解	了解	一般	不太了解	完全不了解

(二) 赋分标准

专家学者对数学教师关键能力核心要素赋分。具体分为 5 个等级: "非常重要" "重要" "一般" "不重要" "非常不重要",相应分数为 5~1。

(三) 开展两轮调查

开展实施两轮专家调查咨询研究,以为了更加准确、合理地构建数学教师关键能力评估模型为研究目的。两轮专家调查咨询的流程和使用量表相同,第二轮通过第一轮的结果汇总,再进行评估与赋分,重新划分二级核心要素指标。

(四) 统计分析

1. 权威系数

权威系数计算公式:

$$C_r = \frac{C_a + C_x}{2}$$

其中，C_a 为判断系数；C_r 为权威系数；C_x 为熟悉程度。

2. 算术平均值

计算公式如下（反映核心要素的重要程度）：

$$M_j = \frac{1}{m_j} \sum_{j=1}^{m} C_{ij}$$

其中，M_j 为算术平均值；m_j 为 j 调查方案的专家人数；C_{ij} 为 i 专家对 j 的评估数。

3. 专家协调系数

协调系数为协调度，先计算 j 评估结果的标准差，再计算 j 的变异系数。公式如下：

$$D_j = \frac{1}{m_j - 1} \sum_{i=1}^{m} (C_{ij} - M_j)^2$$

j 的均方差为 D_j。

标准差计算公式如下（表示专家所提意见变异程度的大小）：

$$\sigma_j = \sqrt{D_j}$$

j 方案的最终变异系数结果计算公式如下（表明其中的波动，相互间的协调程度）：

$$\varphi_j = \frac{\sigma_j}{M_j}$$

4. 协调程度

（1）i 对 j 的等级和：

$$S_j = \sum_{i=1}^{m_j} R_{ij}$$

j 等级和为 S_j；i 对 j 的等级为 R_{ij}。S_j 数越大表明重要性越高。

（2）等级和计算公式：

$$M_{sj} = \frac{1}{n} \sum_{i=1}^{n} S_j$$

M_{sj} 为所有专家的算术平均值。

（3）协调系数 W。

没有相同等级的计算公式：

$$W = \frac{12}{m^2(n^3 - n)} \sum_{j=1}^{n} d_j^2$$

有相同等级的计算公示：

$$W = \frac{12}{m^2(n^3 - n) - m \sum_{i=1}^{m} T_i} \sum_{j=1}^{n} d_j^2$$

（4）显著性检验。

χ^2 为检验系数，具体计算公式如下，其后检验协调系数的显著性水平：

$$\chi_R^2 = \frac{1}{mn(n+1) - \frac{1}{n-1} \sum_{i=1}^{m} T_i} \sum_{j=1}^{n} d_j^2$$

自由度（df）$= n - 1$。根据自由度之和得出 χ^2，再从 χ^2 界值表中查出 P 值。当 $P > 0.05$，表明 33 名专家对数学教师关键能力核心要素的意见协调性非常差；当 $P < 0.01$ 或 $P < 0.05$，则说明协调系数具有显著性，即 33 名专家对数学教师关键能力核心要素的意见协调性非常好。[1]

第二节　数学教师关键能力评估模型结构调查

一　第一轮问卷调查

（一）有效回收率

第一轮专家咨询调查问卷共发放 33 份，回收有效问卷 33 份，有效率、回收率均为 100%。（详见附录四）

（二）权威程度判断

通过以上公式计算得出专家判断系数为 0.79，熟悉程度为 0.61，权威系数为 0.83。

（三）变异系数分析

将数据进一步统计分析，得出专家意见的集中度、数学教师关键能力评估模型一级指标要素和二级指标要素的变异系数。具体见表 4 - 4、表 4 - 5。

---

[1]　吴春薇：《初中音乐教师胜任力研究》，博士学位论文，东北师范大学，2019 年。

表4-4　第一轮数学教师关键能力一级指标要素均值与变异系数

一级核心要素	均值	变异系数
A 个体特质	3.94 ± 0.47	0.33
B 育德能力	4.57 ± 0.57	0.20
C 数学学科本体性知识	4.39 ± 0.27	0.19
D 教学实践技能	4.13 ± 0.62	0.13
E 跨学科与信息技术应用能力	3.98 ± 0.64	0.12
F 社会性能力	4.17 ± 0.80	0.09
G 创新与创造力	4.24 ± 0.19	0.10

表4-5　第一轮数学教师关键能力二级指标要素均值与变异系数

一级核心要素	二级核心要素	均值	变异系数
A 个体特质	A_1 终身学习能力	3.64 ± 0.16	0.08
	A_2 自我认知与自我调控	3.88 ± 0.31	0.05
	A_3 人生规划与幸福生活	3.99 ± 0.23	0.18
	A_4 健康素养	3.96 ± 0.12	0.19
B 育德能力	B_1 责任心	4.86 ± 0.27	0.21
	B_2 关爱奉献	4.79 ± 0.51	0.06
	B_3 尊重与包容	4.41 ± 0.37	0.05
	B_4 心理辅导	4.49 ± 0.23	0.08
C 数学学科本体性知识	C_1 数学学科内容知识	4.51 ± 0.17	0.09
	C_2 学生学习认知知识	4.28 ± 0.62	0.15
	C_3 数学课程知识	4.54 ± 0.19	0.12
	C_4 教育学、心理学等知识	4.18 ± 0.92	0.24
D 教学实践技能	D_1 数学智慧课堂设计能力	4.17 ± 0.61	0.23
	D_2 课堂教学实施能力	4.21 ± 0.19	0.32
	D_3 学生发展的评价能力	4.02 ± 0.26	0.18
	D_4 作业与考试命题设计能力	4.06 ± 0.04	0.33
	D_5 家庭教育指导能力	4.14 ± 0.06	0.14
	D_6 科学研究能力	4.09 ± 0.17	0.52

续表

一级核心要素	二级核心要素	均值	变异系数
E 跨学科与信息技术应用能力	E_1 数学实验能力	3.75 ± 0.42	0.26
	E_2 数据分析能力	3.92 ± 0.32	0.14
	E_3 混合式教学手段	4.13 ± 0.31	0.13
	E_4 线上教育教学资源开发能力	4.27 ± 0.29	0.13
	E_5 模型建构与建模教学能力	3.71 ± 0.63	0.07
F 社会性能力	F_1 沟通与交流（表达）能力	4.26 ± 0.44	0.25
	F_2 团队协作能力	4.25 ± 0.47	0.22
	F_3 打造学习共同体	4.18 ± 0.34	0.13
	F_4 培养学生社会实践能力	4.17 ± 0.27	0.19
	F_5 数学与生活整合能力	3.96 ± 0.52	0.14
	F_6 传播数学文化能力	4.28 ± 0.19	0.17
	F_7 组织领导力	3.85 ± 0.39	0.16
	F_8 跨文化与国际意识	4.02 ± 0.27	0.13
	F_9 公民责任与社会参与	3.49 ± 0.37	0.19
G 创新与创造力	G_1 激发学习数学兴趣能力	4.33 ± 0.62	0.29
	G_2 问题解决能力	4.36 ± 0.27	0.08
	G_3 实践反思能力	4.37 ± 0.51	0.13
	G_4 逻辑推理能力	4.01 ± 0.37	0.12
	G_5 批判性思维	4.09 ± 0.23	0.17

（四）协调系数

第一轮数学教师关键能力核心要素重要性协调系数及 χ^2 检验结果，具体见表 4-6。

表 4-6　第一轮数学教师关键能力核心指标要素协调系数结果分析

	W 值	χ^2 值	P 值
一级要素	0.34	34.75	0.0000
二级要素	0.37	315.72	0.0000

（五）修改意见

通过对各位专家学者关于数学教师关键能力核心要素的第一级核心要素与第二级核心要素的修改意见收集、整理和汇总后，得出的结果可以看出，专家在评估模型结构和维度的划分界定层面意见统一，没有分歧。总体划分为 7 个维度，每个维度的具体指标划分也总体一致。但在指标细化处理与指标概念界定等方面，专家提出了如下意见。

其一，第一级核心要素在关键能力的构成方面，专家指出在工作岗位中不断"充电"、不断"进步"已成为必然趋势，关键能力应强调个体对未来不断发展的社会的适应性，如学会学习、自主学习等应体现在"A 个体特质"中，而"个体特质"的二级核心要素指标中的"终身学习能力"即包含了学会学习知识、学会学习技能、学会学习态度、自主学习等关键要点，则在作为三级核心指标划分时，可进行再细化处理。

其二，"C 数学学科本体性知识"方面。本体性知识最早是由国外专家首次提出，具有代表性的是 Schwab 提出内容知识、实体性知识和句法知识 3 个维度来阐述本体性知识。之后，Ball 首次提出学科教师的本体性知识包括学科知识、与学科相关的知识及对学科的情感和态度。

其中，"教育学、心理学等相关理论知识等"属于"相关学科的知识"，这一指标与下面"E 跨学科与信息技术应用能力"中的"跨学科"存在交叉重复，可以将"教育学、心理学等。相关理论知识等"这一二级核心指标迁移至"E 跨学科与信息技术应用能力"的二级核心指标。但研究者认为，"C 数学学科本体性知识"这一核心指标强调的是"知识能力"，而"教育学、心理学等相关理论知识等"这一二级核心指标强调教师应具备"教育学""心理学""哲学""科技"等与数学学科相关的理论知识，强调的是知识，属于"C 数学学科本体性知识"的范畴；而"E 跨学科与信息技术应用能力"强调的是跨学科综合技术应用能力，故"教育学、心理学等相关理论知识等"这一二级核心指标仍旧隶属于"C 数学学科本体性知识"这个一级核心指标层，但是概念界定更改为"跨学科综合知识"。

其次，专家所指出的"C 数学学科本体性知识"还包括数学学科的情感和态度方面，故在"C 数学学科本体性知识"的二级核心指标维度增加"C₅数学情感与态度"这一二级核心指标。

其三，"E 跨学科与信息技术应用能力"应包括数学教师的跨学科与信息化的知识、跨学科与信息化的技能两个方面，强调跨学科意识与行为。故经过专家讨论评议，建议一级核心指标"E 跨学科与信息技术应用能力"更改为"E 跨学科与信息化应用能力"。并且通过结合当前社会形式与教育变革的需求，在"E 跨学科与信息化应用能力"的三个方面中具体提炼出最能体现数学教师跨学科与信息化能力的二级关键能力核心指标：模型建构与建模教学能力、追踪和掌握高新技术的能力、科学实验能力、数据分析能力、信息化教学手段。与之前分析得出的数学教师二级核心指标 E_1 数学实验能力、E_2 数据分析能力、E_3 混合式教学手段、E_4 线上教育教学资源开发能力、E_5 模型建构与建模教学能力，合并同类项，将"E_1 数学实验能力"修改为"科学实验能力"；查缺补漏，补充"E_6 追踪和掌握高新技术"的能力。最终确定"E 跨学科与信息化应用能力"的 6 个二级核心指标。

最后，关于一级关键能力核心指标"G 创新与创造力"维度，经过专家讨论，结合反馈建议，提出以下关于创新与创造力的具体创新型思维指标：具有批判性思维与教学能力和具有质疑式思维与教学能力。因为在日常教学过程中，根据数学学科的特点，数学教师应该以恰当的教育方式和教育手段，正确引导学生对所学的知识和发现的问题产生批判性思维和质疑式思维，只有这样的教育学习过程中，才能蕴含着创新的萌芽，是通向创新之路的起点。

综合分析得出，二级关键能力核心指标中"G_5 批判性思维"改为"G_5 批判性思维与教学"，并增加二级关键能力核心指标"G_6 质疑式思维与教学"。

综上所述，第一轮专家问卷结果：①将一级关键能力核心要素"C 数学学科本体性知识"中的"教育学、心理学等相关理论知识等"概念界定更改为"跨学科综合知识"；增加二级核心指标"C_5 数学情感和态度"。②将一级核心指标"E 跨学科与信息技术应用能力"概念界定更改为"E 跨学科与信息化应用能力"。将"E_1 数学实验能力"更改为"E_1 科学实能力"，增加"E_6追踪和掌握高新技术能力"。③将一级关键能力核心指标"G 创新与创造力"二级关键能力核心指标中"G_5批判性思维"改为"G_5批判性思维与教学"，增加二级关键能力核心指标"G_6质疑式思维与教学"。

二　第二轮问卷调查

整理汇总完毕第一轮的专家修改意见，再进行第二轮问卷调查。

（一）有效回收率

第一轮专家咨询调查问卷共发放 33 份，回收有效问卷 33 份，有效率、回收率均为 100%。（详见附录五）

（二）权威程度判断

由前面给出的公式计算得出专家判断系数为 0.77，熟悉程度为 0.64，权威系数为 0.85。

（三）变异系数分析

将数据进一步统计分析，得出专家意见的集中度、数学教师关键能力评估模型一级指标要素和二级指标要素的变异系数。具体见表 4 - 7、表 4 - 8。

表 4 - 7　　第二轮数学教师关键能力一级指标要素均值及变异系数

一级核心要素	均值	变异系数
A 个体特质	3.93 ± 0.45	0.32
B 育德能力	4.61 ± 0.55	0.20
C 数学学科本体性知识	4.34 ± 0.70	0.39
D 教学实践技能	4.16 ± 0.69	0.42
E 跨学科与信息化应用能力	4.01 ± 0.63	0.39
F 社会性能力	4.10 ± 0.17	0.40
G 创新与创造力	4.24 ± 0.27	0.16

表4-8 第二轮数学教师关键能力二级指标要素均值及变异系数

一级核心要素	二级核心要素	均值	变异系数
A 个体特质	A_1终身学习能力	3.97 ± 0.11	0.06
	A_2自我认知与自我调控	3.93 ± 0.29	0.06
	A_3人生规划与幸福生活	3.92 ± 0.22	0.20
	A_4健康素养	3.91 ± 0.19	0.21
B 育德能力	B_1责任心	4.56 ± 0.03	0.25
	B_2关爱奉献	4.40 ± 0.49	0.08
	B_3尊重与包容	4.74 ± 0.55	0.09
	B_4心理辅导	4.82 ± 0.32	0.07
C 数学学科本体性知识	C_1数学学科内容知识	4.31 ± 0.28	0.12
	C_2学生学习认知知识	4.23 ± 0.59	0.13
	C_3数学课程知识	4.52 ± 0.22	0.14
	C_4跨学科综合知识	4.26 ± 0.87	0.23
	C_5数学情感和态度	3.79 ± 0.40	0.34
D 教学实践技能	D_1数学智慧课堂设计能力	4.09 ± 0.47	0.27
	D_2课堂教学实施能力	4.17 ± 0.24	0.18
	D_3学生发展的评价能力	4.11 ± 0.29	0.30
	D_4作业与考试命题设计能力	4.01 ± 0.17	0.28
	D_5家庭教育指导能力	4.10 ± 0.14	0.19
	D_6科学研究能力	4.04 ± 0.10	0.33
E 跨学科与信息化应用能力	E_1科学实验能力	3.89 ± 0.71	0.21
	E_2数据分析能力	3.96 ± 0.15	0.12
	E_3混合式教学手段	4.17 ± 0.29	0.14
	E_4线上教育教学资源开发能力	3.81 ± 0.30	0.14
	E_5模型建构与建模教学能力	3.93 ± 0.56	0.09
	E_6追踪和掌握高新技术能力	3.52 ± 0.14	0.20
F 社会性能力	F_1沟通与交流（表达）能力	4.25 ± 0.41	0.08
	F_2团队协作能力	4.17 ± 0.40	0.11
	F_3打造学习共同体	4.11 ± 0.29	0.10
	F_4培养学生社会实践能力	4.09 ± 0.16	0.24
	F_5数学与生活整合能力	3.93 ± 0.53	0.19
	F_6传播数学文化能力	3.84 ± 0.23	0.12

续表

一级核心要素	二级核心要素	均值	变异系数
F 社会性能力	F_7 组织领导力	3.89 ± 0.46	0.13
	F_8 跨文化与国际意识	4.02 ± 0.24	0.25
	F_9 公民责任与社会参与	3.57 ± 0.33	0.24
G 创新与创造力	G_1 激发学习数学兴趣能力	4.22 ± 0.32	0.20
	G_2 问题解决能力	4.29 ± 0.23	0.18
	G_3 实践反思能力	4.27 ± 0.35	0.18
	G_4 逻辑推理能力	3.96 ± 0.31	0.17
	G_5 批判性思维与教学	4.06 ± 0.18	0.15
	G_6 质疑式思维与教学	4.07 ± 0.23	0.20

（四）协调系数

第二轮数学教师关键能力核心要素重要性协调系数及 χ^2 检验结果，见表 4 - 9。

表 4 - 9   第二轮数学教师关键能力核心要素协调系数结果分析

	W 值	χ^2 值	P 值
一级要素	0.33	31.94	0.0000
二级要素	0.39	406.11	0.0000

（五）数学教师关键能力核心要素分类

被调查的专家学者对数学教师关键能力二级指标要素分类进行评判，具体结果见表 4 - 10。

表 4 - 10   第二轮专家对数学教师关键能力二级指标要素分类结果

一级核心要素	二级核心要素	基本要素（%）	发展要素（%）
A 个体特质	A_1 终身学习能力	61	39
	A_2 自我认知与自我调控	55	45
	A_3 人生规划与幸福生活	70	30
	A_4 健康素养	100	0

续表

一级核心要素	二级核心要素	基本要素（%）	发展要素（%）
B 育德能力	B_1 责任心	91	9
	B_2 关爱奉献	80	20
	B_3 尊重与包容	100	0
	B_4 心理辅导	76	24
C 数学学科本体性知识	C_1 数学学科内容知识	100	0
	C_2 学生学习认知知识	76	24
	C_3 数学课程知识	100	0
	C_4 跨学科综合知识	45	55
	C_5 数学情感和态度	64	36
D 教学实践技能	D_1 数学智慧课堂设计能力	55	45
	D_2 课堂教学实施能力	85	15
	D_3 学生发展的评价能力	55	45
	D_4 作业与考试命题设计能力	80	20
	D_5 家庭教育指导能力	80	20
	D_6 科学研究能力	85	15
E 跨学科与信息化应用能力	E_1 科学实验能力	45	55
	E_2 数据分析能力	39	61
	E_3 混合式教学手段	45	55
	E_4 线上教育教学资源开发能力	24	76
	E_5 模型建构与建模教学能力	20	80
	E_6 追踪和掌握高新技术能力	15	85
F 社会性能力	F_1 沟通与交流（表达）能力	10	90
	F_2 团队协作能力	15	85
	F_3 打造学习共同体	9	91
	F_4 培养学生社会实践能力	39	61
	F_5 数学与生活整合能力	45	55
	F_6 传播数学文化能力	36	64
	F_7 组织领导力	24	76
	F_8 跨文化与国际意识	20	80
	F_9 公民责任与社会参与	15	85

一级核心要素	二级核心要素	基本要素（%）	发展要素（%）
G 创新与创造力	G_1 激发学习数学兴趣能力	45	55
	G_2 问题解决能力	39	61
	G_3 实践反思能力	15	85
	G_4 逻辑推理能力	36	64
	G_5 批判性思维与教学	24	76
	G_6 质疑式思维与教学	24	76

（六）修改意见

第二轮开展的调查问卷根据第一次意见和建议进行了修改和调整。专家的意见与第一轮大部分一致，也有少部分提出以下意见。

第一，认为"自我认知与自我调控"，表述有些烦冗，"自我"一词重复，所以建议表述为"自我认知与调控"。

第二，认为"人生规划与幸福生活"能力的表述有些过于宏观抽象，在这里我们主要研究的是数学教师的关键能力，研究的是与教师作为数学教师这个职业密切相关的关键能力，所以建议表述为"职业规划与幸福生活"能力。

第三，"沟通与交流（表达）能力"表述也是有些烦冗，"沟通"与"交流"意思相近，应统一表述，另外"沟通与交流（表达）能力"中还涵盖了人际关系处理这一项关键能力，这是非常关键的一项能力，在之前的概念中没有体现出来，所以综合考虑分析，应当表述改为"沟通与协作能力"。

第四，有专家提出教育机智考察教师是否能够面对课堂或者其他突发事件和紧急状况迅速作出正确的判断，随机应变并能够有效解决问题，用教育机智能够更加综合地反映教师解决处理问题的能力，因此，专家建议将"问题解决能力"改为"教育机智"。

根据以上修改意见，最终形成数学教师关键能力评估模型的指标结构体系。具体见表 4 – 11。

表 4 – 11　　　　　数学教师关键能力一级、二级核心要素分类

一级核心要素	二级核心要素	均值
A 个体特质	A_1 终身学习能力	基本要素
	A_2 自我认知与调控	基本要素
	A_3 职业规划与幸福生活	基本要素
	A_4 健康素养	基本要素
B 育德能力	B_1 责任心	基本要素
	B_2 关爱奉献	基本要素
	B_3 尊重与包容	基本要素
	B_4 心理辅导	基本要素
C 数学学科本体性知识	C_1 数学学科内容知识	基本要素
	C_2 学生学习认知知识	基本要素
	C_3 数学课程知识	基本要素
	C_4 跨学科综合知识	基本要素
	C_5 数学情感和态度	基本要素
D 教学实践技能	D_1 数学智慧课堂设计能力	基本要素
	D_2 课堂教学实施能力	基本要素
	D_3 学生发展的评价能力	基本要素
	D_4 作业与考试命题设计能力	基本要素
	D_5 家庭教育指导能力	基本要素
	D_6 科学研究能力	基本要素
E 跨学科与信息化应用能力	E_1 科学实验能力	发展要素
	E_2 数据分析能力	发展要素
	E_3 混合式教学手段	发展要素
	E_4 线上教育教学资源开发能力	发展要素
	E_5 模型建构与建模教学能力	发展要素
	E_6 追踪和掌握高新技术能力	发展要素
F 社会性能力	F_1 沟通与协作能力	发展要素
	F_2 团队协作能力	发展要素
	F_3 打造学习共同体	发展要素
	F_4 培养学生社会实践能力	发展要素
	F_5 数学与生活整合能力	发展要素
	F_6 传播数学文化能力	发展要素

续表

一级核心要素	二级核心要素	均值
F 社会性能力	F_7 组织领导力	发展要素
	F_8 跨文化与国际意识	发展要素
	F_9 公民责任与社会参与	发展要素
G 创新与创造力	G_1 激发学习数学兴趣能力	发展要素
	G_2 教育机智	发展要素
	G_3 实践反思能力	发展要素
	G_4 逻辑推理能力	发展要素
	G_5 批判性思维与教学	发展要素
	G_6 质疑式思维与教学	发展要素

三 可靠性分析

（一）数据结果的可靠性分析

从调研专家的积极性方面来看，两次有效回收率均为 100%。表明受邀专家非常重视本研究课题，对课题研究主题非常感兴趣，并非常认可，给予高度的关注和大力的支持。

从调研权威性来看，权威系数大于 0.70，代表着本研究达到了外界认可的权威度，说明调研专家所做出的判断，是基于其长期的实践经验和坚实的理论基础得出的准确评判，进而说明本次调查研究得出的数据分析结果具有很强的可靠性。

从两轮调查问卷变异系数结果看，均小于 0.25，分值均非常低，说明专家学者间的评判结果非常协调。两轮函询调研专家的协调程度均达到了比较理想的结果。

同时，关键能力的 7 项一级核心要素和 40 项二级核心要素，第二轮调研的 W 值为 0.36 > 0.32，说明第二轮的调研结果具有较高的协调度。并且 P 值均 < 0.05，这也充分说明第二轮的调查结果具有一定的可取性。

（二）具体指标可靠性分析

"个体特质、育德能力、数学学科本体性知识、教学实践技能、跨学科与信息技术应用能力、社会性能力、创新与创造力"二级指标均是数学教师能够胜任岗位需求和工作任务所必备的关键能力二级指标要素。并且"个体特质、育德能力、数学学科本体性知识、教学实践技能"这些是评估模型中的基本指标要素。为了突出数学学科特点，那么数学教师就必须具备全面系统的数学学科本体性知识、娴熟先进的教学实践技能，这些是决定教师职业道德和教学水平与质量的关键。

调研专家认为，"终身学习"的能力已经是教师必备的关键基本能力。从知识量上而言，是"学无止境"。终身学习能力是一名数学教师是否能够不断发展自我，不断进取，不断发展教育教学质量，追求更高阶的职业生涯发展的动力源。从时间上而言，"要活到老学到老"；从职业生涯发展上而言，"高等院校师范生—初任教师—骨干教师—名师名校长"的各个阶段，都需要教师具备终身学习的基本关键能力。

我国从古至今就非常重视教师的师德师风建设，作为一名合格的教师必须具备基本关键的师德修养。只有拥有良好职业道德的教师，才具有"蜡炬成灰泪始干"的奉献精神，才能扎根教育事业用心培育学生。因此，牢固树立"立德树人"的教育目标，具备优良的"育德能力"是当下数学教师入职的最基本标准和敲门砖。数学学科教育在基础教育中占据举足轻重的位置，如何从"教会"到"教好"数学，让学生从"我要学"到"我愿学"数学，这才是数学学科教学的关键。而唯有数学教师发自内心的真正主观能动地想要完成好这一教育目标和教学要求，具有强烈的责任心、主动关心爱护学生、尊重学生的意愿与诉求，才能与学生产生相同的磁场，产生"共振效应"，让学生感受到教师的真诚、热情与能量，才能使得学生发自内心真正主观能动地想要学好数学，进而热爱数学这门课程。因此，"育德能力"在数学教师关键能力基本要素中是最为核心和重要的。

专家学者认为"跨学科与信息技术应用能力"是数学教师必备的发展性关键能力。究其原因，面对全面进入信息化发展的当今社会，信息化关于教师高质量高效率完成教学工作而言非常重要。尤其是面对公共突发事件，比如由于2020年的新冠肺炎疫情就全面考验了全体教师队伍的线上教学设计与实施能力。教师们不但要掌握娴熟的信息检索技术、紧盯高新技术前沿，还要掌握国内外关于数学教育的最新研究热点和技术。进行线上智慧课堂的教学设计，还要熟练操作各个线上教学软件，高质量完成线上教学任务，发展"OMO"课程群建设及"OMO"的实践教学技能，加强沟通协作能力，改变传统的数学教学模式，都表明数学教师应当具有这种"跨学科与信息技术应用能力"。

调研专家认为，"社会性能力"中的"沟通与协作能力"是数学教师关键能力的核心要素。因为，小学阶段有6个学年，而这6年正是小学生心理和智力成长发育的关键时期，在这期间，数学学科教师与学生的接触时间相对较长，从低年级的数学启蒙到中年级产生数学学习兴趣，再到高年级数学学科知识的不断深入与扩展，都需要与学生和学生家长进行大量的沟通交流与人际关系协调处理。同时还要与同事、同行专家、名师名校长们等切磋技艺，不断更新知识库、方法库。在教师教育培训中，及时向专家学者交流在现实工作中遇到的问题和困惑，等等，这些活动都需要数学教师具备良好的沟通交流与协作能力。而在一线课堂教育实践过程中，更加需要教师具备良好的沟通交流协作能力。与学生交流，为其答疑解惑，关注他们的身体和心理健康成长，解决心理诉求。与家长交流，及时了解孩子们在课下的表现，协助家长共同解决孩子教育成长的一系列问题。与同事交流，取长补短，资源分享，在发展自身执教能力的同时还能构建和谐良好的人际关系。与领导交流，让领导充分了解自身发展诉求和工作中遇到的问题与困惑，等等。与同行交流，如何更完美地进行课堂教学设计，让孩子们收获知识的同时也能够体验丰厚的数学文化，发掘美妙的数学宝藏，强化学生的学科核心素养，是数学学科教学的重要内容之一。

而"社会性能力"中的"组织领导力"包含很多方面，比如课堂管理能力能够提高课堂教学效率和质量。比如组织带领学生参加数学竞赛，指导学生进行数学实验的设计、操作与开发，打造教师与学生之间、教师与教师之间的学习共同体，着力培养学生数学学科的社会实践能力，数学与生活整合能力，传播数学文化，等等，都需要教师具有较强的"组织领导能力"。

关于"创新与创造力"隶属于发展要素范畴。既体现了当今社会技术革新对数学教师提出的时代要求，又体现了社会发展进步规律的基本需求。我们开展教育教学工作，其本质不局限于知识的传授，更重要的是培养学生的某种能力，包括学生的实践反思能力、激发学生数学学习兴趣，培养学生的批判性思维和质疑式思维，等等，这是知识技术革新进步的关键。任何一个发明或者技术革新最初都离不开批判和质疑，所以作为数学教师，更加需要具备相应的创新创造力。在研究日常的教学活动的基础上，创新教学设计和教学模式，改革教学方法和手段，以创新创造的思维去培养学生的创新创造能力，这是至关重要的。优秀的数学教师可以得心应手地处理突发事件、妥善安排各项工作事宜、巧妙化解课堂教学中出现的问题与状况、娴熟解决各种危机和矛盾，隶属于创新创造力范畴。

专家在第二轮问卷调查前对"跨学科综合知识"基本概念进行了重新界定。其中认为其隶属于基本能力要素范畴的占比45%，认为其隶属于发展能力要素范畴的占比55%。但本研究认为，作为一名优秀的数学教师，除了应该掌握全面系统的数学学科本体性知识和娴熟高超的教学实践技能，还应该具备社会学、管理学、教育心理学、哲学、信息科学等这些跨学科综合知识。这些应隶属于基本能力要素范畴。

第三节　本章小结

本章利用两轮德尔菲专家调查咨询的研究方法对初步形成的数学教师关键能力框架结构进行分类与细化调整，依据研究的逻辑理论和分析框架设计，初步探索出数学教师关键能力评估模型的具体指标，该评估模型由7个一级核心要素和40个二级核心要素构成。通过进一步调查得出评估模型指标体系中，基本指标要素为19个，发展指标要素为21个；从而形成数学教师关键能力评估模型一级和二级指标结构体系，最终构建出数学教师关键能力评估模型的结构框架。

第 五 章

数学教师关键能力评估模型的
实证检验与权重确定

　　本章主要是借助采用问卷调查实证主义的研究方法进一步验证上一章所得到的数学教师关键能力评估模型结构框架的科学有效性，并且利用AHP层次分析法，对评估模型指标体系中的具体指标进行权重赋值。本章最核心的部分是构建能够评估数学教师关键能力的模型，既是重点也是难点。前三章已经初步构建出数学教师关键能力评估模型的结构指标体系——七大维度、40个具体二级核心指标，但仍需要对所构建出来的评估模型进行验证性分析，进一步得出结构方程模型。再利用AHP层次分析法选取相应的专家学者进行指标权重的赋值，最终构建出可测量、可推广的具有实践应用价值的数学教师关键能力的评估模型。第四章通过专家调查问卷及咨询访谈的方法确定了数学教师关键能力评估模型结构框架，编制相应的咨询量表。因此，本章仍旧采用问卷调查的方法对数学教师关键能力评估模型进行实证检验与权重赋值。

第一节　数学教师关键能力评估模型的实证检验

一　数学教师关键能力评估模型验证的研究假设

　　为对初步构建出来的评估模型进行可靠性和适切性检验，进一步探寻各个指标要素间的潜在关联，首先选取小样本进行调查，剔除关联度较低的指标要素，从而检验分析数学教师关键能力评估模型，并且提出两个假设。

假设 1：数学教师关键能力评估模型具有多维度多层次的结构；

假设 2：数学教师关键能力评估模型由个体特质、育德能力、数学学科本体性知识、教学实践技能、跨学科与信息技术应用能力、社会性能力、创新与创造力七个维度构成。

二　数学教师关键能力评估模型验证调研工具与样本

采取随机抽样的方法，研究对象为 S 省不同城市、县镇和乡村的数学教师，利用 SPSS20.0 和 AMOS21.0 软件进行项目分析、主成分分析、探索性因子分析等方法建立数学教师关键能力评估结构方程模型，并验证模型中的假设，最后修正调整数学教师关键能力评估模型。

三　数学教师关键能力评估模型调查数据分析

调查问卷设置单选题，采用前期研究编制的调查问卷"数学教师关键能力评估模型量表（他评卷）"，每个题项的答案分别为完全不同意、比较不同意、既不反对也不同意、比较同意、完全同意 5 级选项，采用 Likert5 点量表记分法，依次赋值为 1、2、3、4、5；回收的有效问卷共 221 份，有效回收率为 84.50%。所采用交叉证实和用回归替换法对缺失值进行替换两种方法进行研究。

（一）鉴别力

首先对被调查的数学教师进行个体特征变量的统计分析。具体结果见表 5 - 1、表 5 - 2。

表 5 - 1　　　　　　　　　数学教师个体特征变量统计分析

	性别	学校性质	教龄	地域	月工资	校际交流
N 有效	221	221	221	221	221	221
遗漏	0	0	0	0	0	0
平均数	1.75	1.03	3.22	2.22	2.59	3.40
均值标准误	0.003	0.001	0.004	0.005	0.006	0.003
标准偏差	0.434	0.177	1.301	0.697	0.806	0.917

表 5 - 2 　　　　　　受访数学教师个体特征变量一览表（221 人）

变量	类别	次数	百分比	累计百分比
性别	男	56	25.2	25.2
	女	165	74.8	100.0
学校性质	公办	214	96.7	96.7
	民办	7	3.3	100.0
教龄	20 年以上	7	3.3	3.3
	11～20 年	84	38.1	41.4
	6～10 年	44	20.1	61.5
	4～5 年	23	10.4	71.9
	3 年及以下	63	28.1	100.0
学校所在地	城市	35	15.8	15.8
	县镇	103	46.6	62.4
	乡村	83	37.6	100.0
月工资水平	5000 元以上	15	7.0	7.0
	4001～5000 元	90	40.7	47.7
	3001～4000 元	86	38.9	86.6
	3000 元及以下	30	13.4	100.0
参加校际交流次数	3 次及以上	17	7.6	7.6
	2 次	15	7.2	14.8
	1 次	77	34.8	49.6
	0 次	113	50.4	100.0

　　其次对回收的数据进行独立样本 t - 检验，其结果表明这 40 个题项的 t 值均显著，问卷具有良好的鉴别力。在进行探索性因素分析之前，要对调研所获得的数据进行项目分析，以检验测量问卷的适切性。检验的标准为临界比值法、同质性检验。临界比值法的具体步骤为先计算全部题项的总分值，前 27% 为高分组，后 27% 为低分组，并检验全部题项在其中是否存在差异，剔除没有差异的题项。具体见表 5 - 3。

表 5 – 3　　数学教师关键能力评估模型量表（他评卷）的项目

分析结果（$n = 221$）

项目	t 值	P 值	项目	t 值	P 值
A1	7.532	0.000	E2	5.041	0.000
A2	6.173	0.000	E3	4.192	0.000
A3	4.988	0.000	E4	5.696	0.000
A4	7.641	0.000	E5	7.219	0.000
B1	8.271	0.000	E6	7.394	0.000
B2	8.461	0.000	F1	6.372	0.000
B3	7.680	0.000	F2	8.161	0.000
B4	7.300	0.000	F3	7.996	0.000
C1	8.916	0.000	F4	8.138	0.000
C2	6.749	0.000	F5	9.504	0.000
C3	8.212	0.000	F6	9.017	0.000
C4	8.543	0.000	F7	8.924	0.000
C5	9.017	0.000	F8	7.538	0.000
D1	9.004	0.000	F9	4.179	0.000
D2	9.613	0.000	G1	4.501	0.000
D3	8.517	0.000	G2	8.893	0.000
D4	7.621	0.000	G3	8.527	0.000
D5	8.906	0.000	G4	9.048	0.000
D6	7.412	0.000	G5	6.177	0.000
E1	7.668	0.000	G6	7.937	0.000

表 5 – 3 所示，所有测量题项的 $P < 0.001$，说明所有测量题项均存在显著性差异。

完成临界比值检验之后，需要再进一步对调查问卷的题项做同质性检验。具体步骤为求出单独题项与总分的积差相关系数。系数值越高，说明该题项与问卷整体的同质性越高。以下利用 Pearson 积差相关分析法对调查问卷进行同质性检验。具体结果见表 5 – 4。

表 5 - 4 数学教师关键能力评估系数检验 （n = 221）

项目	相关系数	P 值	项目	相关系数	P 值
A1	0.601	0.000	E2	0.564	0.000
A2	0.753	0.000	E3	0.617	0.000
A3	0.786	0.000	E4	0.592	0.000
A4	0.764	0.000	E5	0.808	0.000
B1	0.632	0.000	E6	0.913	0.000
B2	0.667	0.000	F1	0.826	0.000
B3	0.748	0.000	F2	0.794	0.000
B4	0.735	0.000	F3	0.996	0.000
C1	0.716	0.000	F4	0.826	0.000
C2	0.642	0.000	F5	0.871	0.000
C3	0.679	0.000	F6	0.849	0.000
C4	0.748	0.000	F7	0.921	0.000
C5	0.801	0.000	F8	0.757	0.000
D1	0.778	0.000	F9	0.724	0.000
D2	0.780	0.000	G1	0.709	0.000
D3	0.727	0.000	G2	0.816	0.000
D4	0.758	0.000	G3	0.684	0.000
D5	0.836	0.000	G4	0.696	0.000
D6	0.815	0.000	G5	0.775	0.000
E1	0.738	0.000	G6	0.853	0.000

同质性检验标准为 Pearson 相关系数 > 0.400，同时显著性水平达到 0.05。由表 5 - 4 可看出，在 40 个具体题项中，满足上述标准。因此，调查问卷通过同质性检验。

其次采用主成分分析的研究方对调查问卷进行 factor analysis，先假设主成分因子为 7 个，利用 oblique rotations 方法旋转处理问卷的因子结构。

（二）信度分析

根据 Cronbach's Alpha 系数进行数据的内部一致性检验，判断统计资料的可靠性结果，见表 5 - 5。

表 5 - 5　　　　　　　　　　　统计资料可靠性分析

Cronbach's Alpha	项目个数
0. 874	40 + 7 = 47

Cronbach's Alpha 系数值 0. 874 大于 0. 7. 说明问卷信度良好。

（三）效度分析

效度方面，调查问卷的题项是在政策文本核心要素提取、基于扎根理论的关键事件访谈分析以及德尔菲专家多次论证研讨形成，能够保证内容效度有效性；经小范围的预调研，结构效度通过验证性因子分析中标准化因子载荷、显著性 t 值来判断，所有标准化因子载荷均大于 0. 5，所有 t 值均大于 2，克朗巴赫系数 a 均大于 0. 7，说明该调查问卷具有较好的信效度。

（四）探索性因子分析

1. KMO 和 Bartlett 的球形度检验

具体 KMO 与 Bartlett's 球形检验结果，见表 5 - 6。

表 5 - 6　　　　　　　　　　KMO 与 Bartlett 球形检验

KMO 适当性		0. 927
检验	近似卡方分布	252147. 529
	df	281
	显著性	0. 000

KMO 的值 = 0. 927，说明问卷收集到的数据非常适合进行因素分析。此 Bartlett's 球形检验的卡方值为 252147. 529，$P < 0. 01$，具有显著性，说明这些相关矩阵间具有共同的因素，该问卷可以做因素分析。

2. 探索性因子分析

利用 Kaiser 准则和碎石图的方法对调查问卷的 40 个题项进行共同因素的抽取。最终的分析结果和碎石图表明在 6 ~ 9 个因素处，其陡坡线较为平坦，说明共抽取 6 ~ 9 个共同因素比较合适，最后结合上一章构建出来的数学教师关键能力评估模型结构框架范畴划分，最终确定抽取 7 个共同因素。

在基本确定所抽取的因素的数量以后，并且对每个项目的共同度均进行分析和考察，得出结果为每个项目的共同度均 > 0.2。表 5 - 7 所示为因素分析各个项目可抽取的公共因素方差（$n = 221$）。

表 5 - 7 公共因素的方差（$n = 221$）

项目	共同度	项目	共同度	项目	共同度
A1	0.843	D2	0.862	F4	0.889
A2	0.803	D3	0.893	F5	0.861
A3	0.912	D4	0.911	F6	0.918
A4	0.891	D5	0.891	F7	0.924
B1	0.849	D6	0.870	F8	0.927
B2	0.870	E1	0.876	F9	0.893
B3	0.893	E2	0.798	G1	0.847
B4	0.873	E3	0.913	G2	0.858
C1	0.816	E4	0.920	G3	0.876
C2	0.906	E5	0.907	G4	0.898
C3	0.873	E6	0.897	G5	0.908
C4	0.842	F1	0.883	G6	0.926
C5	0.895	F2	0.889		
D1	0.878	F3	0.897		

然后求出因子负荷矩阵，抽取特征值大于 1 的 7 个主因素，得出累计的解释变异量值 = 69.64%。表 5 - 8 具体展示旋转之后的因子负荷。其中，问卷的个别题项的归类分析与预设的结构存在着较大的差异，则需要对个别题项进行调整或删除。其中，筛选个别题项的标准具体如下：因素负荷而 a < 0.3、项目的共同度 h2 < 0.2、在多个维度方面存在高负荷的题目、相关度低的个别题项、明显存在归类不当的题项。所有题项的项目共同度均 > 0.3，因此不需要删除。

表5-8　　　　　数学教师关键能力评估第一次探索性因素分析

题项	负荷						
	因素1	因素2	因素3	因素4	因素5	因素6	因素7
A1	0.823						
A2	0.721						
A3	0.698						
A4	0.697						
B2		0.698					
B4		0.676					
B3		0.630					
B1		0.599					
C3			0.641				
C2			0.633				
C1			0.619				
C4			0.593				
C5		0.562	0.577				
D1				0.786			
D2				0.779			
D3				0.748			
D5				0.691			
D4				0.685			
D6				0.668			
E2					0.663		
E1					0.658		
E6					0.649		
E5					0.637		
E3					0.621		
E4					0.602		
F4						0.779	
F1						0.763	
F3						0.747	
F6						0.738	
F5						0.722	

题项	负荷						
	因素 1	因素 2	因素 3	因素 4	因素 5	因素 6	因素 7
F8						0.641	
F7						0.628	
F9						0.584	
F2					0.554	0.578	
G5							0.737
G6							0.721
G2							0.698
G4							0.681
G3							0.679
G1							0.647
特征值	10.273	9.804	5.804	4.638	4.416	3.518	3.452
贡献率	16.194	14.256	9.756	7.928	7.383	5.914	5.697

　　C5 和 F2 分别在多个维度上存在高负荷，所以删除 C5 和 F2 这两个不符合要求的题项后，问卷最终剩余 38 个题项。然后进行第二次探索性因素分析，如表 5-9 所示。数学教师关键能力结构模型呈现出清晰的七大因素结构。

表 5-9　　　　　　数学教师关键能力评估第二次探索性因素分析

题项	负荷						
	因素 1	因素 2	因素 3	因素 4	因素 5	因素 6	因素 7
A1	0.823						
A2	0.721						
A3	0.698						
A4	0.697						
B2		0.698					
B4		0.676					
B3		0.630					
B1		0.599					

续表

题项	负荷						
	因素 1	因素 2	因素 3	因素 4	因素 5	因素 6	因素 7
C3			0.641				
C2			0.633				
C1			0.619				
C4			0.593				
D1				0.786			
D2				0.779			
D3				0.748			
D5				0.691			
D4				0.685			
D6				0.668			
E2					0.663		
E1					0.658		
E6					0.649		
E5					0.637		
E3					0.621		
E4					0.602		
F4						0.779	
F1						0.763	
F3						0.747	
F6						0.738	
F5						0.722	
F8						0.641	
F7						0.628	
F9						0.584	
G5							0.737
G6							0.721
G2							0.698
G4							0.681
G3							0.679
G1							0.647

题项	负荷						
	因素1	因素2	因素3	因素4	因素5	因素6	因素7
特征值	10.416	9.897	6.001	4.638	4.416	3.518	3.452
贡献率	16.370	14.835	9.963	7.928	7.383	5.914	5.697

调查问卷中的"数学教师关键能力评估模型量表（他评卷）"的具体题项来源于第二章政策文本资料分析中的"高频核心词"和第三章关键事件访谈资料分析的三级编码分析结果以及第四章德尔菲专家咨询法分析修订与调整之后的结果。通过问卷调查对数学教师关键能力评估模型进行适切性与可靠性验证分析，最终得出评估模型的具体指标与结构。通过检验结果得知，数学教师关键能力评估模型结构是多维的，共包含了个体特质、育德能力、数学学科本体性知识、教学实践技能、跨学科与信息技术应用能力、社会性能力、创新与创造力七大维度，38 个二级核心要素。因此，接受假设 1 和假设 2。具体见表 5 – 10。

第二节　数学教师关键能力评估结构方程模型的构建

一　数学教师关键能力评估结构方程模型构建

本小节尝试构建数学教师关键能力评估结构方程模型来反映数学教师关键能力各个指标因素变量之间的相关关系。

测量模型：$x = \Lambda_x \xi + \delta$，$y = \Lambda_y \eta + \varepsilon$

结构模型：$\eta = B\eta + \Gamma\xi + \zeta$

η 为内生潜变量组成。ξ 为外生潜变量组成，Λ_y 和 Λ_x 为负荷矩阵，ε 和 δ 分别为内生观测变量 y 和外生观测变量 x 的测量误差向量，ζ 是结构方程的误差向量，B 和 Γ 分别是内生潜变量和外生潜变量间路径系数组成的矩阵。具体因素变量见表 5 – 10。

表 5 – 10　　　　　　数学教师关键能力评估模型的因素变量

潜变量	观测变量	符号
A 个体特质	A_1 终身学习能力	A_1
	A_2 自我认知与调控 .	A_2
	A_3 职业规划与幸福生活	A_3
	A_4 健康素养	A_4
B 育德能力	B_1 责任心	B_1
	B_2 关爱奉献	B_2
	B_3 尊重与包容	B_3
	B_4 心理辅导	B_4
C 数学学科本体性知识	C_1 数学学科内容知识	C_1
	C_2 学生学习认知知识	C_2
	C_3 数学课程知识	C_3
	C_4 跨学科综合知识	C_4
D 教学实践技能	D_1 数学智慧课堂设计能力	D_1
	D_2 课堂教学实施能力	D_2
	D_3 学生发展的评价能力	D_3
	D_4 作业与考试命题设计能力	D_4
	D_5 家庭教育指导能力	D_5
	D_6 科学研究能力	D_6
E 跨学科与信息化应用能力	E_1 科学实验能力	E_1
	E_2 数据分析能力	E_2
	E_3 混合式教学手段	E_3
	E_4 线上教育教学资源开发能力	E_4
	E_5 模型建构与建模教学能力	E_5
	E_6 追踪和掌握高新技术能力	E_6
F 社会性能力	F_1 沟通与协作能力	F_1
	F_2 打造学习共同体	F_2

续表

潜变量	观测变量	符号
F 社会性能力	F₃ 培养学生社会实践能力	F_3
	F₄ 数学与生活整合能力	F_4
	F₅ 传播数学文化能力	F_5
	F₆ 班级领导力	F_6
	F₇ 跨文化与国际意识	F_7
	F₈ 公民责任与社会参与	F_8
G 创新与创造力	G₁ 激发学习数学兴趣能力	G_1
	G₂ 教育机智	G_2
	G₃ 实践反思能力	G_3
	G₄ 逻辑推理能力	G_4
	G₅ 批判性思维与教学	G_5
	G₆ 质疑式思维与教学	G_6

利用 Amos21.0 构建数学教师关键能力结构方程模型 M。如图 5-1 所示，反映数学教师关键能力各因素变量之间的关系，包括 38 个观测变量与 7 个潜变量。

二　验证性因素分析

检验模型拟合的好坏，常用的指标有（CMIN/DF），CMIN 为卡方值、DF 为自由度、增值适配指数（IFI）、非规准适配指数（TLI）、比较适配指数（CFI）、IFI 值、TLI 值、CFI 值、渐近残差均方和平方根（RMSEA），当 RMSEA 数值在 0.05 与 0.08 之间表示模型良好，即有合理适配。[1]

根据数学教师关键能力评估结构方程模型标准化分析数据结果，所有回归系数都显著，总体通过显著性检验。根据标准化拟合优度，参数值越接近饱和构建的模型越好。结构方程模型的各项指标值如表 5-11 所示。

---

[1] 张文宇：《初中生数学学习选择能力研究》，博士学位论文，山东师范大学，2022 年。

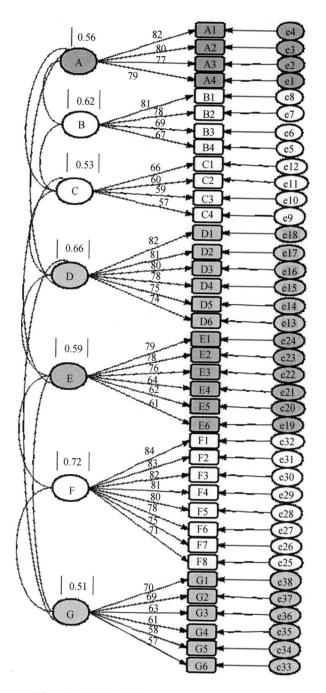

图 5-1　数学教师关键能力评估结构方程模型 M

表 5 - 11   数学关键能力评估结构方程模型拟合优度参照数据结果

模型	χ^2	df	χ^2/df	GFI	AGFI	RMSEA	CFI	IFI	NFI
M_1	236.591	50	4.633	0.997	0.998	0.017	0.997	0.999	0.998

第三节　数学教师关键能力评估模型的权重确定

在数学教师职业生涯发展过程中，会经历初任教师—骨干教师—专家型教师—名师名校长等不同阶段的成长与发展，如何选拔优秀的数学教师，科学合理地评估数学教师的关键能力，就需要明确数学教师关键能力评估模型中一级核心指标与二级核心指标相对应的权重。本章在构建数学教师关键能力评估模型之后，还需要对评估模型中指标体系各维度的核心要素进行权重赋值。

一　数学教师关键能力评估模型权重研究方法

Analytic Hierarchy Process 是适用于多个方案或多个目标的决策方法。采取定性与定量决策相结合的方法，分层并且量化整个决策过程，处理不同问题或多种准则，这样能够通过不同分组来描述刻画复杂问题，将其组织划分为同一个层次。这样通过层次划分，分组归类处理，使得多种复杂问题结构化、系统化处理，层次分明，一目了然。[①]

（一）AHP 层次分析法具体流程

具体包括 5 步骤，后面 3 步需要逐层开展。图 5 - 2 和图 5 - 3 展示了该方法的原理和步骤。本研究选用层次分析法确定数学教师关键能力指标体系中各个要素的权重。详见图 5 - 2、图 5 - 3。

（二）层次结构模型的构建

首先构造层次结构模型，把研究对象分为目标层、准则层、方案层。层次结构模型中每层可以支配的元素不超过 9 个。

---

① Saaty T L. Decision making with the analytic hierarchy process [J]. International jounal of services sciences, 2008, I (1): 83 - 98.

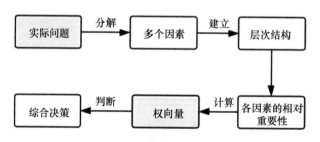

图 5 - 2　层次分析法的基本原理

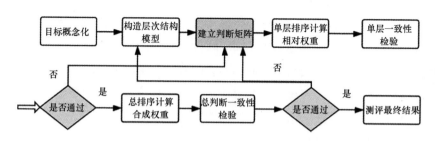

图 5 - 3　层次分析法的操作程序

（三）判断矩阵的构造

具体方法是确定第一个维度属性是具有向下级的隶属关系。根据 1～9 标度（Satty）构造判断矩阵，两两成对比较重要性。比如将模型中的 n 个一级指标、二级指标甚至三级指标，两两之间相互比较其重要性，根据比较结果构建判断矩阵 $A = [a_{ij}]_{m \times m}$，$a_{ij}$ 表示两个因素 i 与 j 相互比较它们之间的重要性程度，其比较结果评分表示为 a_{ij}。当 $a_{ij} = 1$，$a_{ji} = \frac{1}{a_{ij}}$. $i = 1$，2，…，m，$j = 1$，2，…，m。m 是决策者对 i 和 j 的决策因子的多重比较值。比较时，1 表示因素 i 比 j 两两同等重要，3 表示 i 比 j 稍微重要，5 表示 i 比 j 比较重要，7 表示 i 比 j 十分重要，9 表示 i 比 j 绝对重要。2，4，6，8 表示折中常数值。表 5 - 12 是两个因素的重要性等级及量化值。

表 5 – 12　　　　　　　　　　　**两个因素的影响程度以及量化值**

量化值	含义
1	因素 i 和因素 j 具有相同的影响程度
3	因素 i 与因素 j 相比影响程度稍微强烈
5	因素 i 与因素 j 相比影响程度比较强烈
7	因素 i 与因素 j 相比影响程度明显强烈
9	因素 i 与因素 j 相比影响程度极端强烈
2，4，6，8	两相邻影响程度判断的中间值

　　在本研究中，构建一级核心指标为目标准则层，二级核心指标为目标决策层的判断矩阵。具体利用 Yaahp 软件分别将向数学教育领域的相关专家学者发放线上调查问卷，然后将回收的有效专家问卷的数据结果一一分析处理，分别建立一级核心指标对比矩阵、二级核心指标判断矩阵。填写格式方法如表 5 – 13 所示，具体详细填写问卷见附录。

　　专家调查问卷的填写范例：

　　假设影响学生数学成绩的因素有：1. 兴趣、2. 家长、3. 老师，若专家 A 认为它们之间的相对重要性顺序为：（1. 兴趣）＞（3. 老师）＞（2. 家长），则专家 A 就在对应的表格中斟酌选取能够准确反映上述顺序的合适的数字，并在表格中与数字对应的下方画"√"，具体见表 5 – 13。

表 5 –13　　　　　　　　　　　**层次分析法调查问卷**

因素	相对重要性																		因素
	9	8	7	6	5	4	3	2	1	2	3	4	5	6	7	8	9		
1. 兴趣	√																		2. 家长
1. 兴趣		√																	3. 老师
2. 家长															√				3. 老师

　　注：若 A＞B，且 B＞C，则 A 一定大于 C。

　　表 5 – 14 展示了数学教师关键能力一级核心要素的成对判断比较矩阵。

表 5 – 14　　　　　　数学教师关键能力一级核心要素判断矩阵

指标	A	B	C	D	E	F	G
A 个体特质	1	(A/B)	(A/C)	(A/D)	(A/E)	(A/F)	(A/G)
B 育德能力	(B/A)	1	(B/C)	(B/D)	(B/E)	(B/F)	(B/G)
C 数学学科本体性知识	(C/A)	(C/B)	1	(C/D)	(C/E)	(C/F)	(C/G)
D 教学实践技能	(D/A)	(D/B)	(D/C)	1	(D/E)	(D/F)	(D/G)
E 跨学科与信息化应用能力	(E/A)	(E/B)	(E/C)	(E/D)	1	(E/F)	(E/G)
F 社会性能力	(F/A)	(F/B)	(F/C)	(F/D)	(F/E)	1	(F/G)
G 创新与创造力	(G/A)	(G/B)	(G/C)	(G/D)	(G/E)	(G/F)	1

（四）层次单排序

进行归一化处理，得出判断矩阵的最大特征根 max 的特征向量记为 w。计算最大特征值（$\lambda_{\max}$）与特征向量 w_i 来检验比较矩阵 A 是否满足一致性要求。当且仅当最大特征值（$\lambda_{\max}$）与特征向量相匹配时，所得到的相对权重值的评估标准才有效。

$$w_i = \left[\prod a_{ij} \right]^{1/m} / \sum_{i=1}^{m} \left[\prod a_{ij} \right]^{1/m}$$

由比较矩阵得出不同层级因素的优先级向量 w。若 λ 变为 A 的特征值，则 w 为 A 的特征向量。$\lambda_{\max}$ 的近似计算是把比较矩阵 A 与 w 相乘，得到向量 w，取 w 中的因子优先考虑 w 向量的因子。等式结束时的算术平均值即为最大特征值 $\lambda_{\max}$。

$$\lambda_{\max} = \left(\frac{1}{m} \right) \times \left(\frac{w_1'}{w_1} + \cdots + \frac{w_m'}{w_m} \right)$$

（五）一致性检验

通过判断比较矩阵的一致性来分析层次的单排序。利用 Satty 一致性检验法评估结果的有效性。通过一致性指数 CI 与一致性比率 CR 来具体判断。一致性比率 CR 表示所得到的判断结果离拟合一致性的远近程度，用一致性指标 CI 除以随机指标 RI 得到一致性比率 CR，具体公式为：

$$CI = \frac{\lambda - n}{n - 1}$$

即确定 A 不一致的范围，当 $\lambda = n$ 时，A 为一致矩阵。当 $\lambda > n$ 时，差越大 A 越不一致。用 CI 为一致性指标。CI 越小，一致性越大。当 $CI = 0$ 时，说明完全一致性。

$$CR = \frac{CI}{RI} = (\lambda_{\max} - m)/(m - 1) \times RI$$

其中，m 表示该层级的指数，RI 为随机指数，不同层级指数产生的不同 CI 获取随机指数 RI。Satty 用 RI 值开展研究。具体如表 5 – 15 所示。

表 5 –15　　　　　　　　　　随机指数 RI

矩阵大小	1	2	3	4	5	6	7	8	9	10
RI	0.00	0.00	0.58	0.90	1.12	1.24	1.32	1.41	1.45	1.49

（六）层次总排序

具体分别计算出每位专家学者的优先向量 w_i，再利用几何平均数，计算法求解出整体优先向量 w_i，最终确定评估因素的优先次序。

二　数学教师关键能力评估模型权重分析设计

本阶段的工作主要通过层次分析法来计算数学教师关键能力核心要素的重要性程度，以及二级核心指标的权重系数。其研究目的旨在实证检验分析初步构建的数学教师关键能力评估模型的框架是否充分体现新时代"立德树人"的教师工作基本要求和数学学科特性，即本研究所构建的数学教师关键能力评估模型是否有效地呼应了模型构建所依赖的主要理论基础。基于层次分析法分析专家调查所得到的数据，计算出数学教师关键能力核心要素的指标权重。评估的方式采用相对权重比率，即首先通过对不同层级的内容按专家的主观认识分别进行重要性程度排序，以提高后续两两比较的逻辑一致性；根据专家对重要性程度的判断，两两分析比较每个层级的行为指标，指标之间的比值全部基于专家自身的专业素质进行主观认定。

（一）调查内容设计

初步构建的数学教师关键能力评估结构模型的指标体系，层级模型主要包括 7 个一级核心要素，38 个二级子要素。基于 AHP 层次分析法的调查问卷——《数学教师关键能力评估模型指标权重专家问卷》（具体见附录七），主要内容包括引言、填写说明、填写范例 3 个部分，详见表 5－16。

表 5－16 层次分析法调查问卷说明

问卷目的	结构
1. 引言	介绍本次层次分析法的内容、研究目的和理论框架
2. 填写说明	详细说明问卷的填写方式、规则以及注意事项
3. 填写范例	形象地呈现填写模板，使受访者更易于填写问卷，以节省填写时间
4. 问卷填写（排序题与对比题）	重要性程度排序题：假设有三项指标，分别为 1. 兴趣、2. 家长、3. 老师，若某专家 A 认为这些因素的相对重要性顺序为：（兴趣）>（老师）>（家长），则填写为（1）>（3）>（2），以提高后续对比分析的一致性。指标相对重要性比较题：基于上述重要性程度排序，对具备层级内部的指标进行两两比较，并在合适的数值（1~9 级）下进行打钩，为后续计算权重值提供数据来源

（二）问卷发放收集

基于 AHP 层次分析法所选取的相关专家学者的数量一般为 5～15 人。考虑到上一章在进行数学教师关键能力评估模型构建中，对 33 名专家和一线教师已经发放过调查问卷"数学教师关键能力核心要素筛选调查表"，相关专家已经对数学教师关键能力层级结构模型及其核心指标的内容有了一定的认识和了解，本阶段调查研究的对象继续对上一章进行调查访谈的部分专家进行选取，选取范围是从第四章进行数学教师关键能力评估模型结构构建德尔菲专家调查研究时选取的专家学者库中进行二次选取，具体专家学者库见表 4－1 和表 4－2。共计选取 15 名相关专家学者。具体包括：教学校长 2 名、高校科研院所教育学专家 5 名、高校数学教育学专家教研员 3 名、数学骨干教师（副高级职称）5 名。发放《数学教师关键能力评估模型指标权重专家问卷》（具体见附录七）进行问卷调查，发放调查问卷 15 份，回收有效问卷 10 份。

三 数学教师关键能力评估模型权重分析实施

（一）数学教师关键能力层次模型构建

在本研究的层次模型由具体的关键能力核心要素指标构成，由目标层、准则层以及评估决策方案层三个层次进行数学教师关键能力评估层次结构模型的构造。其中，目标层包含7个一级核心指标要素，评估决策层则分别指向38个用于评估数学教师关键能力的核心要素的具体指标因子。至此，构建共45个关键能力核心指标要素构成的递阶数学教师关键能力评估层次模型，确保整个分析过程的层次性和条理性。具体如图5-4所示。

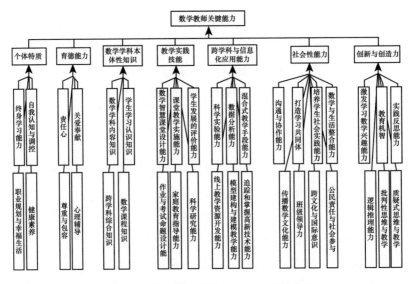

图5-4 数学教师关键能力层次结构模型

（二）数学教师关键能力各个目标判断层矩阵构建

在初步构建的数学教师关键能力层次结构模型中，中间准则层为数学教师关键能力的核心指标要素为一级指标，构建的决策方案层的判断矩阵为二级核心指标要素，为后续权重的赋值和一致性检验构建判断矩阵。具体利用 Yaahp 软件将回收的10份有效专家问卷的数据依次导入软件，并对每一位专家的判断矩阵进行依次构建，构建总决策目标——数学教师关键能力一级核心指标要素的判断矩阵。以下仅以其中某一位专家 XYH 的回收数据的一级核心指标要素与二级核心指标要素为例，具体展示说明回收有效数据与判断矩阵构建的具体方法。见表 5–17 和图 5–5。

表 5–17　Yaahp 软件中某一位专家的数学教师关键能力核心要素成对判断矩阵

指标	A	B	C	D	E	F	G
A 个体特质	1	1/3	1/4	1/5	1/7	1/8	1/9
B 育德能力	—	1	1/2	1/2	1/4	1/7	1/8
C 数学学科本体性知识	—	—	1	1/2	1/4	1/5	1/8
D 教学实践技能	—	—	—	1	1/2	1/4	1/5
E 跨学科与信息化应用能力	—	—	—	—	1	1/2	1/4
F 社会性能力	—	—	—	—	—	1	1/2
G 创新与创造力	—	—	—	—	—	—	1

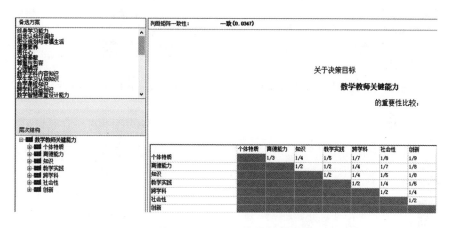

图 5–5　数学教师关键能力一级核心要素成对判断矩阵

从表 5–16 和图 5–5 中可以看出，在专家 XYH 看来，数学教师关键能力准则层——7 项一级核心要素之间的判断矩阵为：教学实践技能是个体特质的 5 倍，是育德能力的 2 倍，是数学学科本体性知识的 2 倍。社会性能力是跨学科与信息化应用能力的 2 倍，是创新与创造力的 1/2，以此类推。

数学教师关键能力评估决策层，即二级核心要素的 38 个具体指标的判断矩阵的构建方法与上述过程相同。

（三）数学教师关键能力各层次判断矩阵权重与一致性检验

利用 Yaahp 软件逐个完成对每一位专家判断矩阵的构建。得出每位专家在目标层准则项的具体权重值，并对权重值进行一致性检验。同样，以下仅展示说明其中某一个专家 XYH 的有效回收数据，以二级核心指标为例，呈现数学教师关键能力层次模型各目标层的判断权重与一致性检验的结果。具体见图 5-6 至图 5-12。

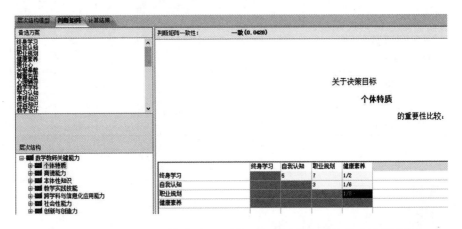

图 5-6　数学教师"个体特质"判断矩阵权重以及一致性检验结果呈现

图 5-7　数学教师"育德能力"判断矩阵权重以及一致性检验结果呈现

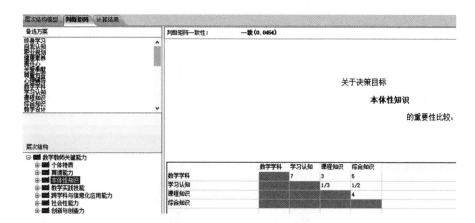

**图 5-8 数学教师"数学学科本体性知识"判断矩阵
权重以及一致性检验结果呈现**

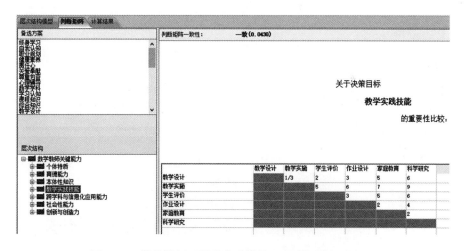

**图 5-9 数学教师"教学实践技能"判断矩阵权重以及
一致性检验结果呈现**

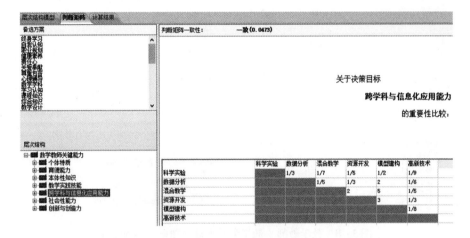

**图 5 - 10　"跨学科与信息化应用能力"判断矩阵权重以及
一致性检验结果呈现**

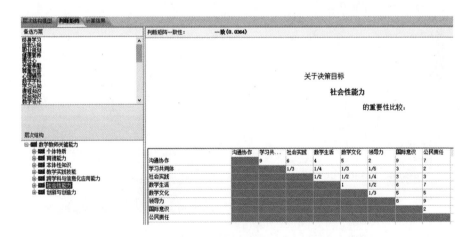

**图 5 - 11　数学教师"社会性能力"判断矩阵权重以及
一致性检验结果呈现**

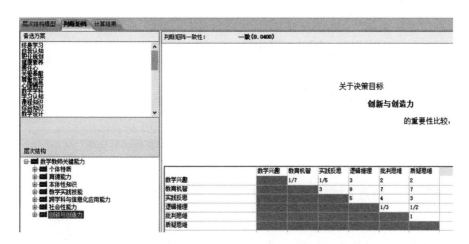

图 5 - 12　数学教师"创新与创造力"判断矩阵权重以及
一致性检验结果呈现

（四）数学教师关键能力评估模型具体核心指标要素的权重分析结果

对每位专家的判断矩阵进行一致性检验分析，继续利用 Yaahp 软件分别对每一位专家的判断矩阵分别进行决策分析。每位专家的有效回收数据集合主要包括判断矩阵集合、计算结果集合，下面仅展示某位专家 XYH 有效回收数据的一级核心指标要素与二级核心指标要素的权重结果分析。具体见图 5 - 13 至图 5 - 20。

1. 关键能力	判断矩阵一致性比例: 0.0347; 对总目标的权重: 1.0000; λ_{max}: 7.2829							
关键能力	个体特质	育德能力	本体性	教学实践	跨学科	社会性	创新	Wi
个体特质	1.0000	0.3333	0.2500	0.2000	0.1429	0.1250	0.1111	0.0214
育德能力	3.0000	1.0000	0.5000	0.5000	0.2500	0.1429	0.1250	0.0414
本体性	4.0000	2.0000	1.0000	0.5000	0.2500	0.2000	0.1250	0.0552
教学实践	5.0000	2.0000	2.0000	1.0000	0.5000	0.2500	0.2000	0.0846
跨学科	7.0000	4.0000	4.0000	2.0000	1.0000	0.5000	0.2500	0.1504
社会性	8.0000	7.0000	5.0000	4.0000	2.0000	1.0000	0.5000	0.2547
创新	9.0000	8.0000	8.0000	5.0000	4.0000	2.0000	1.0000	0.3923

图 5 - 13　数学教师关键能力评估模型一级指标权重结果呈现一

2. 个体特质	判断矩阵一致性比例: 0.0428; 对总目标的权重: 0.0214; \lambda_{max}: 4.1144				
个体特质	终身学习	自我认知	职业规划	健康素养	Wi
终身学习	1.0000	5.0000	7.0000	0.5000	0.3400
自我认知	0.2000	1.0000	3.0000	0.1667	0.0935
职业规划	0.1429	0.3333	1.0000	0.1250	0.0462
健康素养	2.0000	6.0000	8.0000	1.0000	0.5203

图5-14　数学教师关键能力评估模型二级指标权重结果呈现二

3. 育德能力	判断矩阵一致性比例: 0.0327; 对总目标的权重: 0.0414; \lambda_{max}: 4.0874				
育德能力	责任心	关爱奉献	尊重包容	心理辅导	Wi
责任心	1.0000	0.3333	0.2000	3.0000	0.1119
关爱奉献	3.0000	1.0000	0.3333	7.0000	0.2723
尊重包容	5.0000	3.0000	1.0000	9.0000	0.5706
心理辅导	0.3333	0.1429	0.1111	1.0000	0.0451

图5-15　数学教师关键能力评估模型二级指标权重结果呈现三

4. 本体性	判断矩阵一致性比例: 0.0454; 对总目标的权重: 0.0552; \lambda_{max}: 4.1213				
本体性	数学学科	学习认知	课程知识	综合知识	Wi
数学学科	1.0000	7.0000	3.0000	5.0000	0.5747
学习认知	0.1429	1.0000	0.3333	0.5000	0.0705
课程知识	0.3333	3.0000	1.0000	4.0000	0.2539
综合知识	0.2000	2.0000	0.2500	1.0000	0.1010

图5-16　数学教师关键能力评估模型二级指标权重结果呈现四

5. 教学实践	判断矩阵一致性比例: 0.0430; 对总目标的权重: 0.0846; \lambda_{max}: 6.2711					
教学实践	教学设计	教学实施	学生评价	作业设计	家庭教育	科学研究	Wi
教学设计	1.0000	0.3333	2.0000	3.0000	5.0000	6.0000	0.2183
教学实施	3.0000	1.0000	5.0000	6.0000	7.0000	9.0000	0.4659
学生评价	0.5000	0.2000	1.0000	3.0000	5.0000	6.0000	0.1591
作业设计	0.3333	0.1667	0.3333	1.0000	2.0000	4.0000	0.0803
家庭教育	0.2000	0.1429	0.2000	0.5000	1.0000	2.0000	0.0467
科学研究	0.1667	0.1111	0.1667	0.2500	0.5000	1.0000	0.0298

图5-17　数学教师关键能力评估模型二级指标权重结果呈现五

6. 跨学科	判断矩阵一致性比例: 0.0473; 对总目标的权重: 0.1504; \lambda_{max}: 6.2979						
跨学科	科学实验	数据分析	混合教学	资源开发	模型建构	高新技术	Wi
科学实验	1.0000	0.3333	0.1429	0.2000	0.5000	0.1111	0.0312
数据分析	3.0000	1.0000	0.2000	0.3333	2.0000	0.1667	0.0698
混合教学	7.0000	5.0000	1.0000	2.0000	5.0000	0.2000	0.2226
资源开发	5.0000	3.0000	0.5000	1.0000	3.0000	0.3333	0.1534
模型建构	2.0000	0.5000	0.2000	0.3333	1.0000	0.1250	0.0494
高新技术	9.0000	6.0000	5.0000	3.0000	8.0000	1.0000	0.4735

图5-18　数学教师关键能力评估模型二级指标权重结果呈现六

7. 社会性	判断矩阵一致性比例: 0.0364; 对总目标的权重: 0.2547; \lambda_{max}: 8.3593							
社会性	沟通协作	学习…	社会实践	数学生活	数学文化	领导力	国际意识	公民责任	Wi
沟通协作	1.0000	9.0000	6.0000	4.0000	5.0000	2.0000	9.0000	7.0000	0.3620
学习共同体	0.1111	1.0000	0.3333	0.2500	0.3333	0.2000	3.0000	2.0000	0.0410
社会实践	0.1667	3.0000	1.0000	0.5000	0.5000	0.2500	3.0000	3.0000	0.0705
数学生活	0.2500	4.0000	2.0000	1.0000	1.0000	0.5000	6.0000	7.0000	0.1318
数学文化	0.2000	3.0000	2.0000	1.0000	1.0000	0.3333	5.0000	5.0000	0.1102
领导力	0.5000	5.0000	4.0000	2.0000	3.0000	1.0000	9.0000	0.2352
国际意识	0.1111	0.3333	0.3333	0.1667	0.2000	0.1250	1.0000	2.0000	0.0262
公民责任	0.1429	0.5000	0.3333	0.1429	0.2000	0.1111	0.5000	1.0000	0.0231

图5-19　数学教师关键能力评估模型二级指标权重结果呈现七

8. 创新	判断矩阵一致性比例: 0.0400; 对总目标的权重: 0.3923; \lambda_{max}: 6.2519						
创新	数学兴趣	教育机智	实践反思	逻辑推理	批判思维	质疑思维	Wi
数学兴趣	1.0000	0.1429	0.2000	3.0000	2.0000	2.0000	0.0918
教育机智	7.0000	1.0000	3.0000	9.0000	7.0000	7.0000	0.5026
实践反思	5.0000	0.3333	1.0000	5.0000	4.0000	3.0000	0.2363
逻辑推理	0.3333	0.1111	0.2000	1.0000	0.3333	0.5000	0.0359
批判思维	0.5000	0.1429	0.2500	3.0000	1.0000	1.0000	0.0673
质疑思维	0.5000	0.1429	0.3333	2.0000	1.0000	1.0000	0.0660

图5-20　数学教师关键能力评估模型二级指标权重结果呈现八

（五）数学教师关键能力评估模型具体指标权重的群决策分析结果

对不同目标决策层下的判断矩阵的整体权重进行分析。10位专家数据主要包括判断矩阵和计算结果，群决策的加权权重主要有几何平均和算术平均两种算法。本研究基于Yaahp软件分别通过计算结果集结和加权算数平均来获得最终的权重值。具体首先通过 Yaahp 软件对每位专家的判断矩阵进行一致性检验和权重计算，然后再对 10 位专家的权重利用加权算术平均计算每个权重数据结果，最后利用集结后的判断矩阵排序权重计算总排序权重。数学教师关键能力各个具体核心要素指标的群策权重结果呈现，具体见图 5 – 21。

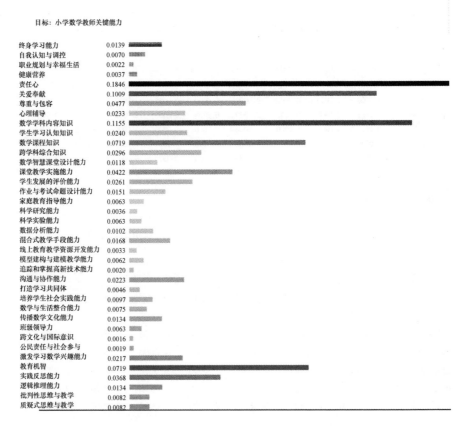

图 5 – 21   数学教师关键能力评估模型具体指标权重结果呈现九

（六）数学教师关键能力评估模型综合权重

最终，数学教师关键能力评估模型指标体系综合权重如表 5 – 18 所示。

表 5 – 18　　　　数学教师关键能力评估模型指标体系综合权重

目标层	准则层	方案层	权重	综合权重
数学教师关键能力评估模型	A 个体特质 0.0268	A_1 终身学习能力	0.5198	0.0139
		A_2 自我认知与调控	0.2599	0.0070
		A_3 职业规划与幸福生活	0.0806	0.0022
		A_4 健康素养	0.1396	0.0037
	B 育德能力 0.3565	B_1 责任心	0.5177	0.1846
		B_2 关爱奉献	0.2830	0.1009
		B_3 尊重与包容	0.1338	0.0477
		B_4 心理辅导	0.0654	0.0233
	C 数学学科本体性知识 0.2412	C_1 数学学科内容知识	0.4789	0.1155
		C_2 学生学习认知知识	0.0994	0.0240
		C_3 数学课程知识	0.2981	0.0719
		C_4 跨学科综合知识	0.1237	0.0298
	D 教学实践技能 0.1051	D_1 数学智慧课堂设计能力	0.1126	0.0118
		D_2 课堂教学实施能力	0.4021	0.0422
		D_3 学生发展的评价能力	0.2484	0.0261
		D_4 作业与考试命题设计能力	0.1434	0.0151
		D_5 家庭教育指导能力	0.0597	0.0063
		D_6 科学研究能力	0.0339	0.0036
	E 跨学科与信息化应用能力 0.0439	E_1 科学实验能力	0.1213	0.0053
		E_2 数据分析能力	0.2328	0.0102
		E_3 混合式教学手段	0.3835	0.0168
		E_4 线上教育教学资源开发能力	0.0749	0.0033
		E_5 模型建构与建模教学能力	0.1413	0.0062
		E_6 追踪和掌握高新技术能力	0.0463	0.0020
	F 社会性能力 0.0663	F_1 沟通与协作能力	0.3366	0.0223
		F_2 打造学习共同体	0.0695	0.0046
		F_3 培养学生社会实践能力	0.1462	0.0097
		F_4 数学与生活整合能力	0.1128	0.0075
		F_5 传播数学文化能力	0.2021	0.0134
		F_6 班级领导力	0.0797	0.0053
		F_7 跨文化与国际意识	0.0246	0.0016
		F_8 公民责任与社会参与	0.0285	0.0019

续表

目标层	准则层	方案层	权重	综合权重
数学教师关键能力评估模型	G 创新与创造力 0.1602	G_1 激发学习数学兴趣能力	0.1354	0.0217
		G_2 教育机智	0.4485	0.0719
		G_3 实践反思能力	0.2299	0.0368
		G_4 逻辑推理能力	0.0836	0.0134
		G_5 批判性思维与教学	0.0513	0.0082
		G_6 质疑式思维与教学	0.0513	0.0082

四 数学教师关键能力评估模型构建

数学教师关键能力评估模型从个体特质、育德能力、数学学科本体性知识、教学实践技能、跨学科与信息化应用能力、社会性能力、创新创造力 7 个不同维度，全面反映了从事数学教师岗位所需要的关键能力。具体见表 5 - 19。

表 5 - 19　　　　　　　　　数学教师关键能力评估模型

关键能力维度	权重	关键能力核心要素	综合权重
A 个体特质	0.0268	A_1 终身学习能力	0.0139
		A_2 自我认知与调控	0.0070
		A_3 职业规划与幸福生活	0.0022
		A_4 健康素养	0.0037
B 育德能力	0.3565	B_1 责任心	0.1846
		B_2 关爱奉献	0.1009
		B_3 尊重与包容	0.0477
		B_4 心理辅导	0.0233
C 数学学科本体性知识	0.2412	C_1 数学学科内容知识	0.1155
		C_2 学生学习认知知识	0.0240
		C_3 数学课程知识	0.0719
		C_4 跨学科综合知识	0.0298

关键能力维度	权重	关键能力核心要素	综合权重
D 教学实践技能	0.1051	D_1 数学智慧课堂设计能力	0.0118
		D_2 课堂教学实施能力	0.0422
		D_3 学生发展的评价能力	0.0261
		D_4 作业与考试命题设计能力	0.0151
		D_5 家庭教育指导能力	0.0063
		D_6 科学研究能力	0.0036
E 跨学科与信息化应用能力	0.0439	E_1 科学实验能力	0.0053
		E_2 数据分析能力	0.0102
		E_3 混合式教学手段	0.0168
		E_4 线上教育教学资源开发能力	0.0033
		E_5 模型建构与建模教学能力	0.0062
		E_6 追踪和掌握高新技术能力	0.0020
F 社会性能力	0.0663	F_1 沟通与协作能力	0.0223
		F_2 打造学习共同体	0.0046
		F_3 培养学生社会实践能力	0.0097
		F_4 数学与生活整合能力	0.0075
		F_5 传播数学文化能力	0.0134
		F_6 班级领导力	0.0053
		F_7 跨文化与国际意识	0.0016
		F_8 公民责任与社会参与	0.0019
G 创新与创造力	0.1602	G_1 激发学习数学兴趣能力	0.0217
		G_2 教育机智	0.0719
		G_3 实践反思能力	0.0368
		G_4 逻辑推理能力	0.0134
		G_5 批判性思维与教学	0.0082
		G_6 质疑式思维与教学	0.0082

第四节　本章小结

在个人特质维度上，个人特质是评估模型中的最基本指标要素。如果想要教好学生，数学教师首先要具备良好的个体特质。身心健康、能够正确地自我认知和协调，是成为一名数学教师并且适合从事这个职业的首要前提，是决定教师职业道德和教学水平与质量的关键。

在育德能力维度上，育德能力是作为一名合格的教师必须具备基本关键的师德修养。只有拥有良好职业道德的教师，才具有"蜡炬成灰泪始干"的奉献精神，才能扎根教育事业用心培育学生。因此，牢固树立"立德树人"的教育目标，具备优良的"育德能力"是当下数学教师入职的最基本标准和"敲门砖"。唯有数学教师发自内心的真正主观能动地想要完成好这一教育教学目标和教学要求，其强烈的责任心、主动关心爱护学生、尊重学生的意愿与诉求、呵护学生积极的情感，才能与学生产生相同的磁场，产生"共振效应"，让学生感受到教师的真诚、热情与能量，才能使学生发自内心真正主观能动地想要学好数学，进而热爱数学这门课程，并给予其足够的尊重与包容。

在数学本体性知识维度上，数学教师唯有具备系统的全面的数学本体性知识体系，才能更好地教授数学知识，才能更高效高质量地为学生答疑解惑，才能为学生初中、高中阶段的学习打下牢固的基础。其次，在具备数学学科相关的本体性知识的同时，又能够掌握跨学科的知识，才能更高质量高效率地教授学生。

在教学实践技能维度上，教学实践技能能够体现优秀的数学教师娴熟精湛的教学实践技能水平，熟练掌握各种高新教育技术和方法手段的能力，这对课堂教学质量和效果至关重要。数学教师关键能力的核心内容会随着社会环境的变化而不断更新重构，但教学实践技能仍旧是数学教师关键能力的本质内涵，需要经历大量的教学实践、专业合作以及专业学习。因此，教学实践技能是教师所需具备的基本关键技能，也是关键能力评估的基本要求。

在跨学科与信息化能力维度上，自2020年疫情以来，对数学教师运用信息通信技术（ICT）、线上线下时时跟进指导有效衔接的教育技术手段、课堂内外有机融合数学文化、建立学习共同体，帮扶协作开展科学研究、探索线上高效课程路径、开发创新育人方式的新课堂布局技巧、构建高端数学智慧课堂新生态，等等，对数学教师关键能力提出了更高更新的要求。显然，跨学科与信息化能力是需要通过终身学习、不断动态发展完善的。

在社会性能力维度上，社会性能力包含很多方面，比如课堂管理能力能够提高课堂教学效率和质量；比如组织带领学生参加数学竞赛，进行数学实验设计、操作与开发，组织带领学生参加社会性比赛项目与科学实践活动等，打造建立学生之间的学习互助共同体等，着力培养学生的沟通与协作能力和社会实践能力，数学与生活整合能力。传播数学文化等都需要教师具有较强的"社会性能力"。

在创新与创造力维度上，"创新与创造力"既体现了当今社会技术革新对数学教师提出的时代要求，又体现了社会发展进步规律的基本需求。我们开展教育教学工作，其本质不局限于对知识的传授，更重要的是培养学生的某种能力，包括学生的实践反思能力、激发学生数学学习兴趣，培养学生的批判性思维和质疑式思维等，这是知识技术革新进步的关键。任何一个发明或者技术革新最初都离不开批判和质疑，所以在日常教学活动的基础上，创新教学设计和教学模式，改革教学方法和手段，以创新创造的思维去培养学生的创新创造能力，这是至关重要的。优秀的数学教师可以得心应手地处理突发事件、妥善安排各项工作事宜、巧妙化解课堂教学中出现的问题与状况、娴熟解决各种危机和矛盾，是非常重要的一项关键能力。

综上所述，最终构建的数学教师关键能力评估模型能够较全面地反映数学教师的岗位特点和需求，明确了数学教师应具备的关键能力，所以评估模型不仅能够对数学教师能力发展具有指导作用，对数学教师的职业发展、择优选拔和教师培训等工作也提供了评估指标、测量标准等重要内容。

第 六 章

数学教师关键能力发展研究

第一节　基于 AHP 数学教师关键
能力模糊综合评估

当前常用的测量评价模式主要有定性分析、分项评分、定量分析三种评估模式。由于对数学教师关键能力的评估包含多方面的评估因素，并且大部分具有模糊性，较难给出精确划分，而模糊数学作为评估分析的工具正好为此类问题提供新路径和新方法。基于 AHP 层次分析法，利用前一章构建的数学教师关键能力评估模型，继续融入模糊综合评估法对数学教师关键能力评估模型进行实践检验，对所构建的数学教师关键能力评估模型进行进一步测试、验证及应用。以确保评估模型的准确性、科学性和可行性。模糊综合评估法在课堂教学评价、学习评价中应用较为广泛，但在教师关键能力评估体系中应用的前人还未曾给出，实属国内外先例。

一　模糊综合评估模型的建立
（一）确定数学教师关键能力评估因素

根据数学教师关键能力评估模型的建立，设置其评估因素集：

$$U = \{U_1,\ U_2,\ U_3,\ U_4,\ U_5,\ U_6,\ U_7\}$$

子因素集 U_i（$i = 1,\ 2,\ \cdots,\ n$）的二级子因素集为：

$$U_i = \{U_{i1},\ U_{i2},\ \cdots,\ U_{in}\}$$

（二）确定数学教师关键能力评估模型的指标评语集 V

将数学教师关键能力评估模型的指标评语集 V 分为 5 个评估等级（一般是优秀、良好、一般、较差、很差），即：

$$V = \{V_1, V_2, \cdots, V_p\}$$

设评语集合 V 的评语向量为：

$$V = \{\mu_{V_1}, \mu_{V_2}, \cdots, \mu_{V_p}\}$$

其中，$\mu_{V_k} \in [0, 1]$（$k = 1, 2, \cdots, p$）是第 k 个评语等级相关于 V 的隶属度。

（三）确定数学教师关键能力评估模型评价因素的权重

通过分析评估因素集 U 中各个 U_i 在评估过程中所起的作用的大小，确定得到评估因素集 U 上的权向量 A 即：

$$A = (a_1, a_2, \cdots, a_n)$$

其中，$a_{ij} \geqslant 0$，且 $\sum\limits^{n} a_i = 1$（$i = 1, 2, \cdots, n$）。U_i 上的权向量 A_i 为：

$$A_i = (a_{i1}, a_{i2}, \cdots, a_{im})$$

其中，$a_{ij} \geqslant 0$，（$j = 1, 2, \cdots, m$）且 $\sum\limits^{m} a_{ij} = 1$（$i = 1, 2, \cdots, n$）。

（四）数学教师关键能力的单因素评估方法

对 U_1 进行单因素评估，U_i 中第 j 个次子因素评估的向量值为：

$$r_{ij} = (r_{ij_1}, r_{ij_2}, \cdots, r_{ij_p})$$

其中，$\sum\limits^{p} r_{ij_k} = 1$，$r_{ij_k}$ 即 U_i 中第 j 个次子因素的评估相关于第 k 个评估等级的隶属度。

含有 j 个次子因素的子因素集 U_i 的单因素评估矩阵 R_i 为：

$$R_i = \begin{bmatrix} r_{i11} & r_{i12} & \cdots & r_{i1p} \\ r_{i21} & r_{i22} & \cdots & r_{i2p} \\ \vdots & \vdots & \vdots & \vdots \\ r_{im1} & r_{im2} & \cdots & r_{imp} \end{bmatrix}$$

（五）数学教师关键能力的一级模糊综合评估方法

按照每个 U_i 分别进行模糊综合评估，得到一级综合评估的模糊向量为：

$$B_{ik} = (b_{i1}, b_{i2}, \cdots, b_{ip}) = A_i \circ R_i$$
$$b_{ik} = \max\{\min(a_{i1}, r_{ik}), \cdots, \min(a_{im}, r_{imk})\}$$
$$i = 1, 2, \cdots, n, j = 1, 2, \cdots, m, k = 1, 2, \cdots, p$$

（六）数学教师关键能力的二级模糊综合评估方法

将 U 中 n 个子因素集当作 n 个单因素进行二级模糊综合评估，得到由 U_i 的一级综合评估结果 B_{ik} 组成的模糊评估矩阵 R 为：

$$R = \begin{bmatrix} B_1 \\ B_2 \\ \vdots \\ B_n \end{bmatrix} = \begin{bmatrix} b_{11} & b_{12} & \cdots & b_{1p} \\ b_{21} & b_{22} & \cdots & b_{2p} \\ \vdots & \vdots & \vdots & \vdots \\ b_{n1} & b_{n2} & \cdots & b_{np} \end{bmatrix}$$

则二级综合评估的模糊向量 B 为：

$$B = (b_1, b_2, \cdots, b_p) = A \circ R$$

根据取大原则确定最终评估等级。

二 数学教师关键能力模糊综合评估

研究对象为 S 省域数学教师覆盖样本。研究方法为阶段不等概率抽样。内部分层变量抽取相同数量具有区域代表性的数学教育的一线中青年教师、专家和学者，利用问卷星线上重新发放调查问卷"数学教师关键能力模糊综合评估量表（他评卷）"，对当前的数学教师关键能力水平进行模糊综合评估。尤其是选取 S 学校、H 学校、W 学校等具有代表性的学校的中青年教师，依据构建的评估模型中的量化指标对当前数学教师关键能力水平进行打分评估，选取有效回收的 200 份问卷结果进行统计分析和计算，从而能够得出对数学教师关键能力较为客观、公正、全面的测量评价。

（一）确定因素集和评估集

首先确定数学教师关键能力因素集合：

$$U = \{U_1, U_2, U_3, U_4, U_5, U_6, U_7\}，其中：$$

U_1 个体特质；

U_2 育德能力；

U_3 数学学科本体性知识；

U_4 教学实践技能；

U_5 跨学科与信息化应用能力；

U_6 社会性能力；

U_7 创新与创造力。

$U_1 = (U_{11}, U_{12}, U_{13}, U_{14})$;

$U_2 = (U_{21}, U_{22}, U_{23}, U_{24})$;

$U_3 = (U_{31}, U_{32}, U_{33}, U_{34})$;

$U_4 = (U_{41}, U_{42}, U_{43}, U_{44}, U_{45}, U_{46})$;

$U_5 = (U_{51}, U_{52}, U_{53}, U_{54}, U_{55}, U_{56})$;

$U_6 = (U_{61}, U_{62}, U_{63}, U_{64}, U_{65}, U_{66}, U_{67}, U_{68})$;

$U_7 = (U_{71}, U_{72}, U_{73}, U_{74}, U_{75}, U_{76})$。

评语集 $V = \{V_1, V_2, V_3, V_4, V_5\}$ = {优秀，良好，一般，较差，很差}。

确定权重是数学教师关键能力评估中十分重要的一环，它实际上确定了各项具体的评估指标在整个数学教师关键能力评估模型中所处的地位。前面一章已经运用 AHP 层次分析法通过专家论证确定得出数学关键能力一级核心指标和二级核心指标的各个权重，以此来确定 U_i 中各因素的权向量 A，具体如下：

$A_1 = \{0.52, 0.26, 0.08, 0.14\}$;

$A_2 = \{0.52, 0.28, 0.13, 0.07\}$;

$A_3 = \{0.48, 0.10, 0.30, 0.12\}$;

$A_4 = \{0.11, 0.40, 0.25, 0.14, 0.06, 0.04\}$;

$A_5 = \{0.12, 0.23, 0.38, 0.08, 0.14, 0.05\}$;

$A_6 = \{0.34, 0.07, 0.15, 0.11, 0.20, 0.08, 0.02, 0.03\}$;

$A_7 = \{0.14, 0.45, 0.23, 0.08, 0.05, 0.05\}$。

（二）单因素评估的模糊评估矩阵

对数学教师关键能力评估模型中每个因素指标进行评估，比如，有 26 人对 U_{11} 评"优秀"，则调查统计分析的结果为 0.26，以此来确定每个因素隶属于 V 中评估等级的隶属度。

$$R_1 = \begin{bmatrix} 0.49 & 0.18 & 0.21 & 0.12 & 0.00 \\ 0.51 & 0.16 & 0.16 & 0.17 & 0.00 \\ 0.49 & 0.17 & 0.17 & 0.17 & 0.00 \\ 0.51 & 0.16 & 0.17 & 0.16 & 0.00 \end{bmatrix};$$

$$R_2 = \begin{bmatrix} 0.20 & 0.37 & 0.26 & 0.17 & 0.00 \\ 0.24 & 0.29 & 0.30 & 0.17 & 0.00 \\ 0.19 & 0.25 & 0.35 & 0.21 & 0.00 \\ 0.23 & 0.29 & 0.20 & 0.28 & 0.00 \end{bmatrix};$$

$$R_3 = \begin{bmatrix} 0.31 & 0.27 & 0.22 & 0.20 & 0.00 \\ 0.26 & 0.28 & 0.30 & 0.16 & 0.00 \\ 0.21 & 0.25 & 0.31 & 0.23 & 0.00 \\ 0.22 & 0.30 & 0.26 & 0.22 & 0.00 \end{bmatrix};$$

$$R_4 = \begin{bmatrix} 0.17 & 0.23 & 0.29 & 0.31 & 0.00 \\ 0.24 & 0.22 & 0.30 & 0.24 & 0.00 \\ 0.21 & 0.30 & 0.26 & 0.23 & 0.00 \\ 0.22 & 0.27 & 0.28 & 0.23 & 0.00 \\ 0.26 & 0.26 & 0.21 & 0.27 & 0.00 \\ 0.24 & 0.22 & 0.29 & 0.25 & 0.00 \end{bmatrix};$$

$$R_5 = \begin{bmatrix} 0.19 & 0.24 & 0.37 & 0.20 & 0.00 \\ 0.17 & 0.29 & 0.25 & 0.29 & 0.00 \\ 0.31 & 0.28 & 0.22 & 0.19 & 0.00 \\ 0.27 & 0.33 & 0.25 & 0.15 & 0.00 \\ 0.28 & 0.22 & 0.18 & 0.32 & 0.00 \\ 0.25 & 0.28 & 0.22 & 0.25 & 0.00 \end{bmatrix};$$

$$R_6 = \begin{bmatrix} 0.17 & 0.49 & 0.18 & 0.16 & 0.00 \\ 0.14 & 0.21 & 0.43 & 0.22 & 0.00 \\ 0.15 & 0.32 & 0.36 & 0.17 & 0.00 \\ 0.18 & 0.32 & 0.40 & 0.10 & 0.00 \\ 0.16 & 0.33 & 0.37 & 0.14 & 0.00 \\ 0.13 & 0.34 & 0.32 & 0.21 & 0.00 \\ 0.12 & 0.36 & 0.34 & 0.18 & 0.00 \\ 0.15 & 0.33 & 0.35 & 0.17 & 0.00 \end{bmatrix};$$

$$R_7 = \begin{bmatrix} 0.19 & 0.38 & 0.29 & 0.14 & 0.00 \\ 0.21 & 0.35 & 0.32 & 0.12 & 0.00 \\ 0.32 & 0.31 & 0.22 & 0.15 & 0.00 \\ 0.36 & 0.23 & 0.20 & 0.21 & 0.00 \\ 0.16 & 0.37 & 0.28 & 0.19 & 0.00 \\ 0.18 & 0.26 & 0.29 & 0.27 & 0.00 \end{bmatrix}。$$

（三）一级模糊综合评估结果

利用前面的算式，最终计算出 U_i 综合评估的模糊向量：

$$B_1 = A_1 \times R_1 = \{0.52,\ 0.26,\ 0.08,\ 0.14\}$$

$$\times \begin{bmatrix} 0.49 & 0.18 & 0.21 & 0.12 & 0.00 \\ 0.51 & 0.16 & 0.16 & 0.17 & 0.00 \\ 0.49 & 0.17 & 0.17 & 0.17 & 0.00 \\ 0.51 & 0.16 & 0.17 & 0.16 & 0.00 \end{bmatrix} =$$

$$(0.49 \quad 0.18 \quad 0.21 \quad 0.17 \quad 0.00)$$

$$B_1 = (0.49 \quad 0.18 \quad 0.21 \quad 0.17 \quad 0.00);$$

$$B_2 = A_2 \times R_2 = \{0.52,\ 0.28,\ 0.13,\ 0.07\}$$

$$\times \begin{bmatrix} 0.20 & 0.37 & 0.26 & 0.17 & 0.00 \\ 0.24 & 0.29 & 0.30 & 0.17 & 0.00 \\ 0.19 & 0.25 & 0.35 & 0.21 & 0.00 \\ 0.23 & 0.29 & 0.20 & 0.28 & 0.00 \end{bmatrix} =$$

$$(0.24 \quad 0.37 \quad 0.28 \quad 0.17 \quad 0.00)$$

$$B_2 = (0.24 \quad 0.37 \quad 0.28 \quad 0.17 \quad 0.00);$$

$$B_3 = A_3 \times R_3 = \{0.48,\ 0.10,\ 0.30,\ 0.12\}$$

$$\times \begin{bmatrix} 0.31 & 0.27 & 0.22 & 0.20 & 0.00 \\ 0.26 & 0.28 & 0.30 & 0.16 & 0.00 \\ 0.21 & 0.25 & 0.31 & 0.23 & 0.00 \\ 0.22 & 0.30 & 0.26 & 0.22 & 0.00 \end{bmatrix} =$$

$$(0.31 \quad 0.27 \quad 0.30 \quad 0.23 \quad 0.00)$$

$$B_3 = (0.31 \quad 0.27 \quad 0.30 \quad 0.23 \quad 0.00);$$

$$B_4 = A_4 \times R_4 = \{0.11,\ 0.40,\ 0.25,\ 0.14,\ 0.06,\ 0.04\}$$

$$\times \begin{bmatrix} 0.17 & 0.23 & 0.29 & 0.31 & 0.00 \\ 0.24 & 0.22 & 0.30 & 0.24 & 0.00 \\ 0.21 & 0.30 & 0.26 & 0.23 & 0.00 \\ 0.22 & 0.27 & 0.28 & 0.23 & 0.00 \\ 0.26 & 0.26 & 0.21 & 0.27 & 0.00 \\ 0.24 & 0.22 & 0.29 & 0.25 & 0.00 \end{bmatrix} =$$

$$(0.24 \quad 0.25 \quad 0.30 \quad 0.24 \quad 0.00)$$

$$B_4 = (0.24 \quad 0.25 \quad 0.30 \quad 0.24 \quad 0.00);$$

$$B_5 = A_5 \times R_5 = \{0.12, 0.23, 0.38, 0.08, 0.14, 0.05\}$$

$$\times \begin{bmatrix} 0.19 & 0.24 & 0.37 & 0.20 & 0.00 \\ 0.17 & 0.29 & 0.25 & 0.29 & 0.00 \\ 0.31 & 0.28 & 0.22 & 0.19 & 0.00 \\ 0.27 & 0.33 & 0.25 & 0.15 & 0.00 \\ 0.28 & 0.22 & 0.18 & 0.32 & 0.00 \\ 0.25 & 0.28 & 0.22 & 0.25 & 0.00 \end{bmatrix} =$$

$$(0.31 \quad 0.28 \quad 0.23 \quad 0.23 \quad 0.00)$$

$$B_5 = (0.31 \quad 0.28 \quad 0.23 \quad 0.23 \quad 0.00);$$

$$B_6 = A_6 \times B_6 = \{0.34, 0.07, 0.15, 0.11, 0.20, 0.08, 0.02, 0.03\}$$

$$\times \begin{bmatrix} 0.17 & 0.49 & 0.18 & 0.16 & 0.00 \\ 0.14 & 0.21 & 0.43 & 0.22 & 0.00 \\ 0.15 & 0.32 & 0.36 & 0.17 & 0.00 \\ 0.18 & 0.32 & 0.40 & 0.10 & 0.00 \\ 0.16 & 0.33 & 0.37 & 0.14 & 0.00 \\ 0.13 & 0.34 & 0.32 & 0.21 & 0.00 \\ 0.12 & 0.36 & 0.34 & 0.18 & 0.00 \\ 0.15 & 0.33 & 0.35 & 0.17 & 0.00 \end{bmatrix} =$$

$$(0.17 \quad 0.36 \quad 0.20 \quad 0.16 \quad 0.00)$$

$$B_6 = (0.17 \quad 0.36 \quad 0.20 \quad 0.16 \quad 0.00);$$

$$B_7 = A_7 \times B_7 = \{0.14, 0.45, 0.23, 0.08, 0.05, 0.05\}$$

$$
\times
\begin{bmatrix}
0.19 & 0.38 & 0.29 & 0.14 & 0.00 \\
0.21 & 0.35 & 0.32 & 0.12 & 0.00 \\
0.32 & 0.31 & 0.22 & 0.15 & 0.00 \\
0.36 & 0.23 & 0.20 & 0.21 & 0.00 \\
0.16 & 0.37 & 0.28 & 0.19 & 0.00 \\
0.18 & 0.26 & 0.29 & 0.27 & 0.00
\end{bmatrix}
=
$$

$$(0.23 \quad 0.35 \quad 0.32 \quad 0.15 \quad 0.00)$$

$B_7 = (0.23 \quad 0.35 \quad 0.32 \quad 0.15 \quad 0.00)$。

根据前面的计算公式，得到

$$R = (B_1 \quad B_2 \quad B_3 \quad B_4 \quad B_5 \quad B_6 \quad B_7)^T =$$

$$
\begin{bmatrix}
0.49 & 0.18 & 0.21 & 0.17 & 0.00 \\
0.24 & 0.37 & 0.28 & 0.17 & 0.00 \\
0.31 & 0.27 & 0.30 & 0.23 & 0.00 \\
0.24 & 0.25 & 0.30 & 0.24 & 0.00 \\
0.31 & 0.28 & 0.23 & 0.23 & 0.00 \\
0.17 & 0.36 & 0.20 & 0.16 & 0.00 \\
0.23 & 0.35 & 0.32 & 0.15 & 0.00
\end{bmatrix}
$$。

（四）二级模糊综合评估结果

综合利用模糊数学法以及前面一章利用 AHP 软件分析汇总的数学教师关键能力具体指标权重和七大维度的指标权重集合。评估因素集合 U 中各个子因素集合 U_i 的权重赋值结果见上一小节。七大维度具体指标权重如下：

$A = \{0.03, 0.35, 0.24, 0.11, 0.04, 0.07, 0.16\}$

（五）模糊综合评估结果

最终根据前面算式，得到 U 的二级综合评估的模糊评估矩阵为：

$R = (B_1 \quad B_2 \quad B_3 \quad B_4 \quad B_5 \quad B_6)^T$

$B = A \times R = \{0.03, 0.35, 0.24, 0.11, 0.04, 0.07, 0.16\}$

$$\times \begin{bmatrix} 0.49 & 0.18 & 0.21 & 0.17 & 0.00 \\ 0.24 & 0.37 & 0.28 & 0.17 & 0.00 \\ 0.31 & 0.27 & 0.30 & 0.23 & 0.00 \\ 0.24 & 0.25 & 0.30 & 0.24 & 0.00 \\ 0.31 & 0.28 & 0.23 & 0.23 & 0.00 \\ 0.17 & 0.36 & 0.20 & 0.16 & 0.00 \\ 0.23 & 0.35 & 0.32 & 0.15 & 0.00 \end{bmatrix}$$

根据前面算式，计算二级综合评价的模糊评估向量为：

$B = A \times R = (0.24 \quad 0.35 \quad 0.28 \quad 0.23 \quad 0.00)$

因为 $0.24 + 0.35 + 0.28 + 0.23 \neq 1$，则将其归一化处理，得到：

$\hat{B} = (0.218 \quad 0.318 \quad 0.255 \quad 0.209 \quad 0.00)$

根据取大原则，最大值为 0.318，属于第二个良好等级层次，说明当前数学教师关键能力的模糊综合评估层次处于良好等级。

第二节　数学教师关键能力现状调查研究

本节研究主要内容在基于上一章构建的数学教师关键能力评估模型以及前一小节完成对评估模型的实践应用的基础上，继续利用评估模型，对当前数学教师的关键能力现状水平进行主观性自测分析，调查研究当前数学教师及相关教师群体的关键能力现状，从而对当前数学教师关键能力的现状以及存在问题做出精准判断和掌握分析。

一　数学教师关键能力现状调查研究对象

采用问卷调查的研究方法，发放《数学教师关键能力现状及影响因素调查问卷（自评卷）》，对问卷进行回收、整理及分析。前面一章已经完成问卷的预调查处理，本节进一步扩大样本量，将缺失值超过 20% 的问卷进行剔除，利用 SPSS22.0 进行信效度分析处理，检核数学教师关键能力现状。研究步骤包括：

为保证自证验证的广泛性，本研究采取线上线下相结合的方式，调查对象包括从事数学教师工作的专兼职数学学科教师（含管理人员、任课教师、班主任及相关教研人员、名师名校长等）。

线上的调查采用问卷星平台、电子邮箱、微信等平台的推送，在全国范围内进行发放问卷。线下调查依托 S 省在全省层面开展的"中小学教师工作现状的调查"项目，对一线数学教师以及相关研究者、管理者采用分层抽样的方法，分别从城市、县镇和农村三个不同地域中随机抽取相同比例的学校数量，进行问卷调查。其中全国范围内回收问卷数为 1863份，将无效问卷 14 份进行剔除，保留 1849 份有效问卷，问卷有效率 99.25%。

通过微信客户端填写的问卷数量为 962，占比 52.04%，通过手机提交填写的问卷数量为 886，占比 47.90%，通过网页链接填写的问卷数量为 1，占比 0.06%。

整个项目调查的起始时间为 2019 年 9 月持续到 2020 年 9 月，但是集中线上问卷的发布时间为 2020 年 6 月。其中，来自 S 省的有效问卷为1787 份。

其中 S 省填写问卷数量最多的时间段的具体填写时间分布见图 6 - 1。

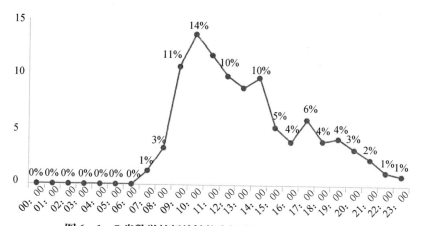

图 6-1 S 省数学教师关键能力评估问卷填写时间段分析

各个省份填写有效问卷的分布情况：其中有 1787 份有效问卷均来自S 省，占据全国有效问卷 1849 份的 96.64%。问卷填写在全国的涉猎范围大，集中在华北及中部地区，但绝大部分集中在 S 省，所以本次线上调查主要以 S 山东省为例，最终选取 S 省回收的有效问卷，以 S 省数学教师以及相关研究者、管理者为调查对象，以分析调查 S 省一线数学教师的关键能力现状。

二 数学教师关键能力现状调查研究内容

（一）数学教师个人基本信息调查量表

包括小学教师的性别、地域、学校性质、教龄、最高学历、职称、身份、工资水平、校际流动次数共 9 个小项。调查问卷设置单选题。

表 6 – 1   回归变量赋值

变量	性别	学校地域	学校性质	教龄	最高学历	职称	身份	月工资水平	校际交流
赋值	男性 = 1	鲁东地区 = 1	公办 = 1	3 年及以下 = 1	高中 = 1	未定级 = 1	实习教师 = 1	3000 元及以下 = 1	0 次 = 1
	女性 = 2	鲁中地区 = 2	民办 = 2	4～5 年 = 2	中专 = 2	初级 = 2	代课教师 = 2	3001～4000 元 = 2	1 次 = 2
		鲁西地区 = 3		6～10 年 = 3	大专 = 3	中级 = 3	合同制 = 3	4001～5000 元 = 3	2 次 = 3
				11～20 年 = 4	本科 = 4	副高级 = 4	在编教师 = 4	5000 元以上 = 4	3 次及以上 = 4
				20 年以上 = 5	硕士研究生 = 5	正高级 = 5			

（二）《数学教师关键能力现状及影响因素调查问卷（自评卷）》

本次调查在前期"数学教师关键能力评估量表（他评卷）"问卷调查的 221 人的基础上，扩大调研范围，主要针对常年工作在教学一线的数学教师群体（含管理人员、任课教师、班主任及相关教研人员等）进行调查，这样能够更精准的反映当下数学教师关键能力水平现状及存在的问题。以"数学教师关键能力评估量表（他评卷）"为基础，编制出《数学教师关键能力现状及影响因素调查问卷（自评卷）》。采用李克特量表五级计分法，"1 = 非常不满意、2 = 不满意、3 = 一般、4 = 满意、5 = 非常满意"。在其中选择评分等级，依次递增，分数越高，说明数学教师的关键能力现状水平越高。

采用线性变换与标准得分中的 Z 变换对数据进行标准化处理，变换

$X'_{ij} = \dfrac{X_{ij} - \bar{X}_j}{S_j}$ 过程为：$i = 1, 2, \cdots, n；j = 1, 2, \cdots, p，X_{ij}$ 为标准化

前原始数据，X'_{ij} 为标准化后的数据，$\bar{X}_j$ 是第 j 个指标的平均值，S_j 为标准差，n 为样本数据，p 为指标数。

三　数学教师关键能力现状预调查

前章已经完成了预调查工作，包括对"数学教师关键能力评估量表（他评卷）"的信效度检验并进行调整、修正和删除不符合要求的项目，确定"数学教师关键能力评估量表（他评卷）"，并得到数学教师关键能力评估结构方程模型。通过预调研，调查问卷具有良好的结构信度和效度。被调查的数学教师对问卷的各项问题都能理解到位，且都能够给出客观可靠的评价，因此继续在预调研问卷基础上编制使用《数学教师关键能力现状及影响因素调查问卷（自评卷）》。

四　数学教师关键能力现状信效度分析

（一）信度分析

信度分析利用 a 信度系数法，用来对问卷进行一致性检测分析，公式为：

$$a = \frac{k}{k-1} \times \left(1 - \frac{\sum S_i^2}{S_t^2} \right)$$

k 为问卷题项总数，S_i^2 为第 i 题方差，S_t^2 为总题项方差。$a > 0.9$ 说明问卷信度最好，$a > 0.8$ 说明问卷的信度良好，a 在 $0.7 \sim 0.8$ 说明问卷的信度可以接受，a 在 $0.6 \sim 0.7$ 表示该问卷需要修改；a 在 0.6 以下表示问卷无应用价值，不能使用。

（二）效度分析

利用因子分析的方法对《数学教师关键能力现状及影响因素调查问卷（自评卷）》进行效度检验，如果通过效度检验，说明上一章使用的调查问卷具有良好的效度，可以继续使用。

（三）分析结果

根据 Cronbach's Alpha 系数进行数据的内部一致性检验判断统计资料的可靠性结果，Cronbach's Alpha 系数值为 0.979 > 0.7，说明问卷信度良好。见表 6 - 2。

表6 - 2　　　　　　　　　　　统计资料可靠性分析

Cronbach 信度分析		
项数	样本量	Cronbach α 系数
59	1787	0.979

具体结果分析如表 6 - 3 所示。

表6 - 3　　　　　　　　　　　效度分析结果

名称	载荷										共同度
	因子1	因子2	因子3	因子4	因子5	因子6	因子7	因子8	因子9	因子10	
终身学习能力	0.296	0.107	0.149	0.176	0.562	0.021	0.082	0.100	0.077	0.521	0.762
自我认知与调控能力	0.440	0.102	0.203	0.227	0.585	0.093	0.065	0.073	0.101	0.267	0.739
职业规划与幸福生活能力	0.379	0.171	0.116	0.131	0.782	0.103	0.054	- 0.003	- 0.002	- 0.032	0.829
身体和心理的健康素养	0.367	0.148	0.116	0.066	0.775	0.119	0.057	- 0.005	- 0.016	- 0.078	0.798
责任心	0.227	0.178	0.822	0.173	0.127	0.145	0.033	0.056	- 0.033	0.093	0.840
关爱学生具有奉献精神	0.267	0.177	0.831	0.232	0.088	0.105	0.062	0.098	0.018	0.041	0.882
能够尊重与包容学生	0.291	0.148	0.762	0.279	0.126	0.111	0.094	0.120	0.065	- 0.032	0.821
能够定期对学生进行心理辅导	0.442	0.121	0.448	0.301	0.257	0.010	0.150	0.150	0.127	- 0.281	0.707

名称	载荷										共同度
	因子1	因子2	因子3	因子4	因子5	因子6	因子7	因子8	因子9	因子10	
能够熟练掌握数学学科内容知识	0.391	0.150	0.384	0.651	0.115	0.162	0.049	0.051	0.030	0.119	0.806
能够熟练掌握学生学习认知知识	0.441	0.137	0.356	0.667	0.141	0.132	0.060	0.071	0.058	0.020	0.835
能够熟练掌握数学课程知识	0.403	0.142	0.316	0.685	0.127	0.142	0.033	0.031	0.017	0.111	0.803
能够掌握跨学科综合知识	0.662	0.100	0.132	0.449	0.164	-0.008	0.060	0.025	-0.047	-0.131	0.718
数学智慧课堂设计能力	0.678	0.096	0.121	0.469	0.172	0.130	0.047	0.097	-0.064	-0.088	0.773
课堂教学实施能力	0.592	0.128	0.219	0.562	0.112	0.205	0.049	0.088	0.059	0.023	0.800
学生发展的评价能力	0.638	0.115	0.223	0.449	0.156	0.153	0.092	0.135	0.048	-0.051	0.752
作业与考试命题设计能力	0.694	0.106	0.180	0.404	0.105	0.107	0.109	0.089	0.006	-0.021	0.731
家庭教育指导能力	0.692	0.107	0.179	0.235	0.186	0.049	0.118	0.163	0.039	-0.085	0.664
科学研究能力	0.846	0.141	0.103	0.141	0.166	0.046	0.073	0.087	-0.185	0.026	0.844
科学实验能力	0.866	0.136	0.105	0.095	0.159	0.020	0.079	0.078	-0.173	0.035	0.858
数据分析能力	0.840	0.144	0.133	0.137	0.148	0.054	0.088	0.077	-0.118	0.068	0.820
混合式教学手段	0.824	0.148	0.148	0.171	0.129	0.061	0.083	0.061	-0.020	0.104	0.794
线上教育教学资源开发能力	0.848	0.187	0.140	0.086	0.123	0.050	0.069	0.014	-0.006	0.069	0.808
模型建构与建模教学能力	0.831	0.181	0.128	0.154	0.091	0.100	0.072	0.022	0.025	0.099	0.799
追踪和掌握高新技术能力	0.876	0.182	0.097	0.069	0.119	0.055	0.065	0.009	-0.023	0.051	0.839

续表

名称	载荷										共同度
	因子1	因子2	因子3	因子4	因子5	因子6	因子7	因子8	因子9	因子10	
沟通与协作能力	0.696	0.228	0.249	0.165	0.139	0.221	0.036	0.080	0.263	0.105	0.782
打造学习共同体	0.781	0.207	0.157	0.145	0.122	0.200	0.073	0.066	0.264	0.080	0.838
培养学生社会实践能力	0.783	0.166	0.149	0.137	0.143	0.163	0.094	0.075	0.313	0.031	0.842
数学与生活整合能力	0.749	0.169	0.174	0.197	0.158	0.238	0.070	0.063	0.316	0.054	0.851
传播数学文化能力	0.741	0.171	0.149	0.188	0.160	0.258	0.082	0.085	0.247	0.031	0.804
班级领导力	0.619	0.182	0.244	0.270	0.123	0.295	0.042	0.115	0.290	0.045	0.751
跨文化与国际意识	0.774	0.129	0.055	0.025	0.217	0.118	0.101	0.003	0.038	-0.049	0.694
公民责任与社会参与	0.557	0.176	0.330	0.055	0.155	0.359	0.114	0.112	0.260	-0.012	0.699
激发学习数学兴趣能力	0.589	0.143	0.268	0.224	0.132	0.501	0.103	0.072	0.185	0.063	0.811
教育机智	0.615	0.177	0.202	0.221	0.135	0.526	0.093	0.091	0.075	-0.019	0.818
实践反思能力	0.627	0.180	0.202	0.189	0.163	0.517	0.114	0.111	0.033	0.004	0.823
逻辑推理能力	0.603	0.175	0.197	0.234	0.128	0.577	0.062	0.097	-0.006	0.066	0.855
批判性思维与教学	0.671	0.186	0.167	0.205	0.142	0.516	0.084	0.093	-0.064	-0.000	0.861
质疑式思维与教学	0.671	0.174	0.177	0.182	0.137	0.526	0.098	0.118	-0.047	-0.009	0.866
国家完善教师荣誉制度，采取发展教师政治地位、突出主体地位相关措施	0.197	0.536	0.103	0.093	0.030	0.112	0.451	0.029	-0.131	0.318	0.681

名称	载荷										共同度
	因子1	因子2	因子3	因子4	因子5	因子6	因子7	因子8	因子9	因子10	
国家实施"乡村教师""教师流动"等支持教师发展的计划和相关政策等	0.202	0.443	0.091	0.076	0.077	0.071	0.772	0.081	0.045	0.010	0.867
"支教"等促进教育公平的资源配置均衡的相关政策	0.225	0.417	0.080	0.036	0.112	0.072	0.760	0.103	0.025	-0.034	0.840
国家大力支持并逐步提高教师的福利待遇和工资收入	0.105	0.665	0.152	0.122	-0.065	0.057	0.332	0.167	0.028	0.232	0.692
学校非常重视评优评模、职称评选办法合理公正	0.171	0.846	0.079	0.057	0.104	0.058	0.120	0.001	0.036	-0.059	0.787
学校能够很好地落实教师的福利待遇政策	0.128	0.902	0.085	0.075	0.066	0.051	0.076	-0.013	0.028	0.035	0.858
学校非常重视教师基本技能考核工作，积极组织开展并鼓励教师参加相关培训	0.191	0.811	0.125	0.066	0.094	0.056	0.131	0.100	0.106	-0.068	0.769
学校晋升机制完善，晋升渠道畅通合理	0.144	0.899	0.042	0.069	0.081	0.039	0.026	0.027	0.009	-0.051	0.847

名称	载荷										共同度
	因子1	因子2	因子3	因子4	因子5	因子6	因子7	因子8	因子9	因子10	
对当下的生活质量，生活稳定等的满意程度	0.207	0.739	0.048	0.035	0.158	0.086	0.059	0.167	-0.058	0.030	0.660
具有良好的人际关系	0.160	0.584	0.274	0.161	-0.031	0.086	0.105	0.578	0.060	0.097	0.834
具有较高的身份认同	0.210	0.554	0.182	0.097	0.050	0.127	0.122	0.673	0.040	0.013	0.881
具有较高的成就动机	0.247	0.565	0.146	0.073	0.081	0.134	0.147	0.585	-0.029	-0.006	0.796
特征根值（旋转前）	26.108	4.949	2.326	1.496	1.124	1.009	0.843	0.743	0.664	0.567	—
方差解释率%（旋转前）	52.216	9.898	4.653	2.991	2.247	2.018	1.686	1.486	1.327	1.134	—
累积方差解释率%（旋转前）	52.216	62.114	66.767	69.758	72.005	74.023	75.710	77.196	78.523	79.658	—
特征根值（旋转后）	16.021	6.535	3.707	3.539	2.691	2.489	1.825	1.492	0.778	0.751	—
方差解释率%（旋转后）	32.043	13.070	7.415	7.078	5.383	4.977	3.650	2.985	1.555	1.503	—
累积方差解释率%（旋转后）	32.043	45.112	52.527	59.605	64.988	69.965	73.615	76.600	78.155	79.658	—
KMO	0.980										—
球形检验	95953.202										—
df	1225										—
p 值	0.000										—

由表 6-3 可知，量表所有的题项共同度都较高，最终结果都 >0.4，说明收集到的数据非常有效。KMO 的值为 0.980 >0.6，说明收集到的数据具有良好的效度。因子方差解释率值如下：32.043%，13.070%，7.415%，7.078%，5.383%，4.977%，3.650%，2.985%，1.555%，1.503%，旋转后累积方差解释率为 79.658% >50%。说明问卷的信息量可被有效提取。

表 6 - 4　　　　　　　　　　KMO 和 Bartlett 的检验结果

KMO 和 Bartlett 的检验		
KMO 值		0.980
Bartlett 球形度检验	近似卡方	95953.202
	df	1225
	p 值	0.000

经测试,采用的问卷效度的验证方法为 KMO 与 Bartlett 检验,由表 6 - 4 可以得出,KMO = 0.980,结果 > 0.8,说明由问卷能够收集到有效的数据。

五　数学教师关键能力现状调查研究结果

准备工作完成之后,即开展数学教师关键能力的现状调查工作。利用 SPSS21.0 等分析软件对《数学教师关键能力现状及影响因素调查问卷(他评卷)》进行描述性分析、方差分析、交叉分析、相关性分析以及线性回归分析等,以充分检核当前数学教师关键能力的现状。

(一)数学教师关键能力总体评估报告

当前,S 省数学教师关键能力的七个维度上,除了个体特质和跨学科与信息化应用能力两个维度,平均得分均在 4 分以上,其中育德能力维度的平均分值最高。说明当下 S 省数学教师关键能力总体水平较高,其发展较为均衡。在责任心、关爱学生具有奉献精神、能够尊重与包容学生、能够定期对学生进行心理辅导这些育德能力维度上得分为 4.53,分值最高,说明在立德树人、以人为本的教育宗旨下,育德能力是数学教师最为核心最为首要的关键能力,并且大部分教师做得比较到位。而终身学习能力、自我认知与调控、职业规划和幸福生活、身心健康这些个体特质维度上得分为 3.92,分值最低,说明当前 S 省数学教师的个体特质与生存境遇是不容忽视的问题,包括教师的身体健康、情绪调节、生活与工作的满意度,还有自我认同等方面,需要社会给予更多的关心和支持。另外,在科学实验、数学分析、线上线下混合式教学手段、数字化教学资源开发、数学模型建构与开展建模教学能力、持续不断学习掌握新技术方法手段等这些跨学科与信息化应用能力维度上得分为 3.95,分值也比较低,说明当前基于科技进步、技术革新、社会更新变革的时代背景下，对数学教师在追踪和掌握高新技术能力等方面的要求也越来越高，而数学教师不能很好地适应时代和教育教学变革的要求，需要持续不断地进行自我发展与自我充电。同时，学校和各级政府也应该为教师提供相应的关键能力发展的培训项目，积极构建高端教师共同体或者培训基地等，帮助数学教师发展跨学科与信息化应用能力。具体见表 6-5。

表 6-5　　　　　数学教师七大维度关键能力得分（平均分）

数学教师关键能力七大维度	得分
A 个体特质	3.92
B 育德能力	4.53
C 数学学科本体性知识	4.35
D 教学实践技能	4.14
E 跨学科与信息化应用能力	3.95
F 社会性能力	4.1
G 创新与创造力	4.19

（二）数学教师个体特征描述性统计分析

1. 单因素描述性频率

对所调查的数学教师进行描述性统计分析，发现这些基本信息在一定程度上能够反映出当前数学教师队伍的结构现状。测量数据的标准误差均小于 0.01，其可靠性显著。详细结果见表 6-6。

表 6-6　　　　　　　　　描述性频率分析

	性别	地域	性质	教龄	最高学历	职称	身份	月工资水平	校际交流
N 有效	1787	1787	1787	1787	1787	1787	1787	1787	1787
遗漏	0	0	0	0	0	0	0	0	0
平均数	1.782	2.068	1.027	4.467	4.320	2.77	3.795	3.795	2.393

	性别	地域	性质	教龄	最高学历	职称	身份	月工资水平	校际交流
均值标准误	0.004	0.001	0.001	0.009	0.007	0.003	0.001	0.007	0.009
标准偏差	0.499	0.432	0.100	1.400	0.941	0.454	0.100	0.926	1.162

2. 性别、学校所在地域及性质、教龄单因素分析

调查问卷 S 全省域内较为平均地覆盖。

其一,性别因素结果显示,男性教师占比 21.82%,女性教师占比 78.18%,教师性别平均数为 1.782,说明在数学教师群体中,女性教师的比例偏高,需要采取措施吸引优秀的男性青年才俊加入数学教师队伍。

其二,学校所在地域因素结果显示,学校所在地域因素的平均数为 2.068,鲁东地区教师占比为 21.71%,鲁中地区教师占比为 49.75%,鲁西地区教师占比为 28.54%,有 49.75% 的数学教师分布在鲁中地区,能够较大程度地反映鲁中地区的数学教师关键能力水平现状。

其三,学校性质因素结果显示,学校性质的平均数为 1.027,有 97.26% 的调研教师属于公办的数学教师。

其四,教师教龄因素结果显示,教师教龄的平均数为 4.467,数学教师中教龄 20 年以上的老教师占 37.27%,教龄 11~20 年的中年教师占比为 17.74%,共有 16.45% 的教龄为 6~10 年和 11.47% 的教龄为 4~5 年的有一定教学经验的青年教师,有 17.07% 的教龄为 3 年及以下的刚入职不久的新进教师,说明 S 省数学教师队伍年龄结构比较均衡,教龄为 20 年以上的中老年教师的占比 37.27%,仍占有较大比例,该群体存在职业倦怠、知识体系更新缓慢、新技术新方法推进难度较大等问题,而作为学校中坚力量的青年教师仅占到 27.92%,仍有 17.07% 的新进教师需要传、帮、带,亟须引进一批优秀的教学名师、教学能手等增添新鲜血液。

3. 最高学历单因素分析

最高学历因素结果显示,数学教师的最高学历结构分布不够均衡。数学教师最高学历的平均数为 4.320,说明数学教师群体总体最高学历属于大学本科层次；其中最高学历为高中学历的占比 0.04%，最高学历为中专学历的占比 0.00%，最高学历为大专学历的占比 0.06%，最高学历为本科学历占比 40.00%，最高学历为硕士研究生及以上学历占比 50.00%，大专及以下学历占比相对较少，而硕士研究生学历占据一半。之所以调查分析数学教师的最高学历，是因为学历在很大程度上能够反映数学教师的关键能力水平，而数学教师最高学历大部分属于硕士研究生和大学本科层次，说明当前数学教师的学历都比较高，关键能力水平相对比较高，对优秀青年人才的职业吸引力相对比较强。为数不多的高中、大专最高学历也仅存在教龄时间比较长的老教师的初始基础上。当下，随着政府和社会对数学学科教育工作的重视和大力支持，数学教师的入职门槛尤其是最高学历要求得到发展，因此，数学教师队伍的整体关键能力水平也逐步得到发展。

4. 职称、身份、工资水平、校际流动次数单因素分析

其一，专业技术职称因素结果显示，数学教师专业技术职称的平均数为 2.77，说明专业技术职称处于初级水平。其中具有正高级职称占比为 0.17%，具有副高级职称占比为 7.44%，具有中级职称占比为 37.16%，具有初级职称占比为 43.37%，未定级 11.86%，高级职称在数学教师群体中总体占比还不足 10%，而具有正高级职称占比仅为 0.17%，大部分数学教师为初级职称和中级职称，说明数学教师职称评定仍需进一步突破制度壁垒。

其二，教师身份因素结果显示，数学教师身份的平均数为 3.795，其中有 84.28% 的比例为在编教师，说明 S 省在数学教师编制与师资调配等方面的工作落实得比较到位，但仍有 12.2% 比例的数学教师为合同身份。

其三，教师月工资水平因素结果显示，数学教师月工资水平的平均数为 3.795，接近 5000 元及以上的水平。其中，5000 元及以上的占比为 41.36%，4001~5000 元占比 30.33%，3001~4000 元占比为 22.55%，3000 元及以下的占比为 5.76，5000 元及以上的教师群体占绝大部分，说明当前 S 省数学教师的福利待遇处于中上等水平，略高于同期同区域其他行业。

其四，参加培训交流次数因素结果显示，数学教师参加校际交流次数的平均分为 2.393，总体接近 1 次交流。其中，0 次的占比 30.44%，参加过 3 次及以上校际交流次数的占比为 39.73%，参加过 1 次校际交流次数的占

比为 19.53%，2 次的占比为 10.3%，说明数学教师参加培训交流的现状程度呈现两头多，中间少的"U"形结构态势。没有参加过任何交流培训的教师与参加过 3 次及以上交流培训的教师群体均为 30%~40%，说明 S 省在数学教师培训方面呈现两极分化态势，要加强贫困偏远地区，乡村小规模学校教师的"教师轮岗""乡村支教"等政策的进一步完善与落实，城乡优质教育资源需进一步均衡分配。具体单因素分析数据见表 6-7。

表 6-7　　　　　　　　数学教师个体单因素分析

变量	类别	次数	百分比	累计百分比
性别	男	390	21.82	21.82
	女	1397	78.18	100.0
学校所在地域	鲁东地区	388	21.71	21.71
	鲁中地区	889	49.75	71.46
	鲁西地区	510	28.54	100.0
学校性质	公办	1738	97.26	97.26
	民办	49	2.74	100.0
教龄	3 年及以下	305	17.07	17.07
	4~5 年	205	11.47	28.54
	6~10 年	294	16.45	44.99
	11~20 年	317	17.74	62.73
	20 年以上	666	37.27	100.0
最高学历	高中	71	4.00	4.00
	中专	0	0	4.00
	大专	107	6.00	10.00
	本科	715	40.00	50.00
	硕士研究生	894	50.00	100.0
职称	未定级	212	11.86	11.86
	初级	775	43.37	55.23
	中级	664	37.16	92.39
	副高级	133	7.44	99.83
	正高级	3	0.17	100.0

变量	类别	次数	百分比	累计百分比
身份	实习教师	22	1.23	1.23
	代课教师	41	2.29	3.52
	合同制教师	218	12.2	15.72
	在编教师	1506	84.28	100.0
月工资水平	3000 元及以下	103	5.76	5.76
	3001~4000 元	403	22.55	28.31
	4001~5000 元	542	30.33	58.64
	5000 元以上	739	41.36	100.0
参加校际交流次数	0 次	544	30.44	30.44
	1 次	349	19.53	49.97
	2 次	184	10.3	60.27
	3 次及以上	710	39.73	100.0

（三）数学教师关键能力现状的描述性统计分析

开展对数学教师关键能力现状描述性统计分析的目的在于获悉和掌握当前一线数学教师的关键能力究竟处于何种水平程度，是否能够达到履行岗位职责的要求，在哪些方面存在何种问题，以及在各个二级核心指标上的现状是否处于均衡发展状态。

数学教师关键能力由七大关键能力维度构成，在对各个关键能力维度进行分析前，首先对数学教师关键能力整体现状及各个二级核心指标因素现状开展描述性统计分析，得出数学教师关键能力的整体现状及各个二级关核心指标因素的分析结果现状。通过平均值或中位数来进行描述性分析数据情况，当前数据无异常情况，因此可直接进行描述分析。数学关键能力具体基础指标的描述性统计分析结果，如表 6-8 所示。

（四）数学教师关键能力整体现状在不同个体特征变量下的差异分析

前面已经对数学教师关键能力的整体现状作了描述性统计分析，并且对其关键能力七大维度作了总体平均分分析，在以上研究的基础上，利用单因素方差分析法、卡方（交叉）分析法，试图考察在不同性别、学校所在地域、学校办学性质、教龄、最高学历、专业技术职称、目前任教身份、月工资水平及参加校际交流次数等个体特征变量和组织因素情况下，数学教师关键能力整体现状的差异情况，并进行统计分析。

表6-8　数学教师关键能力详细指标的描述性统计分析结果（$n=1787$）

名称	平均值±标准差	方差	25分位数	中位数	75分位数	标准误	均值95%CI(*LL*)	均值95%CI(*UL*)	IQR	峰度	偏度	变异系数(CV)(%)
终身学习能力	4.050±0.901	0.813	3.000	4.000	5.000	0.021	4.009	4.092	2.000	0.053	-0.641	22.257
自我认知调控能力	4.042±0.799	0.638	3.000	4.000	5.000	0.019	4.005	4.079	2.000	-0.301	-0.405	19.765
职业规划幸福生活能力	3.783±0.949	0.901	3.000	4.000	5.000	0.022	3.739	3.827	2.000	-0.009	-0.492	25.089
身体和心理健康	3.807±0.998	0.996	3.000	4.000	5.000	0.024	3.761	3.853	2.000	-0.031	-0.588	26.212
责任心	4.625±0.574	0.330	4.000	5.000	5.000	0.014	4.598	4.652	1.000	2.763	-1.485	12.414
关爱学生具有奉献精神	4.625±0.573	0.329	4.000	5.000	5.000	0.014	4.598	4.652	1.000	2.908	-1.500	12.393
能够尊重与包容学生	4.601±0.569	0.324	4.000	5.000	5.000	0.013	4.575	4.627	1.000	2.407	-1.323	12.370
心理辅导	4.288±0.754	0.569	4.000	4.000	5.000	0.018	4.253	4.323	1.000	0.252	-0.797	17.594
数学学科内容知识	4.473±0.630	0.397	4.000	5.000	5.000	0.015	4.444	4.502	1.000	0.933	-0.959	14.091
学生学习认知知识	4.418±0.665	0.442	4.000	5.000	5.000	0.016	4.387	4.449	1.000	0.518	-0.872	15.042
数学课程知识	4.448±0.665	0.442	4.000	5.000	5.000	0.016	4.417	4.479	1.000	1.437	-1.077	14.952
跨学科综合知识	4.078±0.806	0.649	4.000	4.000	5.000	0.019	4.041	4.116	1.000	0.004	-0.535	19.753
数学智慧课堂设计能力	4.121±0.781	0.610	4.000	4.000	5.000	0.018	4.085	4.157	1.000	-0.082	-0.539	18.957
课堂教学实施能力	4.316±0.674	0.454	4.000	4.000	5.000	0.016	4.285	4.347	1.000	0.375	-0.675	15.606
学生发展的评价能力	4.253±0.692	0.478	4.000	4.000	5.000	0.016	4.221	4.286	1.000	0.042	-0.555	16.259
作业与考试命题设计能力	4.171±0.738	0.545	4.000	4.000	5.000	0.017	4.137	4.205	1.000	0.118	-0.575	17.700
家庭教育指导能力	4.071±0.801	0.642	4.000	4.000	5.000	0.019	4.033	4.108	1.000	0.181	-0.579	19.689
科学研究能力	3.905±0.840	0.705	3.000	4.000	5.000	0.020	3.867	3.944	2.000	-0.380	-0.303	21.498
科学实验能力	3.866±0.857	0.734	3.000	4.000	5.000	0.020	3.827	3.906	2.000	-0.476	-0.259	22.160
数据分析能力	3.993±0.811	0.657	3.000	4.000	5.000	0.019	3.956	4.031	2.000	-0.275	-0.392	20.302

续表

名称	平均值±标准差	方差	25分位数	中位数	75分位数	标准误	均值95%CI(LL)	均值95%CI(UL)	IQR	峰度	偏度	变异系数(CV)(%)
混合式教学手段	4.031±0.786	0.618	4.000	4.000	5.000	0.019	3.994	4.067	1.000	-0.082	-0.442	19.499
线上教育资源开发能力	3.938±0.804	0.646	3.000	4.000	5.000	0.019	3.901	3.976	2.000	-0.633	-0.199	20.403
模型建构与建模	3.970±0.800	0.640	3.000	4.000	5.000	0.019	3.933	4.007	2.000	-0.480	-0.281	20.146
高新技术能力	3.893±0.823	0.677	3.000	4.000	5.000	0.019	3.854	3.931	2.000	-0.516	-0.203	21.140
沟通与协作能力	4.185±0.720	0.519	4.000	4.000	5.000	0.017	4.151	4.218	1.000	-0.209	-0.472	17.217
打造学习共同体	4.090±0.767	0.588	4.000	4.000	5.000	0.018	4.054	4.125	1.000	-0.261	-0.422	18.746
学生社会实践能力	4.064±0.797	0.635	4.000	4.000	5.000	0.019	4.027	4.101	1.000	-0.034	-0.508	19.602
数学与生活整合能力	4.130±0.758	0.574	4.000	4.000	5.000	0.018	4.095	4.165	1.000	-0.261	-0.476	18.352
传播数学文化能力	4.105±0.774	0.599	4.000	4.000	5.000	0.018	4.069	4.141	1.000	-0.343	-0.445	18.857
班级领导力	4.244±0.715	0.512	4.000	4.000	5.000	0.017	4.211	4.277	1.000	-0.028	-0.589	16.853
跨文化与国际意识	3.753±0.911	0.830	3.000	4.000	4.000	0.022	3.710	3.795	1.000	-0.328	-0.270	24.280
公民责任与社会参与	4.230±0.733	0.538	4.000	4.000	5.000	0.017	4.196	4.264	1.000	0.024	-0.627	17.337
激发学习数学兴趣能力	4.272±0.691	0.477	4.000	4.000	5.000	0.016	4.240	4.304	1.000	0.173	-0.611	16.166
教育机智	4.193±0.713	0.509	4.000	4.000	5.000	0.017	4.160	4.226	1.000	0.139	-0.541	17.008
实践反思能力	4.195±0.713	0.509	4.000	4.000	5.000	0.017	4.162	4.228	1.000	0.231	-0.553	17.000
逻辑推理能力	4.233±0.698	0.488	4.000	4.000	5.000	0.017	4.200	4.265	1.000	-0.052	-0.522	16.500
批判性思维与教学	4.132±0.740	0.547	4.000	4.000	5.000	0.017	4.098	4.166	1.000	-0.316	-0.406	17.898
质疑式思维与教学	4.144±0.730	0.533	4.000	4.000	5.000	0.017	4.110	4.178	1.000	-0.442	-0.376	17.619

单因素方差分析是研究定类关于定量的差异，比如不同职称的教师对工作满意度的差异关系；首先，分析 X 与 Y 之间是否呈现显著性差异（p 值小于 0.05 或 0.01）；其次，若呈现出显著性差异则通过具体对比平均值的大小，描述具体差异；若没有呈现显著性差异则说明在不同的 X 类别下，Y 没有差异；最后，对单因素方差进行分析总结。

Pearson 卡方分析多用于研究现状及政策之类的分析。首先要判断 p 值是否显著。若显著，表明得到的数据具有显著性差异。卡方是研究变量之间的关系，能够进一步研究差异或者区别的关系。卡方分析是柔性的，能够对是否有差异进行进一步分析确认。下面分别对数学教师关键能力整体现状及各个一级指标与个体特征变量之间的相关关系与差异性进行分析。数学教师核心变量"关键能力"与"个体特征"变量的 Pearson 相关数据见表 6 - 9。

表 6 - 9　　　　　数学教师关键能力与个体特征变量的 Pearson 相关

		性别	地域	办学性质	教龄	最高学历	专业技术职称	任教身份	月工资水平	校际交流次数
关键能力	相关系数	-0.097	-0.072	-0.423**	0.299*	0.170	0.355*	0.104	0.325*	0.373**
	p 值	0.503	0.619	0.002	0.035	0.239	0.011	0.473	0.021	0.008

注：$* p < 0.05$，$** p < 0.01$。

具体分析可知：

性别与关键能力之间不会呈现显著性，相关系数值分别是 -0.097，全部均接近于 0，并且 p 值全部均大于 0.05。说明性别变量与关键能力不相关。

学校所在地域与关键能力之间均不会呈现显著性，相关系数值均是 -0.072，全部均接近于 0，并且 p 值全部均大于 0.05。说明学校所在地域变量与关键能力不相关。

任教学校办学性质与关键能力之间呈现显著性，相关系数值分别是 -0.423，并且相关系数值均小于 0，说明办学性质变量与关键能力之间存在负相关关系。

教龄与关键能力之间呈现显著性，相关系数值分别是 0.299，并且相关系数值均大于 0，说明教龄变量与关键能力存在正相关关系。

最高学历与关键能力之间不会呈现显著性，相关系数值分别是 0.170，全部均接近于 0，并且 p 值全部均大于 0.05，说明最高学历变量与关键能力之间没有相关关系。

专业技术职称与关键能力之间均呈现显著性，相关系数值分别是 0.355，并且相关系数值均大于 0，说明专业技术职称变量与关键能力之间存在正相关关系。

任教身份与关键能力之间均不会呈现显著性，相关系数值分别是 0.104，全部均接近于 0，并且 p 值全部均大于 0.05，说明任教身份变量与关键能力之间没有相关关系。

月工资水平与关键能力之间均呈现显著性，相关系数值分别是 0.325，并且相关系数值均大于 0，说明月工资水平变量与关键能力之间存在正相关关系。

校际交流次数与关键能力之间均呈现显著性，相关系数值分别是 0.373，并且相关系数值均大于 0，说明参加的校际交流次数变量与关键能力之间存在正相关关系。

综上所示，性别、地域、最高学历、任教身份与关键能力不相关，办学性质与关键能力存在负相关关系，教龄、专业技术职称、任教身份、月工资水平、校际交流次数与关键能力存在正相关关系。

1. 不同性别数学教师关键能力方差分析

表 6-10　　　　数学教师关键能力不同性别方差分析结果

	性别（平均值±标准差）		F	p
	男（$n=390$）	女（$n=1397$）		
个体特质	4.12±0.98	4.03±0.88	2.598	0.107
育德能力	4.65±0.57	4.62±0.57	1.253	0.263
数学学科本体性知识	4.55±0.62	4.45±0.63	8.271	0.004**
教学实践技能	4.38±0.66	4.30±0.68	4.782	0.029*
跨学科与信息化应用能力	4.14±0.80	4.00±0.78	9.408	0.002**

续表

| | 性别（平均值±标准差） | | F | p |
	男（n=390）	女（n=1397）		
社会性能力	4.25±0.73	4.17±0.72	3.949	0.047*
创新与创造力	4.34±0.69	4.25±0.69	4.283	0.039*

注：* $p < 0.05$；** $p < 0.01$。

由表 6-10 可以看出不同性别样本关于个体特质，育德能力共两大关键能力维度不会表现出显著性（ $p > 0.05$ ），说明不同性别样本关于个体特质、育德能力这两项关键能力呈现一致性。性别特征关于其余数学教师五大关键能力维度呈现显著性（ $p < 0.05$ ），即不同的数学教师性别关于这五大关键能力维度存在显著性差异性。性别关于数学学科本体性知识、跨学科及信息化应用能力呈现 0.01 显著性。说明在数学教师群体中，男性的均值显著高于女性。关于教学实践技能、社会性能力、创新与创造力呈现 0.05 的显著性，男性数学教师的均值显著高于女性数学教师的均值。

在各个指标上利用卡方检验（交叉分析）分析可知：不同性别样本关于责任心、关爱学生具有奉献精神、能够尊重与包容学生、能够定期对学生进行心理辅导、能够熟练掌握学生学习认知知识、课堂教学实施能力、学生发展的评价能力、线上教育教学资源开发能力、沟通与协作能力、打造学习共同体、公民责任与社会参与、激发学习数学兴趣能力、教育机智、实践反思能力、逻辑推理能力、质疑式思维与教学共 16 项关键能力无显著性差异（ $p > 0.05$ ），即不同的数学教师性别特征关于这 16 项关键能力均呈现一致性。数学教师的性别特征关于终身学习能力、自我认知与调控能力、职业规划与幸福生活能力等共 22 项关键能力呈现显著性（ $p < 0.05$ ），说明不同性别样本关于这 22 项关键能力均呈现差异性，性别个体特征因素关于终身学习能力呈现 0.01 显著性（chi = 20.490, $p = 0.000 < 0.01$ ），自我认知与调控能力呈现 0.01 显著性（chi = 20.035, $p = 0.000 < 0.01$ ），身体和心理的健康素养呈现 0.01 显著性（chi = 14.287, $p = 0.006 < 0.01$ ），掌握跨学科综合知识呈现 0.01 显著性（chi = 25.190, $p = 0.000 < 0.01$ ），作业与考试命题设计能力呈现 0.05 显著性（chi = 13.100, $p = 0.011 < 0.05$ ），家庭教育指导能力呈现 0.01 显

著性（chi = 14.090，p = 0.007 < 0.01），科学研究能力呈现 0.01 水平显著性（chi = 26.435，p = 0.000 < 0.01），科学实验能力呈现 0.01 显著性（chi = 31.242，p = 0.000 < 0.01），数据分析能力呈现 0.01 显著性（chi = 35.699，p = 0.000 < 0.01），混合式教学手段呈现 0.01 显著性（chi = 22.896，p = 0.000 < 0.01），模型建构与建模教学能力呈现 0.01 显著性（chi = 15.486，p = 0.004 < 0.01），数学与生活整合能力呈现 0.05 显著性（chi = 12.824，p = 0.012 < 0.05），传播数学文化能力呈现 0.01 显著性（chi = 15.540，p = 0.004 < 0.01），班级领导力呈现 0.01 显著性（chi = 15.468，p = 0.004 < 0.01），跨文化与国际意识呈现 0.05 显著性（chi = 12.051，p = 0.017 < 0.05）。其中，数学女性教师选择"一般"的占比显著高于数学男性教师的占比；数学男性教师选择"非常满意"的占比显著高于女教师的占比。

关于职业规划与幸福生活能力呈现 0.05 显著性（chi = 11.792，p = 0.019 < 0.05），数学男教师选择"非常满意"占比为 30.77%，显著高于数学女教师占比 23.77%。关于能够熟练掌握数学学科内容知识呈现 0.01 显著性（chi = 14.595，p = 0.006 < 0.01），能够熟练掌握数学课程知识呈现 0.05 显著性（chi = 9.684，p = 0.046 < 0.05），数学智慧课堂设计能力呈现 0.01 显著性（chi = 14.497，p = 0.006 < 0.01），培养学生社会实践能力呈现 0.01 显著性（chi = 15.906，p = 0.003 < 0.01），数学女教师选择"满意"占比显著高于数学男教师的占比。数学男教师选择"非常满意"的占比显著高于数学女教师的占比。

2. 不同学校所在地域数学教师关键能力的方差分析

表 6 - 11　　　数学教师关键能力不同学校所在地域方差分析结果

	任教学校所在地域：（平均值 ± 标准差）			F	p
	鲁东地区 （n = 388）	鲁中地区 （n = 889）	鲁西地区 （n = 510）		
个体特质	4.05 ± 0.93	4.05 ± 0.91	4.05 ± 0.87	0.013	0.987
育德能力	4.65 ± 0.55	4.63 ± 0.55	4.59 ± 0.63	1.656	0.191
数学学科本体性知识	4.48 ± 0.64	4.47 ± 0.61	4.46 ± 0.66	0.133	0.876
教学实践技能	4.35 ± 0.69	4.32 ± 0.64	4.29 ± 0.71	1.021	0.360

续表

	任教学校所在地域：（平均值 ± 标准差）			F	p
	鲁东地区 ($n = 388$)	鲁中地区 ($n = 889$)	鲁西地区 ($n = 510$)		
跨学科与信息化应用能力	4.09 ± 0.81	4.01 ± 0.78	4.03 ± 0.78	1.244	0.289
社会性能力	4.24 ± 0.74	4.19 ± 0.71	4.13 ± 0.73	2.943	0.053
创新与创造力	4.31 ± 0.71	4.27 ± 0.67	4.24 ± 0.71	1.308	0.271

注：$*p < 0.05$；$**p < 0.01$。

表 6 – 11 所示，不同任教学校所在地域样本关于数学教师 7 项关键能力维度均不会表现显著性（$p > 0.05$），说明不同任教学校所在地域的样本关于数学教师关键能力全部均表现出一致性，并没有差异性。

在各个指标上利用卡方检验（交叉分析）分析可知：不同任教学校所在地域样本关于终身学习能力、自我认知与调控能力、职业规划与幸福生活能力、身体和心理的健康素养、责任心、关爱学生具有奉献精神、能够定期对学生进行心理辅导、能够熟练掌握数学学科内容知识、能够熟练掌握学生学习认知知识、能够熟练掌握数学课程知识、能够掌握跨学科综合知识、数学智慧课堂设计能力、作业与考试命题设计能力、家庭教育指导能力、科学实验能力、混合式教学手段、线上教育教学资源开发能力、模型建构与建模教学能力、追踪和掌握高新技术能力、打造学习共同体、培养学生社会实践能力、传播数学文化能力、班级领导力、公民责任与社会参与、教育机智共 25 项无显著性，即数学教师群体中，不同学校所在地域特征关于这 25 项关键能力均呈现一致性，无差异。不同学校所在地域特征关于关键能力评估模型中的指标能够尊重与包容学生，课堂教学实施能力等共 13 项关键能力呈现出显著性（$p < 0.05$），说明不同任教学校所在地域样本关于这 13 项关键能力均呈现出差异性，任教学校所在地域关于能够尊重与包容学生呈现 0.05 显著性（chi = 16.122，$p = 0.041 < 0.05$）。关于课堂教学实施能力呈现 0.01 显著性（chi = 20.787，$p = 0.008 < 0.01$），学生发展的评价能力呈现 0.05 水平显著性（chi = 19.825，$p = 0.011 < 0.05$），科学研究能力呈现 0.05 水平显著性（chi =

19.030，$p = 0.015 < 0.05$），数据分析能力呈现 0.05 水平显著性（chi = 17.848，$p = 0.022 < 0.05$），沟通与协作能力呈现 0.01 水平显著性（chi = 20.757，$p = 0.008 < 0.01$），数学与生活整合能力呈现 0.05 水平显著性（chi = 16.539，$p = 0.035 < 0.05$），跨文化与国际意识呈现 0.01 水平显著性（chi = 23.807，$p = 0.002 < 0.01$），激发学习数学兴趣能力呈现 0.05 水平显著性（chi = 18.156，$p = 0.020 < 0.05$），实践反思能力呈现 0.05 水平显著性（chi = 16.322，$p = 0.038 < 0.05$），逻辑推理能力呈现 0.05 水平显著性（chi = 19.765，$p = 0.011 < 0.05$），批判性思维与教学呈现 0.05 水平显著性（chi = 19.429，$p = 0.013 < 0.05$），质疑式思维与教学呈现 0.01 水平显著性（chi = 20.579，$p = 0.008 < 0.01$），其中鲁东地区选择"非常满意"的占比均显著高于平均值。

3. 不同办学性质数学教师关键能力的方差分析

表 6 - 12　　　　数学教师关键能力不同学校性质方差分析结果

	任教学校办学性质：（平均值 ± 标准差）		F	P
	公办（$n = 1783$）	民办（$n = 49$）		
个体特质	3.62 ± 0.89	2.60 ± 0.89	5.975	0.018*
育德能力	4.49 ± 0.59	3.40 ± 1.52	10.477	0.002**
数学学科本体性知识	4.40 ± 0.62	3.20 ± 1.48	12.150	0.001**
教学实践技能	4.18 ± 0.75	3.20 ± 1.48	6.187	0.016*
跨学科与信息化应用能力	3.67 ± 0.88	2.80 ± 1.10	4.181	0.046*
社会性能力	3.96 ± 0.67	3.20 ± 1.48	4.295	0.044*
创新与创造力	4.02 ± 0.81	3.20 ± 1.48	3.865	0.055

注：$*p < 0.05$；$**p < 0.01$。

由表 6 - 12 可知，不同学校办学性质样本关于创新创造力这一项关键能力的维度上无显著性（$p > 0.05$），说明在数学教师群体中，不同的学校办学性质特征关于创新创造力这个维度呈现一致性，无差异。不同的学校办学性质特征关于其余数学教师六大关键能力维度存在显著性差异（$p < 0.05$），说明不同学校办学性质对这六大关键能力维度存在显著性差异。具体分析可知：

任教学校办学性质关于个体特质呈现 0.05 显著性（$F = 5.975$，$p = 0.018$），育德能力呈现 0.01 显著性（$F = 10.477$，$p = 0.002$），数学学科本体性知识呈现出 0.01 水平显著性（$F = 12.150$，$p = 0.001$），教学实践技能呈现出 0.05 水平显著性（$F = 6.187$，$p = 0.016$），跨学科及信息化应用能力呈现出 0.05 水平显著性（$F = 4.181$，$p = 0.046$），社会性能力呈现出 0.05 水平显著性（$F = 4.295$，$p = 0.044$），公办学校的平均值显著高于民办学校的平均值。

在各个指标上利用卡方检验（交叉分析）分析可知：不同任教学校办学性质样本关于终身学习能力、职业规划与幸福生活能力、身体和心理的健康素养、能够定期对学生进行心理辅导共 4 项关键能力无显著性（$p > 0.05$），即在数学教师群体中，不同的任教学校办学性质特征关于终身学习能力、职业规划与幸福生活能力、身体和心理的健康素养以及能够定期对学生进行心理辅导共 4 项关键能力指标存在一致性。不同学校的办学性质特征关于自我认知与调控能力、责任心、关爱学生具有奉献精神、能够尊重与包容学生等共 34 项关键能力呈现出显著性（$p < 0.05$），说明不同任教学校办学性质样本关于这 34 项关键能力均呈现出差异性。

任教学校办学性质关于自我认知与调控能力呈现 0.01 显著性（chi $= 22.461$，$p = 0.000 < 0.01$），责任心呈现 0.01 水平显著性（chi $= 56.816$，$p = 0.000 < 0.01$），关爱学生具有奉献精神呈现 0.01 显著性（chi $= 54.652$，$p = 0.000 < 0.01$），能够尊重与包容学生呈现 0.01 显著性（chi $= 53.519$，$p = 0.000 < 0.01$），能够熟练掌握数学学科内容知识呈现 0.01 显著性（chi $= 51.518$，$p = 0.000 < 0.01$），能够熟练掌握学生学习认知知识呈现 0.01 显著性（chi $= 51.703$，$p = 0.000 < 0.01$），能够熟练掌握数学课程知识呈现 0.01 显著性（chi $= 33.811$，$p = 0.000 < 0.01$），线上教育教学资源开发能力呈现 0.01 水平显著性（chi $= 37.095$，$p = 0.000 < 0.01$），学生发展的评价能力呈现 0.01 显著性（chi $= 52.459$，$p = 0.000 < 0.01$），跨文化与国际意识呈现 0.05 显著性（chi $= 12.154$，$p = 0.016 < 0.05$），激发学习数学兴趣能力呈现 0.01 显著性（chi $= 50.789$，$p = 0.000 < 0.01$），批判性思维与教学呈现 0.01 显著性（chi $= 38.314$，$p = 0.000 < 0.01$）。民办学校选择"满意"的比例显著高于公办的占比。公办选择"非常满意"的比例显著高于民办的选择比例。

任教学校办学性质关于能够掌握跨学科综合知识呈现 0.01 显著性（chi = 14.758，$p = 0.005 < 0.01$），数学智慧课堂设计能力呈现 0.01 显著性（chi = 26.995，$p = 0.000 < 0.01$），关于作业与考试命题设计能力呈现 0.01 显著性（chi = 38.095，$p = 0.000 < 0.01$），家庭教育指导能力呈现 0.01 显著性（chi = 15.618，$p = 0.004 < 0.01$），数学与生活整合能力呈现 0.01 显著性（chi = 48.972，$p = 0.000 < 0.01$），班级领导力呈现 0.01 显著性（chi = 53.331，$p = 0.000 < 0.01$），公民责任与社会参与呈现出 0.01 水平显著性（chi = 51.829，$p = 0.000 < 0.01$），质疑式思维与教学呈现 0.01 显著性（chi = 49.795，$p = 0.000 < 0.01$）。民办学校选择"一般"的比例显著高于公办的选择比例。公办学校选择"非常满意"的比例显著高于民办的选择比例。

任教学校办学性质关于课堂教学实施能力呈现 0.01 显著性（chi = 53.599，$p = 0.000 < 0.01$），混合式教学手段呈现 0.01 显著性（chi = 20.266，$p = 0.000 < 0.01$），科学研究能力呈现 0.01 显著性（chi = 33.488，$p = 0.000 < 0.01$），科学实验能力呈现 0.01 显著性（chi = 32.814，$p = 0.000 < 0.01$），数据分析能力呈现 0.01 显著性（chi = 22.824，$p = 0.000 < 0.01$），打造学习共同体呈现 0.01 显著性（chi = 27.912，$p = 0.000 < 0.01$），培养学生社会实践能力呈现 0.01 显著性（chi = 17.598，$p = 0.001 < 0.01$），传播数学文化能力呈现 0.01 显著性（chi = 39.183，$p = 0.000 < 0.01$），教育机智呈现 0.01 显著性（chi = 37.148，$p = 0.000 < 0.01$），实践反思能力呈现 0.01 显著性（chi = 27.943，$p = 0.000 < 0.01$），逻辑推理能力呈现 0.01 显著性（chi = 48.776，$p = 0.000 < 0.01$），公办选择"非常满意"的比例显著高于民办的选择比例。

任教学校办学性质关于模型建构与建模教学能力呈现 0.01 显著性（chi = 28.860，$p = 0.000 < 0.01$），民办学校选择"一般"的比例 34.69%，显著高于公办的选择比例 26.41%。公办选择"满意"的比例 43.61%，显著高于民办学校的选择比例 36.73%。

任教学校办学性质关于追踪和掌握高新技术能力呈现 0.01 显著性（chi = 19.583，$p = 0.001 < 0.01$），沟通与协作能力呈现 0.01 显著性（chi = 50.962，$p = 0.000 < 0.01$），民办学校选择"一般"的比例 36.73%，显

著高于公办学校的选择比例30.72%。

4. 不同教龄数学教师关键能力的方差分析

表6-13   数学教师关键能力不同教龄方差分析结果

	教龄（平均值±标准差）					F	P
	3年及以下 （$n=305$）	4~5年 （$n=205$）	6~10年 （$n=294$）	11~20年 （$n=317$）	20年以上 （$n=666$）		
个体特质	3.50 ± 0.95	3.75 ± 0.50	3.00 ± 0.00	3.33 ± 1.32	3.78 ± 0.67	0.462	0.763
育德能力	4.15 ± 0.92	4.50 ± 0.58	4.50 ± 0.71	4.67 ± 0.50	4.67 ± 0.50	1.212	0.319
数学学科本体性 知识	4.04 ± 0.92	4.25 ± 0.50	4.50 ± 0.71	4.56 ± 0.73	4.67 ± 0.50	1.443	0.236
教学实践技能	3.69 ± 0.88	4.25 ± 0.50	4.50 ± 0.71	4.44 ± 0.88	4.67 ± 0.50	3.362	0.017*
跨学科与信息化 应用能力	3.31 ± 0.79	4.00 ± 0.00	2.50 ± 0.71	3.89 ± 1.17	4.11 ± 0.93	2.782	0.038*
社会性能力	3.73 ± 0.92	4.00 ± 0.00	3.50 ± 0.71	4.00 ± 0.71	4.22 ± 0.67	0.813	0.523
创新与创造力	3.77 ± 0.91	4.00 ± 0.00	3.00 ± 0.00	4.11 ± 1.05	4.44 ± 0.88	1.604	0.190

注：$*p<0.05$；$**p<0.01$。

由表6-13可知，不同教龄样本关于个体特质、育德能力、数学学科本体性知识、社会性能力、创新与创造力共五大关键能力维度不会表现出显著性（$p>0.05$），说明不同教龄样本关于个体特质、育德能力、数学学科本体性知识、社会性能力、创新与创造力全部均呈现一致性。在数学教师群体中，不同教龄特征关于其余两大关键能力维度存在显著性差异，不同教龄样本关于两大关键能力维度有着显著性差异性。

教龄特征关于数学教师关键能力中的"教学实践技能"存在0.05显著性差异（F=3.362，$p=0.017$），具体分析可知，存在明显差异的平均值结果表现为"11~20年>3年及以下，20年以上>3年及以下"。不同教龄特征关于数学教师关键能力中的"跨学科及信息化应用能力"存在 0.05 显著性差异（$F = 2.782$，$p = 0.038$），具体分析可知，存在明显差异的平均值结果表现为"20 年以上 > 3 年及以下，11 ~ 20 年 > 6 ~ 10 年，20 年以上 > 6 ~ 10 年"。

在各个指标上利用卡方检验（交叉分析）分析可知：不同教龄样本关于科学研究能力、科学实验能力、数据分析能力、追踪和掌握高新技术能力、打造学习共同体、培养学生社会实践能力、传播数学文化能力、跨文化与国际意识、公民责任与社会参与、教育机智、实践反思能力、批判性思维与教学共 12 项关键能力没有显著性差异（$p > 0.05$），说明数学教师群体中不同的教龄特征关于这 12 项关键能力均存在一致性。教龄特征关于关键能力指标终身学习能力、自我认知与调控能力、职业规划与幸福生活能力等 26 项关键能力呈现出显著性（$p < 0.05$），说明不同教龄样本关于这 26 项关键能力均呈现出差异性。

教龄关于终身学习能力呈现 0.01 显著性（chi = 36.765，$p = 0.002 < 0.01$），4 ~ 5 年选择"一般"的比例 33.66%，会明显高于平均值 26.47%。11 ~ 20 年选择"一般"的比例 31.55%，会显著高于平均值 26.47%。20 年以上选择"非常满意"的比例 43.99%，会明显高于平均值 38.00%。

教龄关于自我认知与调控能力呈现 0.01 显著性（chi = 40.104，$p = 0.001 < 0.01$），20 年以上选择"非常满意"的比例 39.04%，会显著高于平均值。

教龄关于身体和心理的健康素养呈现 0.01 显著性（chi = 64.088，$p = 0.000 < 0.01$），能够定期对学生进行心理辅导呈现出 0.01 水平显著性（chi = 34.892，$p = 0.004 < 0.01$），11 ~ 20 年选择"一般"的比例明显高于平均值。4 ~ 5 年选择"一般"的比例显著高于平均值。3 年及以下选择"满意"的比例明显高于平均值。

教龄关于能够尊重与包容学生呈现 0.05 显著性（chi = 31.323，$p = 0.012 < 0.05$），数学智慧课堂设计能力呈现 0.01 显著性（chi = 36.398，$p = 0.003 < 0.01$），4 ~ 5 年选择"满意"的比例显著高于平均值。

教龄关于责任心呈现 0.01 显著性（chi = 41.332，$p = 0.000 < 0.01$），关爱学生具有奉献精神呈现 0.01 水平显著性（chi = 50.329，$p = 0.000 < 0.01$），能够熟练掌握数学学科内容知识呈现 0.01 显著性（chi = 108.362，

$p = 0.000 < 0.01$），课堂教学实施能力呈现 0.01 显著性（chi = 83.999，$p = 0.000 < 0.01$），能够熟练掌握学生学习认知知识呈现 0.01 显著性（chi = 94.820，$p = 0.000 < 0.01$），4～5 年选择"满意"的比例明显高于平均值。20 年以上选择"非常满意"的比例显著高于平均值。

教龄关于职业规划与幸福生活能力呈现 0.01 显著性（chi = 50.623，$p = 0.000 < 0.01$），家庭教育指导能力呈现 0.01 显著性（chi = 44.654，$p = 0.000 < 0.01$），能够掌握跨学科综合知识呈现 0.05 显著性（chi = 26.718，$p = 0.045 < 0.05$），混合式教学手段呈现 0.01 显著性（chi = 36.392，$p = 0.003 < 0.01$），线上教育教学资源开发能力呈现 0.05 显著性（chi = 28.999，$p = 0.024 < 0.05$），模型建构与建模教学能力呈现 0.01 显著性（chi = 40.668，$p = 0.001 < 0.01$），数学与生活整合能力呈现 0.05 显著性（chi = 26.914，$p = 0.042 < 0.05$），逻辑推理能力呈现 0.05 显著性（chi = 27.877，$p = 0.033 < 0.05$），质疑式思维与教学呈现 0.05 显著性（chi = 26.724，$p = 0.045 < 0.05$），4～5 年选择"一般"的比例明显高于平均值。

教龄关于学生发展的评价能力呈现 0.01 显著性（chi = 44.331，$p = 0.000 < 0.01$），作业与考试命题设计能力呈现 0.01 显著性（chi = 68.052，$p = 0.000 < 0.01$），班级领导力呈现 0.01 显著性（chi = 52.978，$p = 0.000 < 0.01$），激发学习数学兴趣能力呈现 0.01 显著性（chi = 48.666，$p = 0.000 < 0.01$），3 年及以下选择"一般"的比例显著高于平均值。4～5 年选择"满意"的比例明显高于平均值。20 年以上选"非常满意"的比例显著高于平均值。

5. 不同最高学历数学教师关键能力的方差分析

表 6-14　　数学教师关键能力不同最高学历方差分析结果

	最高学历（平均值 ± 标准差）				F	P
	高中（$n=71$）	大专（$n=107$）	本科（$n=715$）	硕士研究生（$n=894$）		
个体特质	3.00 ± 2.83	4.00 ± 0.00	3.35 ± 0.88	3.64 ± 0.86	0.825	0.487
育德能力	3.00 ± 2.83	5.00 ± 0.00	4.45 ± 0.51	4.36 ± 0.70	3.146	0.034*

	最高学历（平均值±标准差）				*F*	*P*
	高中 （*n* = 71）	大专 （*n* = 107）	本科 （*n* = 715）	硕士研究生 （*n* = 894）		
数学学科本体性知识	3.00 ± 2.83	4.67 ± 0.58	4.30 ± 0.57	4.32 ± 0.75	2.044	0.121
教学实践技能	3.00 ± 2.83	5.00 ± 0.00	4.15 ± 0.67	4.00 ± 0.82	2.417	0.078
跨学科与信息化应用能力	3.00 ± 2.83	4.33 ± 0.58	3.65 ± 0.88	3.48 ± 0.82	1.058	0.376
社会性能力	3.00 ± 2.83	4.33 ± 0.58	3.90 ± 0.64	3.88 ± 0.73	1.145	0.341
创新与创造力	3.00 ± 2.83	4.33 ± 0.58	4.10 ± 0.79	3.84 ± 0.85	1.213	0.316

注：$*p < 0.05$；$**p < 0.01$。

由表 6 - 14 可知，不同最高学历样本关于个体特质、数学学科本体性知识、教学实践技能、跨学科与信息化应用能力、社会性能力、创新与创造力六大维度没有显著性差异，说明在数学教师关键能力群体中，不同的最高学历特征关于这六大关键能力维度均呈现出一致性。不同最高学历特征关于育德能力呈现出显著性（$p < 0.05$），说明不同最高学历样本关于育德能力有着差异性。不同最高学历特征关于育德能力存在 0.05 显著性差异（$F = 3.146$，$p = 0.034$），具体分析，差异性比较显著的组别平均值对比结果具体是："大专 > 高中；本科 > 高中；硕士研究生 > 高中"。

在各个指标上利用卡方检验（交叉分析）分析可知：不同最高学历样本关于身体和心理的健康素养、跨文化与国际意识两项不会表现出显著性（$p > 0.05$），说明不同最高学历样本关于身体和心理的健康素养、跨文化与国际意识两项存在一致性。不同最高学历特征对其关键能力指标中终身学习能力、自我认知与调控能力、职业规划与幸福生活能力、责任心、关爱学生具有奉献精神、能够尊重与包容学生等 36 项呈关键能力现出显著性（$p < 0.05$），说明不同您的最高学历样本对这 36 项关键能力均呈现出差异性。

最高学历关于终身学习能力呈现 0.01 显著性（chi = 36.500，p = 0.002 < 0.01），自我认知与调控能力呈现 0.01 显著性（chi = 74.572，

$p = 0.000 < 0.01$），能够定期对学生进行心理辅导呈现 0.01 显著性（chi = 54.184，$p = 0.000 < 0.01$），硕士研究生选择"一般"的比例显著高于平均值；高中选择"非常满意"的比例显著高于平均值。

最高学历关于职业规划与幸福生活能力呈现 0.05 显著性（chi = 31.316，$p = 0.012 < 0.05$），责任心呈现 0.01 显著性（chi = 145.449，$p = 0.000 < 0.01$），关爱学生具有奉献精神呈现 0.01 显著性（chi = 156.458，$p = 0.000 < 0.01$），能够尊重与包容学生呈现 0.01 显著性（chi = 139.070，$p = 0.000 < 0.01$），高中选择"非常满意"的比例显著高于平均值；大专选择"满意"的比例显著高于平均值。

最高学历关于能够熟练掌握学生学习认知知识呈现 0.01 显著性（chi = 142.102，$p = 0.000 < 0.01$），能够熟练掌握数学学科内容知识呈现 0.01 显著性（chi = 161.067，$p = 0.000 < 0.01$），能够熟练掌握数学课程知识呈现 0.01 显著性（chi = 89.924，$p = 0.000 < 0.01$），科学研究能力现 0.01 显著性（chi = 49.148，$p = 0.000 < 0.01$），高中选择"非常满意"的比例显著高于平均值；大专选择"满意"的比例显著高于平均值。

最高学历关于数学智慧课堂设计能力呈现 0.01 显著性（chi = 78.776，$p = 0.000 < 0.01$），家庭教育指导能力呈现 0.01 水平显著性（chi = 59.011，$p = 0.000 < 0.01$），课堂教学实施能力呈现 0.01 显著性（chi = 156.761，$p = 0.000 < 0.01$），学生发展的评价能力呈现 0.01 显著性（chi = 159.948，$p = 0.000 < 0.01$），作业与考试命题设计能力呈现 0.01 水平显著性（chi = 126.381，$p = 0.000 < 0.01$），数据分析能力呈现 0.01 显著性（chi = 58.190，$p = 0.000 < 0.01$），混合式教学手段呈现 0.01 水平显著性（chi = 71.388，$p = 0.000 < 0.01$），硕士研究生选择"一般"的比例显著高于平均值。

最高学历关于能够掌握跨学科综合知识呈现 0.01 显著性（chi = 58.604，$p = 0.000 < 0.01$），科学实验能力呈现 0.01 显著性（chi = 49.452，$p = 0.000 < 0.01$），线上教育教学资源开发能力呈现 0.01 显著性（chi = 107.035，$p = 0.000 < 0.01$），硕士研究生选择"一般"的比例显著高于平均值；具有高中学历的数学教师选择"非常满意"的比例显著高于平均值；具有大专学历的数学教师选择"满意"的比例显著高于平均值。

最高学历关于模型建构与建模教学能力呈现 0.01 显著性（chi =

91.078，*p* = 0.000 < 0.01)，传播数学文化能力呈现 0.01 显著性（chi = 103.057，p = 0.000 < 0.01)，硕士研究生选择"一般"的比例显著高于平均值；高中选择"满意"的比例显著高于平均值。

最高学历关于打造学习共同体呈现 0.01 显著性（chi = 97.497，*p* = 0.000 < 0.01)，数学与生活整合能力呈现 0.01 显著性（chi = 143.928，*p* = 0.000 < 0.01)，沟通与协作能力呈现 0.01 显著性（chi = 142.758，*p* = 0.000 < 0.01)，公民责任与社会参与呈现 0.01 显著性（chi = 143.261，*p* = 0.000 < 0.01)，激发学习数学兴趣能力呈现 0.01 显著性（chi = 154.360，*p* = 0.000 < 0.01)，大专选择"一般"的比例显著高于平均值；硕士研究生选择"一般"的比例显著高于平均值。而高中学历的数学教师选择"非常满意"的比例显著高于平均值。

最高学历关于追踪和掌握高新技术能力呈现 0.01 显著性（chi = 59.627，*p* = 0.000 < 0.01)，培养学生社会实践能力呈现 0.01 显著性（chi = 66.880，*p* = 0.000 < 0.01)，班级领导力呈现 0.01 显著性（chi = 148.806，*p* = 0.000 < 0.01)，教育机智呈现 0.01 显著性（chi = 117.476，*p* = 0.000 < 0.01)，实践反思能力呈现 0.01 显著性（chi = 86.397，*p* = 0.000 < 0.01)，硕士研究生选择"一般"的比例显著高于平均值；高中"一般"的比例显著高于平均值。

最高学历关于逻辑推理能力呈现 0.01 显著性（chi = 152.022，*p* = 0.000 < 0.01)，批判性思维与教学呈现 0.01 显著性（chi = 102.676，*p* = 0.000 < 0.01)，质疑式思维与教学呈现 0.01 显著性（chi = 134.321，*p* = 0.000 < 0.01)，高中选择"一般"的比例显著高于平均值。

6. 不同专业技术职称数学教师关键能力的方差分析

表 6 – 15　　数学教师关键能力不同专业技术职称方差分析结果

	专业技术职称（平均值 ± 标准差）					*F*	*P*
	未定级 (*n* = 212)	初级 (*n* = 775)	中级 (*n* = 664)	副高级 (*n* = 133)	正高级 (*n* = 3)		
个体特质	3.35 ± 0.93	3.67 ± 1.22	3.36 ± 0.81	3.75 ± 0.71	4.50 ± 0.71	0.974	0.431

续表

	专业技术职称（平均值±标准差）					F	P
	未定级 （$n=212$）	初级 （$n=775$）	中级 （$n=664$）	副高级 （$n=133$）	正高级 （$n=3$）		
育德能力	4.05 ± 1.00	4.56 ± 0.53	4.45 ± 0.52	4.75 ± 0.46	5.00 ± 0.00	1.940	0.120
数学学科本体性 知识	3.90 ± 0.97	4.56 ± 0.53	4.36 ± 0.67	4.63 ± 0.52	5.00 ± 0.00	2.398	0.064
教学实践技能	3.60 ± 0.94	4.00 ± 0.71	4.36 ± 0.67	4.75 ± 0.46	5.00 ± 0.00	4.540	0.004 **
跨学科与信息化 应用能力	3.20 ± 0.83	3.67 ± 0.71	3.64 ± 1.03	4.13 ± 0.99	4.50 ± 0.71	2.261	0.077
社会性能力	3.70 ± 0.98	3.78 ± 0.67	3.91 ± 0.54	4.25 ± 0.71	4.50 ± 0.71	1.026	0.404
创新与创造力	3.70 ± 0.98	4.00 ± 0.71	3.91 ± 0.94	4.25 ± 0.89	5.00 ± 0.00	1.294	0.287

注：$*p<0.05$；$**p<0.01$。

由表 6-15 可知，不同专业技术职称样本关于个体特质、育德能力、数学学科本体性知识、跨学科及信息化应用能力、社会性能力、创新与创造力等主大关键能力维度不存在显著性，即在数学教师群体中，不同的专业技术职称特征关于六大关键能力维度均一致性。不同的数学教师专业技术职称特征关于教学实践技能呈现出显著性（$p<0.05$），说明不同专业技术职称样本关于教学实践技能存在差异性。专业技术职称关于教学实践技能存在 0.01 水平显著性差异（$F=4.540$，$p=0.004$），存在显著差异的均值分值："中级＞未定级；副高级＞未定级；正高级＞未定级"。

不同专业技术职称样本关于能够尊重与包容学生、能够定期对学生进行心理辅导、能够掌握跨学科综合知识、数学智慧课堂设计能力、科学实验能力、数据分析能力、混合式教学手段、线上教育教学资源开发能力、模型建构与建模教学能力、追踪和掌握高新技术能力、沟通与协作能力、打造学习共同体、培养学生社会实践能力、数学与生活整合能力、传播数学文化能力、跨文化与国际意识、公民责任与社会参与、教育机智、实践反思能力、逻辑推理能力、批判性思维与教学、质疑式思维与教学共 22 项数学教师关键能力没有显著性差异（$p > 0.05$），说明职称对于这 22 项数学教师关键能力存在一致性。职称对于终身学习能力等 16 项关键能力呈现出显著性（$p < 0.05$），说明不同专业技术职称样本关于这 16 项关键能力均呈现出差异性。

专业技术职称关于终身学习能力呈现 0.01 水平显著性（chi = 36.657，$p = 0.002 < 0.01$），自我认知与调控能力呈现 0.01 水平显著性（chi = 44.118，$p = 0.000 < 0.01$），职业规划与幸福生活能力呈现 0.01 显著性（chi = 64.912，$p = 0.000 < 0.01$），身体和心理的健康素养呈现 0.01 显著性（chi = 50.668，$p = 0.000 < 0.01$），责任心呈现 0.05 显著性（chi = 29.897，$p = 0.019 < 0.05$），具有奉献精神呈现 0.01 显著性（chi = 32.586，$p = 0.008 < 0.01$），专业技术职称关于能够熟练掌握数学学科内容知识呈现 0.01 显著性（chi = 73.082，$p = 0.000 < 0.01$），能够熟练掌握学生学习认知知识呈现 0.01 显著性（chi = 69.579，$p = 0.000 < 0.01$），课堂教学实施能力呈现 0.01 显著性（chi = 65.632，$p = 0.000 < 0.01$），学生发展的评价能力呈现 0.05 显著性（chi = 27.986，$p = 0.032 < 0.05$），作业与考试命题设计能力呈现 0.01 显著性（chi = 39.106，$p = 0.001 < 0.01$），家庭教育指导能力呈现 0.01 显著性（chi = 33.171，$p = 0.007 < 0.01$），科学研究能力呈现 0.05 显著性（chi = 26.856，$p = 0.043 < 0.05$），班级领导力呈现 0.01 显著性（chi = 37.793，$p = 0.002 < 0.01$），激发学习数学兴趣能力呈现 0.05 显著性（chi = 31.004，$p = 0.013 < 0.05$），正高级选择"非常满意"的比例显著高于平均值；副高级选择"非常满意"的比例显著高于平均值。其中具有奉献精神未定级选择"满意"的比例 35.38%，会显著高于平均值 29.77%。初级教师在能够熟练掌握数学学科内容知识、学生学习认知知识及数学课程知识选择"满意"的比例 44.90%，会显著高于平均值。未定级的教师在班级领导力选择"一般"的比例 19.34%，显著高于平均值。

7. 不同任教身份数学教师关键能力的方差分析

表 6-16　　　　数学教师关键能力不同身份方差分析结果

	目前的任教身份（平均值 ± 标准差）				F	P
	实习教师（$n=22$）	代课教师（$n=41$）	合同教师（$n=218$）	在编教师（$n=1506$）		
终身学习能力	3.75 ± 0.75	3.33 ± 0.58	3.50 ± 1.20	3.44 ± 0.97	0.331	0.803
责任心	4.33 ± 0.78	4.33 ± 1.15	4.00 ± 1.31	4.52 ± 0.51	0.932	0.433
能够熟练掌握数学学科内容知识	4.08 ± 0.79	4.00 ± 1.00	4.00 ± 1.31	4.48 ± 0.58	1.253	0.302
课堂教学实施能力	3.67 ± 0.78	3.67 ± 0.58	3.88 ± 1.25	4.37 ± 0.74	2.441	0.076
混合式教学手段	3.25 ± 0.62	3.33 ± 0.58	3.63 ± 1.19	3.74 ± 0.98	0.845	0.476
沟通与协作能力	3.83 ± 0.72	4.00 ± 1.00	3.75 ± 1.28	3.93 ± 0.68	0.129	0.942
激发学习数学兴趣能力	3.75 ± 0.75	4.00 ± 1.00	3.63 ± 1.19	4.11 ± 0.89	0.802	0.499

注：$*p<0.05$；$**p<0.01$。

由表 6-16 可知，不同任教身份样本关于数学教师关键能力维度全部均不会表现出显著性（$p>0.05$），说明不同任教身份样本关于数学教师关键能力维度均表现出一致性，并没有差异性。

不同任教身份样本关于终身学习能力、自我认知与调控能力、职业规划与幸福生活能力、身体和心理的健康素养、责任心、能够尊重与包容学生、能够熟练掌握数学学科内容知识、能够熟练掌握学生学习认知知识、能够熟练掌握数学课程知识、能够掌握跨学科综合知识、数学智慧课堂设计能力、家庭教育指导能力、科学研究能力、科学实验能力、数据分析能力、混合式教学手段、线上教育教学资源开发能力、追踪和掌握高新技术能力、沟通与协作能力、打造学习共同体、数学与生活整合能力、传播数学文化能力、跨文化与国际意识、公民责任与社会参与、激发学习数学兴趣能力、实践反思能力、逻辑推理能力、批判性思维与教学、质疑式思维与教学共29项没有显著性差异（$p > 0.05$），表明教师身份对于这29项数学教师关键能力存在一致性。教师身份对于关爱学生具有奉献精神，能够定期对学生进行心理辅导等共9项关键能力呈现出显著性（$p < 0.05$），说明不同任教身份样本关于这9项关键能力均呈现出差异性。

8. 不同月工资水平数学教师关键能力的方差分析

表 6 - 17　　　　数学教师关键能力不同月工资水平方差分析结果

	月工资水平（平均值±标准差）				F	P
	3000 元及以下（$n = 103$）	3001 ~ 4000 元（$n = 403$）	4001 ~ 5000 元（$n = 542$）	5000 元以上（$n = 739$）		
个体特质	3.45 ± 1.13	3.27 ± 0.79	3.20 ± 1.03	3.89 ± 0.76	1.679	0.185
育德能力	4.09 ± 1.22	4.09 ± 0.70	4.50 ± 0.53	4.67 ± 0.49	2.017	0.125
数学学科本体性知识	3.91 ± 1.22	4.00 ± 0.63	4.40 ± 0.70	4.61 ± 0.50	2.497	0.071
教学实践技能	3.36 ± 1.03	3.82 ± 0.75	4.10 ± 0.74	4.67 ± 0.49	7.702	0.000 **
跨学科与信息化应用能力	2.91 ± 0.83	3.55 ± 0.69	3.20 ± 0.92	4.22 ± 0.73	7.482	0.000 **
社会性能力	3.64 ± 1.12	3.73 ± 0.79	3.80 ± 0.63	4.17 ± 0.62	1.305	0.284
创新与创造力	3.73 ± 1.19	3.73 ± 0.65	3.90 ± 0.74	4.22 ± 0.94	0.977	0.412

注：$* p < 0.05$；$** p < 0.01$。

由表 6 - 17 可知，不同月工资水平样本关于个体特质、育德能力、数学学科本体性知识、社会性能力、创新与创造力共五大关键能力维度没有显著性差异（$p > 0.05$），说明不同月工资水平样本关于这五大关键能力维度均呈现一致性。月工资水平关于教学实践技能、跨学科与信息化应用能力两大关键能力维度存在显著性差异（$p < 0.05$），说明不同月工资水平样本关于这两大关键能力维度存在差异性。

月工资水平关于教学实践技能存在 0.01 水平的显著性差异（$F = 7.702$，$p = 0.000$），差异显著的均值："4001～5000 元 > 3000 元及以下；5000 元以上 > 3000 元及以下；5000 元以上 > 3001～4000 元"。月工资水平关于跨学科与信息化应用能力显著（$F = 7.482$，$p = 0.000$），差别较为显著的结果为"5000 元以上 > 3000 元及以下；5000 元以上 > 3001～4000 元；5000 元以上 > 4001～5000 元"。

不同月工资水平样本关于能够定期对学生进行心理辅导、能够掌握跨学科综合知识、科学研究能力、科学实验能力、数据分析能力、混合式教学手段、线上教育教学资源开发能力、追踪和掌握高新技术能力、打造学习共同体、培养学生社会实践能力、传播数学文化能力、跨文化与国际意识、教育机智、实践反思能力、批判性思维与教学、质疑式思维与教学共16 项关键能力没有显著性（$p > 0.05$），说明不同月工资水平样本关于这16 项数学教师关键能力均一致性。月工资水平对于终身学习能力、自我认知与调控能力、职业规划与幸福生活能力、身体和心理的健康素养、责任心等共22 项关键能力存在显著性（$p < 0.05$），说明不同月工资水平样本关于这22 项关键能力均存在差异性。

月工资水平关于终身学习能力呈现 0.01 水平显著性（chi $= 46.474$，$p = 0.000 < 0.01$），自我认知与调控能力呈现 0.01 水平显著性（chi $= 47.955$，$p = 0.000 < 0.01$），职业规划与幸福生活能力呈现 0.01 水平显著性（chi $= 58.790$，$p = 0.000 < 0.01$），身体和心理的健康素养呈现 0.01 水平显著性（chi $= 52.886$，$p = 0.000 < 0.01$），4001～5000 元选择"一般"的比例显著高于平均值；3000 元及以下选择"非常满意"的比例显著高于平均值。5000 元以上选择"非常满意"的比例显著高于平均值。

月工资水平关于责任心呈现 0.01 水平显著性（chi $= 33.860$，$p = 0.001 < 0.01$），关爱学生具有奉献精神呈现 0.01 水平显著性（chi $= 32.711$，$p = 0.001 < 0.01$），能够尊重与包容学生呈现 0.01 水平显著性（chi $= 29.917$，$p = 0.003 < 0.01$），能够熟练掌握数学学科内容知识呈现 0.01 显著性（chi $= 75.261$，$p = 0.000 < 0.01$），关于能够熟练掌握学生学

习认知知识呈现 0.01 显著性（chi = 62.095，$p = 0.000 < 0.01$），能够熟练掌握数学课程知识呈现 0.01 显著性（chi = 58.792，$p = 0.000 < 0.01$），课堂教学实施能力呈现 0.01 显著性（chi = 56.341，$p = 0.000 < 0.01$），学生发展的评价能力呈现 0.01 显著性（chi = 31.110，$p = 0.002 < 0.01$），作业与考试命题设计能力呈现 0.01 显著性（chi = 48.352，$p = 0.000 < 0.01$），关于激发学习数学兴趣能力呈现 0.01 显著性（chi = 34.992，$p = 0.000 < 0.01$），3001～4000 元选择"满意"的比例显著高于平均值；5000 元以上选择"非常满意"的比例显著高于平均值。其中能够熟练掌握数学学科内容知识、数学课程知识4001～5000 元选择"满意"的比例45.39%，显著高于平均值39.45%。其中关于责任心、关爱学生具有奉献精神以及能够尊重与包容学生，月工资水平3000 元及以下选择"满意"的比例35.92%，显著高于平均值29.49%。

月工资水平关于模型建构与建模教学能力呈现 0.05 显著性（chi = 23.490，$p = 0.024 < 0.05$），沟通与协作能力呈现 0.05 显著性（chi = 24.623，$p = 0.017 < 0.05$），数学与生活整合能力呈现 0.05 显著性（chi = 24.971，$p = 0.015 < 0.05$），班级领导力呈现 0.01 显著性（chi = 31.041，$p = 0.002 < 0.01$），公民责任与社会参与呈现 0.05 显著性（chi = 22.088，$p = 0.037 < 0.05$），3000 元及以下选择"非常满意"的比例显著高于平均水平。

9. 不同校际交流次数数学教师关键能力的方差分析

表 6-18　　数学教师关键能力不同校际交流次数方差分析结果

	校际交流次数（平均值 ± 标准差）				F	P
	0 次 (n=544)	1 次 (n=349)	2 次 (n=184)	3 次及以上 (n=710)		
个体特质	3.59 ± 0.96	3.43 ± 0.98	3.33 ± 1.03	3.53 ± 0.92	0.139	0.936
育德能力	4.09 ± 0.97	4.29 ± 0.49	4.67 ± 0.52	4.73 ± 0.46	2.564	0.066
数学学科本体性知识	4.05 ± 1.00	4.29 ± 0.76	4.33 ± 0.52	4.60 ± 0.51	1.445	0.242

续表

	校际交流次数（平均值±标准差）				F	P
	0 次 （$n=544$）	1 次 （$n=349$）	2 次 （$n=184$）	3 次及以上 （$n=710$）		
教学实践技能	3.73 ± 0.98	4.14 ± 0.69	4.00 ± 0.63	4.60 ± 0.63	3.412	0.025 *
跨学科与信息化应用能力	3.36 ± 0.90	3.43 ± 1.13	3.67 ± 1.03	3.93 ± 0.80	1.220	0.313
社会性能力	3.77 ± 0.92	4.00 ± 0.58	3.67 ± 0.82	4.07 ± 0.70	0.585	0.628
创新与创造力	3.68 ± 0.99	3.71 ± 0.76	4.00 ± 0.89	4.40 ± 0.74	2.149	0.107

注：$*p<0.05$；$**p<0.01$。

由表 6 - 18 可以看出，不同参加校际交流次数样本对个体特质、育德能力、数学学科本体性知识、跨学科与信息化应用能力、社会性能力创新与创造力共六大关键能力维度没有显著性差异（$p>0.05$），说明不同参加的校际交流次数样本关于这六大关键能力维度存在一致性。参加的校际交流次数对于教学实践技能呈现显著性（$p<0.05$），说明不同参加的校际交流次数样本关于教学实践能力存在差异性。

参加校际交流次数关于教学实践技能显著性为 0.05（$F=3.412$，$p=0.025$），差别较为显著的结果为"3 次及以上 >0 次"。不同校际交流次数样本关于能够尊重与包容学生、跨文化与国际意识共两项没有显著性（$p>0.05$），说明不同校际交流次数关于这两项关键能力均一致。关于终身学习能力、自我认知与调控能力等共 36 项关键能力呈现显著性（$p<0.05$），说明不同校际交流次数样本关于这 36 项关键能力均呈现显著性差异。参加过 0 次选择"一般"与的 2 次选择"满意"的比例均显著高于平均值；参加过 3 次及以上选择"非常满意"的比例显著高于平均值。

（五）数学教师关键能力与个体特征变量的相关性分析

前文对数学教师关键能力整体现状的差异情况分别作了单因素方差分析和卡方（交叉）分析，本节试图考察在不同性别、学校所在地域、学校办学性质、教龄、最高学历、专业技术职称、目前任教身份、月工资水平及参加校际交流次数等个体特征变量与数学教师关键能力七大项目之间的关系情况，利用 Pearson 相关性分析方法，研究个体特征变量和个体特质间的关系以及探究关系的密切程度。

1. 数学教师关键能力"个体特质"与个体特征变量之间的相关关系

表6-19　　数学教师关键能力"个体特质"与个体特征变量的
Pearson 相关

		性别	地域	办学性质	教龄	最高学历	专业技术职称	任教身份	月工资水平	参加的校际交流次数
个体特质	终身学习能力	-0.038	-0.004	-0.017	0.033	-0.045	0.076**	-0.014	0.058*	0.144**
	自我认知与调控能力	-0.082**	-0.003	-0.065**	0.108**	-0.050*	0.104**	0.031	0.089**	0.113**
	职业规划与幸福生活能力	-0.029	-0.033	-0.023	0.056*	-0.050*	0.087**	-0.012	0.080**	0.112**
	身体和心理的健康素养	-0.049*	-0.021	-0.019	-0.025	-0.047*	0.022	-0.047*	0.000	0.071**

注：$*p<0.05$；$**p<0.01$。

具体分析可知：

性别与自我认知与调控能力、身体和心理的健康素养这两项关键能力存在显著性，相关系数值分别是 -0.082，-0.049，均小于0，说明性别与自我认知与调控能力、身体和心理的健康素养这两项关键能力之间有着负相关关系。同时性别与终身学习能力、职业规划与幸福生活这两项能力没有显著性，说明性别与终身学习能力、职业规划与幸福生活能力这两项关键能力之间并没有相关关系。

任教学校所在地域与个体特质之间均不会呈现显著性，相关系数值分别是 -0.004，-0.003，-0.033，-0.021，均接近于0，并且 p 值全部均大于0.05，说明任教学校所在地域与个体特质没有相关关系。

任教学校办学性质与自我认知与调控能力呈现显著性，相关系数值分

别是 - 0.065，均小于 0，说明任教学校办学性质与自我认知与调控能力有着负相关关系。同时任教学校办学性质与终身学习能力、职业规划与幸福生活能力、身体和心理的健康素养这三项关键能力并不会呈现出显著性，相关系数值接近于 0，说明任教学校办学性质与这三项关键能力不相关。

教龄与自我认知与调控能力，职业规划与幸福生活呈现显著性，相关系数值分别为 0.108，0.056，均大于 0，说明教龄与自我认知与调控能力、职业规划与幸福生活能力这两项关键能力有着正相关关系。同时教龄与终身学习能力、身体和心理的健康素养这两项关键能力并不会呈现出显著性，相关系数值接近于 0，说明教龄与这两项关键能力并没有相关关系。

最高学历与自我认知与调控能力、职业规划与幸福生活能力、身体和心理的健康素养这三项关键能力均呈现出显著性，相关系数值分别是 - 0.050，- 0.050，- 0.047，均小于 0，说明最高学历与这三项关键能力之间有着负相关关系。同时最高学历与终身学习能力不会呈现出显著性，相关系数值接近于 0，说明最高学历与终身学习能力之间并没有相关关系。

专业技术职称与终身学习能力，自我认知与调控能力，职业规划与幸福生活这三项呈现显著性，相关系数值分别为 0.076，0.104，0.087，均大于 0，说明专业技术职称与这三项关键能力之间有着正相关关系。同时专业技术职称与身体和心理的健康素养之间并不会呈现出显著性，相关系数值接近于 0，说明专业技术职称与身体和心理的健康素养之间并没有相关关系。

任教身份与身体和心理的健康素养之间呈现显著性，相关系数值是 - 0.047，小于 0，说明任教身份与身体和心理的健康素养有负相关关系。同时任教身份与终身学习能力、自我认知与调控能力、职业规划与幸福生活能力这三项关键能力并不会呈现出显著性，相关系数值接近于 0，说明任教身份与这三项关键能力并没有相关关系。

月工资水平与终身学习能力、自我认知与调控能力、职业规划与幸福生活能力这三项关键能力呈现显著性，相关系数值分别是 0.058，0.089，0.080，均大于 0，说明月工资水平与这三项关键能力之间有着正相关关系。同时，月工资水平与身体和心理的健康素养并不会呈现显著性，相关系数值接近于0，说明月工资水平与身体和心理的健康素养之间并没有相关关系。

校际交流次数与个体特质之间全部呈现显著性，相关系数值分别是0.144，0.113，0.112，0.071，并且相关系数值均大于0，说明数学教师参加校际交流次数与个体特质之间有着正相关关系。

2. 数学教师关键能力"育德能力"与个体特征变量之间的相关关系

表6-20　　数学教师关键能力"育德能力"与个体特征变量的
Pearson 相关

		性别	地域	办学性质	教龄	最高学历	专业技术职称	任教身份	月工资水平	校际交流次数
育德能力	责任心	-0.026	-0.042	-0.105 **	0.119 **	-0.006	0.109 **	0.053 *	0.092 **	0.097 **
	关爱学生具有奉献精神	0.009	-0.035	-0.099 **	0.140 **	-0.016	0.116 **	0.095 **	0.109 **	0.094 **
	能够尊重与包容学生	-0.013	-0.039	-0.099 **	0.102 **	0.003	0.084 **	0.054 *	0.068 **	0.072 **
	能够定期对学生进行心理辅导	-0.055 *	-0.023	-0.046	0.058 *	-0.041	0.039	0.047 *	0.018	0.115 **

注：$*p<0.05$；$**p<0.01$。

具体分析可知：

性别与能够定期对学生进行心理辅导呈现显著性，相关系数值是-0.055，小于0，说明教师性别与能够定期对学生进行心理辅导之间有着负相关关系。同时性别与责任心、关爱学生具有奉献精神、能够尊重与包容学生这三项关键能力没有显著性，相关系数值接近0，说明性别与这三项关键能力并不相关。

任教学校所在地域与育德能力之间均不会呈现显著性，相关系数值分别是-0.042，-0.035，-0.039，-0.023，均接近于0，并且

p 值全部均大于 0.05，说明任教学校所在地域与育德能力之间没有相关关系。

任教学校办学性质与责任心、关爱学生具有奉献精神、能够尊重与包容学生这三项关键能力之间呈现显著性，相关系数值分别是 -0.105，-0.099，-0.099，均小于0，说明任教学校办学性质这三项关键能力之间有着负相关关系。同时任教学校办学性质与能够定期对学生进行心理辅导之间并不会呈现出显著性，相关系数值接近于0，说明办学性质与能够定期对学生进行心理辅导并没有相关关系。

教龄与育德能力呈现显著性，相关系数值分别是 0.119，0.140，0.102，0.058，并且相关系数值均大于0，说明数学教师的教龄与育德能力有着正相关关系。

最高学历与育德能力没有显著性，相关系数分别为 -0.006，-0.016，0.003，-0.041，且 p 值 > 0.05，说明最高学历与育德能力之间均没有相关关系。

专业技术职称与责任心、关爱学生具有奉献精神、能够尊重与包容学生这三项关键能力之间呈现显著性，相关系数值分别是 0.109，0.116，0.084，均大于0，说明专业技术职称与这三项关键能力之间有着正相关关系。同时专业技术职称与能够定期对学生进行心理辅导并不会呈现出显著性，相关系数值接近于0，说明专业技术职称与能够定期对学生进行心理辅导之间并没有相关关系。

任教身份与责任心、关爱学生具有奉献精神、能够尊重与包容学生、能够定期对学生进行心理辅导共4项之间全部均呈现显著性，相关系数值分别是 0.053，0.095，0.054，0.047，并且相关系数值均大于0，意味着任教身份与责任心等4项之间有着正相关关系。

月工资水平与责任心、关爱学生具有奉献精神、能够尊重与包容学生这三项关键能力之间均呈现显著性，相关系数值分别是 0.092，0.109，0.068，均大于0，说明月工资水平这三项关键能力之间有着正相关关系。同时月工资水平与能够定期对学生进行心理辅导并不会呈现显著性，相关系数值接近于0，说明月工资水平与能够定期对学生进行心理辅导之间并没有相关关系。

参加的校际交流次数与育德能力之间均呈现显著性，相关系数值分别是 0.097, 0.094, 0.072, 0.115, 并且相关系数值均大于 0, 说明参加校际交流次数与育德能力之间有正相关关系。

3. 数学教师关键能力"数学学科本体性知识"与个体特征变量之间的相关关系

表 6-21　　数学教师关键能力"数学学科本体性知识"与个体特征变量的 Pearson 相关

		性别	地域	办学性质	教龄	最高学历	专业技术职称	任教身份	月工资水平	校际交流次数
数学学科本体性知识	能够熟练掌握数学学科内容知识	-0.068 **	-0.012	-0.088 **	0.196 **	-0.033	0.175 **	0.070 **	0.151 **	0.107 **
	能够熟练掌握学生学习认知知识	-0.059 *	0.001	-0.085 **	0.199 **	-0.016	0.165 **	0.078 **	0.136 **	0.125 **
	能够熟练掌握数学课程知识	-0.058 *	0.012	-0.092 **	0.191 **	-0.019	0.148 **	0.054 *	0.130 **	0.088 **
	能够掌握跨学科综合知识	-0.105 **	-0.003	-0.055 *	0.072 **	-0.010	0.052 *	0.032	0.024	0.066 **

注: $*p < 0.05$; $**p < 0.01$。

具体分析可知:

性别与数学学科本体性知识全部均呈现显著性, 相关系数值分别是 -0.068, -0.059, -0.058, -0.105, 并且相关系数值均小于 0, 说明教师性别与数学学科本体性知识之间有着负相关关系。

任教学校所在地域与数学学科本体性知识没有显著性, 相关系数值分别为 -0.012, 0.001, 0.012, -0.003, 且 $p > 0.05$, 说明任教学校所在地域与数学学科本体性知识之间均没有相关关系。

任教学校办学性质与数学学科本体性知识之间均呈现显著性，相关系数值分别是 -0.088，-0.085，-0.092，-0.055，说明任教学校办学性质与数学学科本体性知识之间有着负相关关系。

教龄与数学学科本体性知识之间均呈现显著性，相关系数值分别是 0.196，0.199，0.191，0.072，并且相关系数值均大于0，说明教龄与数学学科本体性知识之间有着正相关关系。

最高学历与数学学科本体性知识之间均不会呈现显著性，相关系数值分别是 -0.033，-0.016，-0.019，-0.010，且 p 值 >0.05，说明最高学历与数学学科本体性知识之间均没有相关关系。

专业技术职称与数学学科本体性知识呈现显著性，相关系数值分别为 0.175，0.165，0.148，0.052，并且相关系数值均大于0，说明专业技术职称与数学学科本体性知识之间有着正相关关系。

任教身份与能够熟练掌握数学学科内容知识、能够熟练掌握学生学习认知知识、能够熟练掌握数学课程知识这三项关键能力之间均呈现显著性，相关系数值分别是 0.070，0.078，0.054，均大于0，说明任教身份与这三项关键能力之间有着正相关关系。同时任教身份与能够掌握跨学科综合知识之间并不会呈现显著性，相关系数值接近于0，说明任教身份与能够掌握跨学科综合知识之间并没有相关关系。

月工资水平与能够熟练掌握数学学科内容知识、能够熟练掌握学生学习认知知识、能够熟练掌握数学课程知识这三项显著，相关系数值分别为 0.151，0.136，0.130，均大于0，说明月工资水平与这三项关键能力之间有着正相关关系。同时月工资水平与能够掌握跨学科综合知识之间并不会呈现显著性，说明月工资水平与能够掌握跨学科综合知识之间并没有相关关系。

参加的校际交流次数与数学学科本体性知识之间均呈现显著性，相关系数值分别是 0.107，0.125，0.088，0.066，并且相关系数值均大于0，说明数学教师参加的校际交流次数与数学学科本体性知识之间有着正相关关系。

4. 数学教师关键能力"教学实践技能"与个体特征变量之间的相关关系

表6-22　数学教师关键能力"教学实践技能"与个体特征变量的
Pearson 相关

总项	分项	性别	地域	办学性质	教龄	最高学历	专业技术职称	任教身份	月工资水平	校际交流次数
教学实践技能	数学智慧课堂设计能力	-0.074**	-0.010	-0.070**	0.103**	-0.024	0.079**	0.041	0.073**	0.080**
	课堂教学实施能力	-0.052*	-0.034	-0.084**	0.193**	-0.037	0.168**	0.070**	0.136**	0.113**
	学生发展的评价能力	-0.047*	-0.031	-0.081**	0.124**	-0.050*	0.106**	0.079**	0.087**	0.128**
	作业与考试命题设计能力	-0.083**	-0.019	-0.067**	0.165**	-0.025	0.117**	0.055*	0.117**	0.104**
	家庭教育指导能力	-0.041	-0.036	-0.053*	0.099**	-0.000	0.069**	0.044	0.067**	0.100**
	科学研究能力	-0.093**	-0.010	-0.063**	0.069**	-0.021	0.068**	-0.012	0.031	0.099**

注：$*p < 0.05$；$**p < 0.01$。

具体分析可知：

性别与数学智慧课堂设计能力、课堂教学实施能力、学生发展的评价能力、作业与考试命题设计能力、科学研究能力共5项关键能力之间呈现显著性，相关系数值分别是 -0.074，-0.052，-0.047，-0.083，-0.093，均小于0，说明性别与这5项关键能力有着负相关关系。同时性别与家庭教育指导能力之间没有显著性，相关系数值接近于0，说明性别与家庭教育指导能力之间并没有相关关系。

任教学校所在地域与教学实践技能不会呈现显著性，相关系数值分别是 -0.010，-0.034，-0.031，-0.019，-0.036，-0.010，全部接近于 0，并且 p 值均大于 0.05，说明任教学校所在地域与教学实践技能之间均没有相关关系。

任教学校办学性质与教学实践技能均呈现显著性，相关系数值分别是 -0.070，-0.084，-0.081，-0.067，-0.053，-0.063，并且相关系数值均小于 0，说明任教学校办学性质与教学实践技能之间有着负相关关系。

教龄与教学实践技能之间全部呈现显著性，相关系数值分别是 0.103，0.193，0.124，0.165，0.099，0.069，并且相关系数值均大于 0，说明教龄与教学实践技能之间有着正相关关系。

最高学历与学生发展的评价能力呈现显著性，相关系数值分别是 -0.050，全部均小于 0，说明最高学历与学生发展的评价能力之间有着负相关关系。同时，最高学历与数学智慧课堂设计能力、课堂教学实施能力、作业与考试命题设计能力、家庭教育指导能力、科学研究能力这五项关键能力之间并不会呈现出显著性，相关系数值接近于 0，说明最高学历与这 5 项关键能力之间并没有相关关系。

专业技术职称与教学实践技能之间全部呈现显著性，相关系数值分别是 0.079，0.168，0.106，0.117，0.069，0.068，并且相关系数值均大于 0，说明专业技术职称与教学实践技能之间有着正相关关系。

任教身份与课堂教学实施能力、学生发展的评价能力、作业与考试命题设计能力共三项关键能力之间呈现显著性，相关系数值分别是 0.070，0.079，0.055，均大于 0，说明任教身份与这三项关键能力之间有着正相关关系。同时任教身份与数学智慧课堂设计能力，家庭教育指导能力，科学研究能力这三项关键能力之间并不会呈现显著性，相关系数值接近于 0，说明任教身份与这三项关键能力之间并没有相关关系。

月工资水平与数学智慧课堂设计能力、课堂教学实施能力、学生发展的评价能力、作业与考试命题设计能力、家庭教育指导能力共五项关键能力之间全部均呈现显著性，相关系数值分别是 0.073，0.136，0.087，0.117，0.067，均大于 0，说明月工资水平与这五项关键能力之间有着正相关关系。同时月工资水平与科学研究能力并不会呈现显著性，相关系数值接近于 0，说明月工资水平与科学研究能力之间并没有相关关系。

参加的校际交流次数与教学实践技能之间全部均呈现显著性，相关系数值分别是 0.080，0.113，0.128，0.104，0.100，0.099，并且相关系数值均大于 0，说明校际交流次数与教学实践技能之间有着正相关关系。

5. 数学教师关键能力"跨学科与信息化应用能力"与个体特征变量之间的相关关系

表 6 – 23　数学教师关键能力"跨学科与信息化应用能力"与个体特征变量的 Pearson 相关

总项	分项	性别	地域	办学性质	教龄	最高学历	专业技术职称	任教身份	月工资水平	校际交流次数
跨学科与信息化应用能力	科学实验能力	-0.095 **	-0.019	-0.054 *	0.056 *	-0.018	0.051 *	-0.017	0.023	0.091 **
	数据分析能力	-0.108 **	-0.013	-0.058 *	0.056 *	-0.010	0.045	-0.024	0.026	0.076 **
	混合式教学手段	-0.072 **	-0.024	-0.046	0.092 **	-0.028	0.057 *	0.020	0.047 *	0.106 **
	线上教育教学资源开发能力	-0.046	-0.045	-0.043	0.025	0.008	0.016	-0.010	-0.010	0.113 **
	模型建构与建模教学能力	-0.069 **	-0.024	-0.041	0.104 **	-0.028	0.085 **	0.028	0.056 *	0.128 **
	追踪和掌握高新技术能力	-0.069 **	-0.032	-0.032	0.000	0.024	-0.005	-0.020	-0.031	0.093 **

注：$*p < 0.05$；$**p < 0.01$。

具体分析可知：

性别与科学实验能力、数据分析能力、混合式教学手段、模型建构与建模教学能力、追踪和掌握高新技术能力共五项关键能力之间呈现显著性，相关系数值分别是 -0.095，-0.108，-0.072，-0.069，-0.069，全部均小于 0，说明性别与这五项关键能力之间有着负相关关系。同时性别与线上教育教学资源开发能力之间并不会呈现显著性，相关系数值接近于 0，说明性别与线上教育教学资源开发能力之间并没有相关关系。

任教学校所在地域跨学科与信息化应用能力之间均不会呈现显著性，相关系数值分别是 -0.019，-0.013，-0.024，-0.045，-0.024，-0.032，全部均接近于 0，并且 p 值全部均大于 0.05，说明任教学校所在地域与跨学科与信息化应用能力之间均没有相关关系。

任教学校办学性质与科学实验能力，数据分析能力共两项关键能力之间均呈现显著性，相关系数值分别是 -0.054，-0.058，均小于 0，说明任教学校办学性质与这两项关键能力之间有着负相关关系。同时任教学校办学性质与混合式教学手段、线上教育教学资源开发能力、模型建构与建模教学能力、追踪和掌握高新技术能力这四项关键能力之间并不会呈现显著性，相关系数值接近于 0，说明任教学校办学性质与这四项关键能力之间并没有相关关系。

教龄与科学实验能力、数据分析能力、混合式教学手段、模型建构与建模教学能力这四项关键能力之间均呈现显著性，相关系数值分别是 0.056，0.056，0.092，0.104，均大于 0，说明教龄与这四项关键能力之间有着正相关关系。同时教龄与线上教育教学资源开发能力、追踪和掌握高新技术能力这两项关键能力之间并不会呈现出显著性，相关系数值接近于 0，说明教龄与这两项关键能力并没有相关关系。

最高学历与跨学科与信息化应用能力不会呈现显著性，相关系数值分别是 -0.018，-0.010，-0.028，0.008，-0.028，0.024，全部接近于 0，并且 p 值全部均大于 0.05，说明最高学历与跨学科与信息化应用能力没有相关关系。

专业技术职称与科学实验能力、混合式教学手段、模型建构与建模教学能力这三项关键能力呈现显著性，相关系数值分别是 0.051，0.057，0.085，均大于 0，说明专业技术职称与这三项关键能力之间有着正相关关系。同时专业技术职称与数据分析能力，线上教育教学资源开发能力，追踪和掌握高新技术能力这三项关键能力之间并不会呈现出显著性，相关系数值接近于 0，说明专业技术职称与这三项关键能力之间并没有相关关系。

任教身份与跨学科与信息化应用能力均不会呈现显著性，相关系数值分别是 -0.017，-0.024，0.020，-0.010，0.028，-0.020，均接近于 0，并且 p 值均大于 0.05，说明任教身份与跨学科与信息化应用能力没有相关关系。

月工资水平与混合式教学手段、模型建构与建模教学能力共两项关键能力之间均呈现显著性，相关系数值分别是 0.047，0.056，均大于 0，说明月工资水平与这两项关键能力之间有着正相关关系。同时月工资水平与科学实验能力，数据分析能力，线上教育教学资源开发能力，追踪和掌握高新技术能力这 4 项关键能力之间并不会呈现显著性，相关系数值接近于 0，说明月工资水平与这 4 项关键能力之间并没有相关关系。

参加的校际交流次数与跨学科与信息化应用能力之间呈现显著性，相关系数值分别是 0.091，0.076，0.106，0.113，0.128，0.093，并且相关系数值均大于 0，说明校际交流次数与跨学科与信息化应用能力之间有着正相关关系。

6. 数学教师关键能力"社会性能力"与个体特征变量之间的相关关系

表 6 - 24　　数学教师关键能力"社会性能力"与个体特征变量的
Pearson 相关

总项	分项	性别	地域	办学性质	教龄	最高学历	专业技术职称	任教身份	月工资水平	校际交流次数
社会性能力	沟通与协作能力	-0.047*	-0.057*	-0.062**	0.077**	-0.002	0.067**	0.013	0.051*	0.107**
	打造学习共同体	-0.048*	-0.030	-0.046*	0.062**	-0.015	0.055*	0.012	0.033	0.110**
	培养学生社会实践能力	-0.053*	-0.022	-0.044	0.074**	-0.048*	0.039	0.017	0.035	0.077**

总项	分项	性别	地域	办学性质	教龄	最高学历	专业技术职称	任教身份	月工资水平	校际交流次数
社会性能力	数学与生活整合能力	-0.061**	-0.040	-0.056*	0.083**	-0.018	0.054*	0.016	0.041	0.082**
	传播数学文化能力	-0.084**	-0.047*	-0.067**	0.067**	-0.021	0.048*	0.007	0.038	0.083**
	班级领导力	-0.083**	-0.024	-0.086**	0.143**	-0.021	0.117**	0.070**	0.089**	0.105**
	跨文化与国际意识	-0.056*	-0.042	-0.033	-0.032	0.030	-0.018	-0.038	-0.026	0.049*
	公民责任与社会参与	-0.036	-0.061*	-0.076**	0.037	0.023	0.030	0.022	0.029	0.083**

注：$*p < 0.05$；$**p < 0.01$。

具体分析可知：

性别与沟通与协作能力、打造学习共同体、培养学生社会实践能力、数学与生活整合能力、传播数学文化能力、班级领导力、跨文化与国际意识共七项关键能力之间均呈现显著性，相关系数值分别是 -0.047，-0.048，-0.053，-0.061，-0.084，-0.083，-0.056，均小于0，说明性别与这七项关键能力之间有着负相关关系。同时性别与公民责任与社会参与之间并不会呈现显著性，相关系数值接近于0，说明性别与公民责任与社会参与之间并没有相关关系。

任教学校所在地域与沟通与协作能力、传播数学文化能力、公民责任与社会参与共三项之间均呈现显著性，相关系数值分别是 -0.057，-0.047，-0.061，均小于0，说明任教学校所在地域与沟通与协作能力、传播数学文化能力、公民责任与社会参与这三项关键能力之间有着负相关关系。同时任教学校所在地域与打造学习共同体、培养学生社会实践能力、数学与生活整合能力、班级领导力、跨文化与国际意识这五项关键能力之间并不会呈现显著性，相关系数值接近于0，说明任教学校所在地域这五项关键能力之间并没有相关关系。

任教学校办学性质与沟通与协作能力、打造学习共同体、数学与生活整合能力、传播数学文化能力、班级领导力、公民责任与社会参与共六项关键能力之间全部均呈现显著性，相关系数值分别是 -0.062，-0.046，-0.056，-0.067，-0.086，-0.076，均小于 0，说明任教学校办学性质与这六项关键能力之间有着负相关关系。同时任教学校办学性质与培养学生社会实践能力、跨文化与国际意识这两项关键能力之间并不会呈现显著性，相关系数值接近于 0，说明任教学校办学性质与这两项关键能力之间并没有相关关系。

教龄与沟通与协作能力、打造学习共同体、培养学生社会实践能力、数学与生活整合能力、传播数学文化能力、班级领导力共六项关键能力之间均呈现显著性，相关系数值分别是 0.077，0.062，0.074，0.083，0.067，0.143，均大于 0，说明教龄与这六项关键能力之间有着正相关关系。同时教龄与跨文化与国际意识、公民责任与社会参与共这两项之间并不会呈现显著性，相关系数值接近于 0，说明教龄与这两项关键能力之间并没有相关关系。

最高学历与培养学生社会实践能力之间呈现显著性，相关系数值分别是 -0.048，小于 0，说明最高学历与培养学生社会实践能力之间有着负相关关系。同时最高学历与沟通与协作能力、打造学习共同体、数学与生活整合能力、传播数学文化能力、班级领导力、跨文化与国际意识、公民责任与社会参与共七项关键能力之间并不会呈现出显著性，相关系数值接近于 0，说明最高学历与这七项关键能力之间并没有相关关系。

专业技术职称与沟通与协作能力、打造学习共同体、数学与生活整合能力、传播数学文化能力、班级领导力共五项关键能力之间呈现显著性，相关系数值分别是 0.067，0.055，0.054，0.048，0.117，均大于 0，说明专业技术职称与这五项关键能力之间有着正相关关系。同时专业技术职称与培养学生社会实践能力、跨文化与国际意识、公民责任与社会参与这三项关键能力之间并不会呈现显著性，相关系数值接近于 0，说明专业技术职称与这三项关键能力不相关。

目前的任教身份与班级领导力之间呈现显著性，相关系数值是 0.070，大于 0，说明目前的任教身份与班级领导力之间有着正相关关系。

同时任教身份与沟通与协作能力、打造学习共同体、培养学生社会实践能力、数学与生活整合能力、传播数学文化能力等共七项关键能力之间并不会呈现显著性，相关系数值接近于 0，说明任教身份与这七项关键能力之间并没有相关关系。

月工资水平与沟通与协作能力、班级领导力共两项之间呈现显著性，相关系数值分别是 0.051，0.089，均大于 0，说明月工资水平与这两项关键能力之间有着正相关关系。同时月工资水平与打造学习共同体，培养学生社会实践能力、数学与生活整合能力、传播数学文化能力等六项关键能力之间并不会呈现显著性，相关系数值接近于 0，说明月工资水平与这六项关键能力没有相关关系。

参加的校际交流次数与社会性能力之间全部呈现显著性，相关系数值分别是 0.107，0.110，0.077，0.082，0.083，0.105，0.049，0.083，并且相关系数值均大于 0，说明校际交流次数与社会性能力之间有着正相关关系。

7. 数学教师关键能力"创新与创造力"与个体特征变量之间的相关关系

表 6 - 25　数学教师关键能力"创新与创造力"与个体特征变量的 Pearson 相关

总项	分项	性别	地域	办学性质	教龄	最高学历	专业技术职称	任教身份	月工资水平	校际交流次数
创新与创造力	激发学习数学兴趣能力	-0.049*	-0.038	-0.076**	0.128**	-0.040	0.101**	0.053*	0.085**	0.117**
	教育机智	-0.045	-0.058*	-0.065**	0.073**	-0.017	0.062**	0.033	0.056*	0.087**
	实践反思能力	-0.050*	-0.058*	-0.055*	0.061*	-0.027	0.057*	0.003	0.040	0.093**
	逻辑推理能力	-0.064**	-0.057*	-0.066**	0.075**	0.012	0.067**	0.012	0.065**	0.098**
	批判性思维与教学	-0.065**	-0.078**	-0.067**	0.061**	0.024	0.053*	0.009	0.047*	0.094**
	质疑式思维与教学	-0.061**	-0.065**	-0.071**	0.066**	0.020	0.057*	0.010	0.065**	0.100**

注：$*p<0.05$；$**p<0.01$。

具体分析可知：

性别与激发学习数学兴趣能力、实践反思能力、逻辑推理能力、批判性思维与教学、质疑式思维与教学这五项关键能力之间呈现显著性，相关系数值分别是 -0.049，-0.050，-0.064，-0.065，-0.061，均小于 0，说明性别与这五项关键能力之间有着负相关关系。同时性别与教育机智之间并不会呈现显著性，相关系数值接近于 0，说明性别与教育机智之间并没有相关关系。

任教学校所在地域与教育机智、实践反思能力、逻辑推理能力、批判性思维与教学、质疑式思维与教学共五项关键能力之间均呈现显著性，相关系数值分别是 -0.058，-0.058，-0.057，-0.078，-0.065，均小于 0，说明任教学校所在地域与这五项关键能力之间有着负相关关系。同时任教学校所在地域与激发学习数学兴趣能力之间并不会呈现显著性，相关系数值接近于 0，说明任教学校所在地域与激发学习数学兴趣能力之间并没有相关关系。

任教学校办学性质与创新与创造力全部呈现显著性，相关系数值分别是 -0.076，-0.065，-0.055，-0.066，-0.067，-0.071，并且相关系数值均小于 0，说明任教学校办学性质与创新与创造力之间有着负相关关系。

教龄与创新与创造力均呈现显著性，相关系数值分别是 0.128，0.073，0.061，0.075，0.061，0.066，并且相关系数值均大于 0，说明教龄与创新与创造力存在着正相关关系。

最高学历与创新与创造力均不会呈现显著性，相关系数值分别是 -0.040，-0.017，-0.027，0.012，0.024，0.020，均接近于 0，并且 p 值全部均大于 0.05，说明最高学历与创新与创造力之间均没有相关关系。

专业技术职称与创新与创造力之间均呈现出显著性，相关系数值分别是 0.101，0.062，0.057，0.067，0.053，0.057，并且相关系数值均大于 0，说明专业技术职称与创新与创造力之间有着正相关关系。

任教身份与激发学习数学兴趣能力之间呈现出显著性，相关系数值是 0.053，大于 0，说明任教身份与激发学习数学兴趣能力之间有着正相关关系。同时任教身份与教育机智、实践反思能力、逻辑推理能力、批判性思维与教学、质疑式思维与教学共五项关键能力之间并不会呈现显著性，相关系数值接近于 0，说明任教身份与这五项关键能力之间并没有相关关系。

月工资水平与激发学习数学兴趣能力、教育机智、逻辑推理能力、批判性思维与教学、质疑式思维与教学共五项关键能力之间呈现显著性，相关系数值分别是 0.085，0.056，0.065，0.047，0.065，均大于 0，说明月工资水平与这五项关键能力之间有着正相关关系。同时月工资水平与实践反思能力之间并不会呈现显著性，相关系数值接近于 0，说明月工资水平与实践反思能力之间并没有相关关系。

参加的校际交流次数与创新与创造力之间全部呈现显著性，相关系数值分别是 0.117，0.087，0.093，0.098，0.094，0.100，并且相关系数值均大于 0，说明校际交流次数与创新与创造力之间有着正相关关系。

第三节　数学教师关键能力影响因素调查研究

前一小节通过对数学教师关键能力现状开展调查研究，了解和把握当前数学教师关键能力的整体现状水平、不同个体特征下的数学教师关键能力现状差异等方面，但是仅局限在对数学教师关键能力水平高低的认识，对于造成关键能力水平高低的影响因素，作用机制、归因分析等问题并不了解。因此，继续利用数学教师关键能力评估模型开展数学教师关键能力影响因素的调查研究，能够使得学校管理者和数学教师个体自身发现在数学教师职业生涯发展过程中的一些关键问题，也只有当发现这些真正问题后才能够采取相应的举措有意识地通过改进制度环境并打造培育路径发展数学教师的关键能力。

一　数学教师关键能力影响因素调查研究设计

为了能够较好地考察了解当前数学教师关键能力的影响因素，首先对整个研究的方案进行了科学的规划设计，该研究方案明确了本研究的基本目的，并基于数学教师关键能力评估模型提出数学教师关键能力影响因素理论假设模型，给出研究假设，采用相应的研究工具并依据一定原则选取了研究对象。

（一）数学教师关键能力影响因素调查研究目的

数学教师关键能力究竟会受到哪些因素的影响，对进一步深入探讨如何提升数学教师关键能力是至关重要的。在前面几章的研究基础上，本部分研究内容就是为了深入了解数学教师关键能力发展的影响因素主要试图回答如下问题。

1. 宏观社会经济地位与数学教师关键能力的相关关系；

2. 中观学校支持与数学教师关键能力的相关关系；

3. 微观个体角色冲突与数学教师关键能力的相关关系；

4. 社会影响因素、工作满意度、人际关系、身份认同及成就动机与数学教师关键能力的相关关系；

5. 学校影响因素、工作满意度、人际关系、身份认同及成就动机与数学教师关键能力的相关关系；

6. 数学教师关键能力影响因素结构方程模型。

（二）数学教师关键能力影响因素调查研究的理论模型

在对数学教师关键能力本质内涵与结构进行充分认知的基础上，根据关键能力的内部自身规律与外部生存环境，探寻究竟哪些因素会对数学教师关键能力产生影响，影响因素之间的相关关系又是怎样的，提出数学教师关键能力影响因素理论假设模型。

在数学教师关键能力评估模型中，关键能力由七个部分组成，从构成结构方面来看，可以分成内部关键能力和外部关键能力，而最核心的内部关键能力部分是数学教师的个体特质和育德能力，其次则是数学学科本体性知识和教学实践技能，最后则是通过外显的行为表现出跨学科与信息化应用能力、社会性能力和创新与创造力这三个外部关键能力。因此，这七大关键能力是有机统一的整体，相互作用，相互影响，不可分割。无论缺少哪一项，数学教师个体都无法顺利完成岗位工作任务。因此，基于对数学教师关键能力评估模型具体结构中组成要素的认知与分析把握，本研究继续进行数学教师关键能力影响因素结构方程模型的构建研究，以探寻影响数学教师关键能力的因素及相关关系。

数学教师关键能力会受到数学教师个体内部自身动力倾向的影响，即教师个体本身是否愿意在关键能力发展方面进行时间和精力的充分投入，包括身份认同与成就动机两部分。身份认同是指"数学教师个体"自身对所承担的岗位角色的认可与接纳度；成就动机是指教师个体是否自主能动地愿意在岗位工作中或者教育教学工作中进行时间和精力的投入。除此之外，数学教师关键能力水平的高低还受到外部资源环境的影响。数学教育教学工作是一项十分专业化、复杂化的工作，需要数学教师应具备相应的数学学科及跨学科知识与技能等关键能力。唯有教师个体内在主观能动性的激发和教师外部生存资源环境支持下，才能实现关键能力持续不断地动态发展与发展。

因此，在对数学教师关键能力评估模型中内涵界定、结构特征的明晰和阐述的基础上，进一步探究明确影响数学教师关键能力因素的内在机理。本研究对数学教师关键能力的内外部影响因素是从教育生态学的角度进行社会影响因素的分析，社会影响因素是以宏观社会经济地位、中观学校支持以及个体角色冲突这三个层面全方位、多角度、深层次地剖析影响数学教师关键能力的影响因素。宏观社会经济地位、中观学校支持隶属于社会外部影响因素，而个体角色冲突隶属于个体内部影响因素。根据矛盾论，外因通过内因起作用，分析何种外部因素对数学教师关键能力的现状产生影响，则就需要从内部影响因素出发，分析哪些内部因素会通过外部因素对数学教师关键能力产生影响。

通过深入一线数学教师群体进行田野调研和深度访谈，并梳理分析现有的研究成果，发现宏观社会经济地位环境可能会对数学教师关键能力产生影响，包括教师的社会经济地位高，以及国家实施"乡村教师""教师流动"等支持教师发展的计划和相关政策、"支教"等促进教育公平的资源配置均衡的相关政策和国家大力支持并逐步提高教师的福利待遇和工资收入这四个方面。中观学校支持环境中的以下四个方面可能会对数学教师关键能力产生影响，包括学校非常重视评优评模并且职称评选办法合理公正、学校能够很好地落实教师的福利待遇政策、学校非常重视教师基本技能考核工作，积极组织开展并鼓励教师参加相关培训和学校晋升机制完善，晋升渠道畅通合理方面。微观个体角色冲突中的以下四个方面（包括对当下的生活质量，生活稳定等的满意程度、具有良好的人际关系、具有较高的个人身份认同和具有较高的个人成就动机）可能会对数学教师关键能力产生影响。因此，基于对数学教师关键能力本质内涵的认知，本研究初步构建数学教师关键能力影响因素结构方程模型，并进行归因分析。

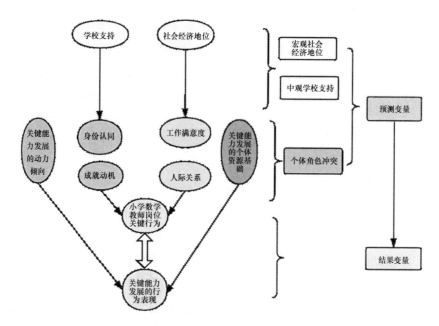

图 6-2　数学教师关键能力影响因素理论假设模型示意

二　数学教师关键能力影响因素调查研究对象

本研究继续采用问卷调查法，将缺失值超过 20% 的回收数据剔除。进一步对数学教师关键能力影响因素进行探究调查。为保证自证验证的广泛性，本研究采取线上线下相结合的方式，调查对象包括从事数学教师工作的专职和兼职数学学科教师（含管理人员、任课教师、班主任及相关教研人员、名师名校长等）。

线上的调查采用问卷星平台、电子邮箱、微信等平台的推送，进行全国范围内的调查问卷回收，以选取 S 省的回收有效问卷为重点调查研究对象；线下的调研依托 S 省在全省层面开展的"中小学教师工作现状的调查"项目，对一线数学教师以及相关研究者、管理者采用分层抽样方法进行问卷调查。其中全国范围内回收问卷数为 1863 份，将无效问卷 14 份剔除，保留 1849 份有效问卷，问卷有效率 99.25%，选取 S 省 1787 份有效回收问卷进行调查分析。

三　数学教师关键能力影响因素调查研究工具

为更加深入探究影响数学教师关键能力现状的相关因素，基于关键能力评估模型、相关研究成果及文献，综合改进其他职业社会影响因素量表①，融入数学教师的岗位职业特点，提炼最能影响数学教师关键能力的社会因素，改进编制出《数学教师关键能力现状及影响因素调查问卷（自评卷）》。即从宏观社会经济地位、中观学校支持、微观个体角色冲突三个层面来分析探讨。

宏观社会经济地位维度包括国家完善教师荣誉制度、采取发展教师政治地位、突出主体地位相关措施；国家实施"乡村教师""教师流动"等支持教师发展的计划和相关政策；"支教"等促进教育公平的资源配置均衡的相关政策和国家大力支持并逐步提高教师的福利待遇和工资收入这四个方面。

中观学校支持维度包括：学校非常重视评优评模并且职称评选办法合理公正；学校能够很好地落实教师的福利待遇政策；学校非常重视教师基本技能考核工作，积极组织开展并鼓励教师参加相关培训和学校晋升机制完善，晋升渠道畅通合理这四个方面。

微观个体角色冲突维度包括对当下的生活质量，生活稳定等的满意程度；具有良好的人际关系；具有较高的个人身份认同和具有较高的个人成就动机这四个方面。

从而编制出《数学教师关键能力现状及影响因素调查问卷（自评卷）》。社会环境因素对数学教师关键能力现状的影响，包括社会支持系统、社会资本等，其中社会支持系统：一是客观层面国家物质激励政策的颁布与落实、学校的激励政策、奖励措施等；二是主观层面学校支持系统与教师身份认同、个体角色冲突的处理能力，包括工作环境和谐度、家庭和谐度、个体生活满意度等。利用社会学宏观、中观、微观分析的研究方法，通过从宏观社会经济地位、中观学校支持、微观个体角色冲突三个层面来分析影响数学教师关键能力现状的影响，能够更加全面、客观地分析影响数学教师关键能力现状的因素，精准清晰定位把握影响数学教师关键能力的矛盾痛点，宏观社会层面，社会经济地位与数学教师群体的关键能力现状密不可分，社会经济地位低的弱势群体在

---

① 郑建君：《心理资本在基层公务员角色压力与心理健康关系中的作用》，《江苏师范大学学报》（哲学社会科学版）2016 年第 42 卷第 1 期，第 150—157 页。

关键能力等方面明显劣于社会经济地位高的优势群体,弱势群体的工作满意度,个体感受等相对较差。中观学校和个体角色冲突层面,数学教师自我的身份认同、成就动机与其所处的中观学校支持系统休戚相关,即教师与学校管理者、学生和家长之间的互动,学校的激励政策措施等,这些互动与学校相关激励政策的落实都会对数学教师的关键能力产生深远的影响,因此我们理应把数学教师的关键能力现状置于其所处的社会生存与学校支持系统中来探讨,即整个社会支持系统中去理解、认知和把握。微观层面,当代数学教师一方面具有教育体系所必需的专业身份,另一方面要求其个体自身具备热爱本职岗位工作的理想信念与个人情感,教育体系和个人情感两种不同社会需求之间的矛盾冲突会引起数学教师的个体角色冲突,从而对教师的关键能力产生影响,进而直接影响其未来职业的发展[①]。因此,从这三个方面能够精准探寻促进数学教师关键能力发展的路径措施。具体变量见表6-26。

表6-26　　　　　　数学教师关键能力影响因素量

潜变量	观测变量	符号
社会经济地位	国家完善教师荣誉制度,采取发展教师政治地位、突出主体地位相关措施	H1
	国家实施"乡村教师""教师流动"等支持教师发展的计划和相关政策	H2
	国家实施"支教"等促进教育公平的资源配置均衡的相关政策	H3
	国家大力支持并逐步提高教师的福利待遇和工资收入	H4
学校支持	与领导同事的关系融洽	I1
	学校非常重视评优评模、职称评选办法合理公正	I2
	学校能够很好地落实教师的福利待遇政策	I3
	学校非常重视教师基本技能考核工作,积极组织开展并鼓励教师参加相关培训	I4

---

① 张丽、徐继存、傅海伦:《乡村教师生存境遇与突围研究》,《现代基础教育研究》2020年第6期。

续表

潜变量	观测变量	符号
个体角色 冲突	对当下的生活质量、生活稳定等的满意程度	J1
	具有良好的人际关系	J2
	具有较高的身份认同	J3
	具有较高的成就动机	J4

调查问卷设置单选题，对 12 个题项的答案进行五个等级划分，从一级为非常不符合到五级为非常符合，分数对应为：一级 1 分，二级 2 分，三级 3 分，四级 4 分，五级 5 分。采用 Likert5 点量表记分法，依次赋值为 1、2、3、4、5；在其中选择评分等级，依次递增，分值越高，说明此因素对数学教师的关键能力的影响程度越高。

上一节对《数学教师关键能力现状及影响因素调查问卷（自评卷）》进行信度、效度分析，结果表明，该量表具有良好的信度和效度。问卷中各个题项以及各个影响因素都能够被数学教师准确地理解，因此无须修改问卷。

四 数学教师关键能力影响因素结构方程模型的构建

（一）数学教师关键能力影响因素结构方程模型构建路径

本研究利用结构方程模型来反映数学教师关键能力所处的社会环境的三个不同维度与关键能力之间的相关关系，来探究影响数学教师关键能力发展的因素。

具体模型构建公式如下。

测量模型：$x = \Lambda_x \xi + \delta$，$y = \Lambda_y \eta + \varepsilon$

结构模型：$\eta = B\eta + \Gamma\xi + \zeta$

η 表示内生潜变向量。ξ 表示外生潜变向量，Λ_y、Λ_x 表示负荷矩阵，ε、δ 分别表示内生观测变量 y 外生观测变量 x 的测量误差向量，ζ 表示数学教师关键能力影响因素结构方程的误差向量，B、Γ 分别表示内生潜变量和外生潜变量之间的路径系数所构成的矩阵。

利用 Amos21.0 软件分析构建数学教师关键能力影响因素结构方程模型 M，反映数学教师所处的环境因素在三个不同维度上与关键能力之间的相关关系，包括 12 个观测变量与 3 个潜变量，具体见表 6 - 27。

表 6 - 27 数学教师关键能力影响因素模型回归系数

X	→	Y	非标准化路径系数	SE	z	p	标准化路径系数
社会经济地位	→	学校支持	0.867	0.032	26.998	0.000	0.763
社会经济地位	→	个体角色冲突	0.309	0.030	10.310	0.000	0.333
学校支持	→	个体角色冲突	0.443	0.027	16.383	0.000	0.541

注：→表示路径影响关系。

由表 6 - 27 可知，数学教师的社会经济地位能够对中观学校支持产生影响，其标准化路径系数为 0.763 > 0，并且标准化路径显著性水平为 0.01 （$z = 26.998$，$p = 0.000 < 0.01$），数学教师的社会经济地位能够对中观学校支持产生显著的正向影响关系。

社会经济地位能够对数学教师的个体角色冲突产生影响，标准化路径系数为 0.333 > 0，且其显著性水平为 0.01 （$z = 10.310$，$p = 0.000 < 0.01$），数学教师的社会经济地位能够对教师微观个体角色冲突产生显著的正向影响关系。

学校支持关于个体角色冲突影响时，标准化路径系数为 0.541 > 0，且其显著性水平为 0.01 （$z = 16.383$，$p = 0.000 < 0.01$），说明学校支持因素会对个体角色冲突产生显著的正向影响关系。

（二）数学教师关键能力影响因素结构方程模型构建

表 6 - 28 数学教师关键能力影响因素测量表达关系

X	→	Y	非标准化载荷系数	SE	z	p	标准化载荷系数
教师荣誉制度政治地位	→	H1	1.000	——	——	——	1.000
教师发展计划政策	→	H2	1.000	——	——	——	1.000

续表

X	→	Y	非标准化载荷系数	SE	z	p	标准化载荷系数
资源配置均衡政策	→	H3	1.000	—	—	—	1.000
福利待遇和工资收入	→	H4	1.000	—	—	—	1.000
评优评模、合理公正	→	I1	1.000	—	—	—	1.000
落实福利待遇政策	→	I2	1.000	—	—	—	1.000
教师培训	→	I3	1.000	—	—	—	1.000
晋升机渠道合理	→	I4	1.000	—	—	—	1.000
工作满意度	→	J1	1.000	—	—	—	1.000
人际关系	→	J2	1.000	—	—	—	1.000
身份认同	→	J3	1.000	—	—	—	1.000
成就动机	→	J4	1.000	—	—	—	1.000
H1	→	教师荣誉制度、政治地位	1.000	—	—	—	0.714
H3	→	教师发展计划政策	1.104	0.035	31.571	0.000	0.804
H4	→	资源配置均衡政策	0.811	0.028	29.494	0.000	0.748
H2	→	福利待遇和工资收入	1.098	0.033	32.836	0.000	0.841
I1	→	评优评模、合理公正	1.000	—	—	—	0.854
I2	→	落实福利待遇政策	1.058	0.020	51.740	0.000	0.902
I3	→	教师培训	0.926	0.020	47.034	0.000	0.856
I4	→	晋升机渠道合理	1.044	0.021	50.562	0.000	0.891
J1	→	工作满意程度	1.000	—	—	—	0.701
J2	→	人际关系	0.860	0.025	33.757	0.000	0.856
J3	→	身份认同	0.949	0.027	34.914	0.000	0.890
J4	→	成就动机	1.000	0.030	33.101	0.000	0.838

注：→表示测量关系。

表6-28中，数学教师关键能力社会影响因素之间的关系情况分为两

种：一是影响因素与题项的关系，二是影响因素与二阶结果的关系。由表
6-28 呈现的测量关系，尝试构建如下数学教师关键能力影响因素模型。

表6-29　　　　　　　数学教师关键能力影响因素模型拟合指标

模型拟合指标									
指标	χ^2	df	p	卡方自由度比 χ^2/df	GFI	RMSEA	RMR	CFI	NFI	NNFI
判断标准	—	—	>0.05	<4	>0.9	<0.10	<0.05	>0.9	>0.9	>0.9
值	1455.847	51	0.000	3.546	0.971	0.124	0.040	0.919	0.916	0.905
其他指标	TLI	AGFI	IFI	PGFI	PNFI	SRMR	AIC	BIC		
判断标准	>0.9	>0.9	>0.9	>0.9	>0.9	<0.1	越小越好	越小越好		
值	0.895	0.802	0.919	0.569	0.708	0.066	33249.238	33397.421		

由表6-29可知，数学教师关键能力影响因素模型的拟合指标选取。
选取的判断拟合指标为比较常见的拟合指标，如卡方自由度比，GFI，
RMSEA，RMR，CFI，NFI，NNFI 等。数学教师关键能力影响因素模型残
差项估计值表具体结果分析，如表6-30。

表6-30　　　　　数学教师关键能力影响因素模型残差项估计值

残差项估计值					
项	非标准估计系数（Coef.）	标准误（Std. Error）	z	p	标准估计系数（Std. Estimate）
教师荣誉制度、政治地位	0.000	0.000	null	null	0.000
教师发展计划政策	0.000	0.000	null	null	0.000

续表

残差项估计值					
项	非标准 估计系数 （Coef.）	标准误 （Std. Error）	z	p	标准估计系数 （Std. Estimate）
资源配置均衡政策	0.000	0.000	null	null	0.000
福利待遇和工资收入	0.000	0.000	null	null	0.000
评优评模、合理公正	0.000	0.000	null	null	0.000
落实福利待遇政策	0.000	0.000	null	null	0.000
教师培训	0.000	0.000	null	null	0.000
晋升机渠道合理	0.000	0.000	null	null	0.000
工作满意程度	0.000	0.000	null	null	0.000
人际关系	0.000	0.000	null	null	0.000
身份认同	0.000	0.000	null	null	0.000
成就动机	0.000	0.000	null	null	0.000
H1	0.374	0.014	25.976	0.000	0.491
H2	0.194	0.009	20.626	0.000	0.293
H3	0.259	0.011	22.888	0.000	0.354
H4	0.201	0.008	25.084	0.000	0.441
I1	0.185	0.008	24.553	0.000	0.270
I2	0.128	0.006	21.147	0.000	0.186
I3	0.157	0.006	24.472	0.000	0.267
I4	0.142	0.006	22.206	0.000	0.206
J1	0.349	0.013	27.379	0.000	0.509
J2	0.091	0.004	22.546	0.000	0.268
J3	0.080	0.004	19.712	0.000	0.208
J4	0.143	0.006	23.620	0.000	0.299
社会经济地位	0.388	0.023	16.636	0.000	1.000
学校支持	0.209	0.011	18.513	0.000	0.417
个体角色冲突	0.108	0.007	14.689	0.000	0.322

最终，初步构建出如下数学教师关键能力影响因素结构方程模型。

五　数学教师关键能力影响因素的回归分析

在尝试初步构建数学教师关键能力影响因素结构方程模型以后，本研

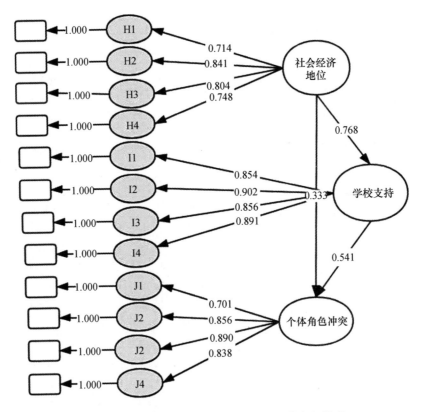

图 6-3　数学教师关键能力影响因素结构方程模型

究继续探索数学教师关键能力影响因素间的关系以及影响程度。因此，利用分层回归分析的研究方法继续探索分析因素间的相关关系，并且进行多层次多个模型的回归分析。

（一）社会影响因素对数学教师关键能力"个体特质"的回归分析

表 6-31　数学教师关键能力"个体特质"分层回归分析 （*n* =1787）

	层级 1				层级 2				层级 3			
	B	标准误	*t*	*p*	*B*	标准误	*t*	*p*	*B*	标准误	*t*	*p*
常数	2.067**	0.152	13.556	0.000	1.824**	0.154	11.834	0.000	1.608**	0.176	9.142	0.000
H1	0.144**	0.032	4.460	0.000	0.097**	0.033	2.982	0.003	0.061	0.033	1.857	0.063
H2	0.106*	0.045	2.343	0.019	0.081	0.045	1.804	0.071	0.080	0.044	1.810	0.070
H3	0.180**	0.040	4.444	0.000	0.119**	0.040	2.957	0.003	0.092*	0.040	2.292	0.022

续表

	层级1				层级2				层级3			
	B	标准误	t	p	B	标准误	t	p	B	标准误	t	p
H4	-0.029	0.042	-0.686	0.493	-0.172**	0.046	-3.724	0.000	-0.181**	0.048	-3.739	0.000
I1					0.168**	0.045	3.758	0.000	0.138**	0.044	3.107	0.002
I2					-0.008	0.052	-0.158	0.875	-0.035	0.052	-0.676	0.499
I3					0.163**	0.048	3.415	0.001	0.132**	0.049	2.713	0.007
I4					0.013	0.049	0.275	0.784	-0.071	0.050	-1.410	0.159
J1									0.211**	0.038	5.552	0.000
J2									-0.083	0.065	-1.289	0.197
J3									0.102	0.065	1.583	0.114
J4									0.067	0.051	1.324	0.186
R^2	0.104				0.137				0.159			
调整 R^2	0.102				0.134				0.154			
F值	$F_{(4,1782)}=51.460, p=0.000$				$F_{(8,1778)}=35.411, p=0.000$				$F_{(12,1774)}=28.045, p=0.000$			
ΔR^2	0.104				0.034				0.022			
ΔF值	$F_{(4,1782)}=51.460, p=0.000$				$F_{(4,1778)}=17.460, p=0.000$				$F_{(4,1774)}=11.623, p=0.000$			

注：1. 因变量：个体特质。

2. $*p<0.05$；$**p<0.01$。

具体分层回归分析如表6-31所示，共分为3个层级模型。宏观社会因素中的 H1、H2、H3、H4 为自变量，在模型1中加入中观学校支持因素 I1、I2、I3、I4 构成模型2，在模型2中加入微观个体角色冲突因素 J1、J2、J3、J4 构成模型3，模型因变量为个体特质。将宏观社会中的4个影响因素设为自变量，个体特质为因变量，进行线性回归分析，模型 R 方值为0.104，说明宏观社会的4个影响因素可以解释个体特质的10.4%变化原因。并通过 F 检验（$F=51.460$，$p<0.05$），说明至少有一个宏观社会因素会对个体特质产生影响，模型公式为：个体特质 = 2.067 + 0.144 × H1 + 0.106 × H2 + 0.180 × H3 - 0.029 × H4。

教师荣誉制度和政治地位的回归系数值为 0.144，呈显著性（$t=4.460$，$p=0.000<0.01$），说明 H1 对个体特质呈显著正相关。国家实施

"乡村教师""教师流动"等相关政策文件因素的回归系数值是 0.106，且显著（$t = 2.343$，$p = 0.019 < 0.05$），说明教师的社会经济地位高 H2 与数学教师的个体特质因素正相关。"支教"等促进教育公平的资源配置均衡的相关政策文件因素的回归系数值为 0.180，且显著（$t = 4.444$，$p = 0.000 < 0.01$），说明 H3 对个体特质呈显著正相关。国家大力支持并逐步提高教师的福利待遇和工资收入的回归系数值为 -0.029，并没有呈显著性（$t = -0.686$，$p = 0.493 > 0.05$），说明此因素 H4 并不会对个体特质产生影响。H1、H2、H3 这 3 个因素会对个体特质呈显著正相关。但 H4 不会对个体特质产生影响。

针对模型 2：F 值会产生显著性差异融入中观学校支持的 4 个因素后，说明中观学校支持这 4 个因素能够解释模型。R 方值由 0.104 上升到 0.137，说明学校支持这 4 个影响因素可对个体特质产生 3.4% 的解释力度。学校非常重视评优评模、职称评选办法合理公正的回归系数值为 0.168，并呈显著性（$t = 3.758$，$p = 0.000 < 0.01$），说明此 I1 会对个体特质产生显著正相关。学校能够很好地落实教师的福利待遇政策的回归系数值为 -0.008，但并没有呈现显著性，说明 I2 不会对个体特质产生影响。学校非常重视教师基本技能考核工作，积极组织开展并鼓励教师参加相关培训的回归系数为 0.163，且显著（$t = 3.415$，$p = 0.001 < 0.01$），因此，I3 对个体特质呈显著正相关。学校晋升机制完善，晋升渠道畅通合理的回归系数值为 0.013，但并没有呈显著性，说明 I4 不会对个体特质产生影响。

针对模型 3：在加入微观个体角色冲突 4 个影响因素后，F 值变化存在显著性差异（$p < 0.05$），说明微观个体角色冲突能够解释模型。R 方值产生 0.137 ~ 0.159 的分值变化，表明数学教师的微观个体角色冲突对个体特质的解释度为 2.2%。对当下的生活质量，生活稳定等满意程度的回归系数为 0.211，且显著（$t = 5.552$，$p = 0.000 < 0.01$），表明 J1 对数学教师的个体特质正相关。具有良好的人际关系的回归系数值为 -0.083，但并没有呈现显著性，说明 J2 不会影响个体特质。且具有较高身份认同因素的回归系数值为 0.102，但并没有呈现显著性，说明 J3 不会对个体特质产生影响。具有较高的个体成就动机因素的回归系数值为 0.067，但并没有呈现显著性，说明 J4 不会对个体特质产生影响。

（二）社会影响因素对数学教师关键能力"育德能力"的回归分析

表 6 - 32　数学教师关键能力"育德能力"分层回归分析（n = 1787）

	层级 1				分层级 2				层级 3			
	B	标准误	t	p	B	标准误	t	p	B	标准误	t	p
常数	3.096 **	0.090	34.440	0.000	2.992 **	0.092	32.596	0.000	2.265 **	0.100	22.632	0.000
H1	0.059 **	0.019	3.085	0.002	0.047 *	0.019	2.408	0.016	0.028	0.019	1.525	0.128
H2	0.066 *	0.027	2.450	0.014	0.055 *	0.027	2.080	0.038	0.047	0.025	1.869	0.062
H3	0.037	0.024	1.543	0.123	0.014	0.024	0.598	0.550	0.004	0.023	0.155	0.877
H4	0.181 **	0.025	7.354	0.000	0.149 **	0.028	5.405	0.000	0.023	0.028	0.837	0.403
I1					0.016	0.027	0.621	0.535	0.003	0.025	0.138	0.890
I2					-0.012	0.031	-0.371	0.711	-0.010	0.030	-0.350	0.727
I3					0.149 **	0.028	5.254	0.000	0.056 *	0.028	2.024	0.043
I4					-0.053	0.029	-1.829	0.068	-0.096 **	0.029	-3.374	0.001
J1									0.009	0.022	0.402	0.687
J2									0.358 **	0.037	9.722	0.000
J3									0.035	0.037	0.961	0.336
J4									0.059 *	0.029	2.059	0.040
R^2	0.145				0.162				0.253			
调整 R^2	0.143				0.158				0.248			
F 值	$F_{(4, 1782)} = 75.753$, $p = 0.000$				$F_{(8, 1778)} = 42.885$, $p = 0.000$				$F_{(12, 1774)} = 50.134$, $p = 0.000$			
ΔR^2	0.145				0.016				0.091			
ΔF 值	$F_{(4, 1782)} = 75.753$, $p = 0.000$				$F_{(4, 1778)} = 8.707$, $p = 0.000$				$F_{(4, 1774)} = 54.339$, $p = 0.000$			

注：1. 因变量：育德能力。

2. $*p < 0.05$；$**p < 0.01$。

具体分层回归分析如表 6 - 32 所示，共分为 3 个层级模型。宏观社会因素中的 H1、H2、H3、H4 为自变量，在模型 1 中加入 I1、I2、I3、I4 这 4 个因素构成模型 2，在模型 2 中加入 J1、J2、J3、J4 这 4 个因素构成模型 3，模型因变量为育德能力。将宏观社会 4 个影响因素设为自变量，育德能力为因变量进行线性回归分析，模型 R 方值为 0.145，说明宏观社会 4 个影响因素可以解释育德能力的 14.5% 变化原因。通过 F 检验（$F = 75.753$，$p < 0.05$），说明至少有一项宏观社会因素会影响育德能力，模型公式为：育德能力 $= 3.096 + 0.059 \times H1 + 0.066 \times H2 + 0.037 \times H3 + 0.181 \times H4$。

教师荣誉制度和政治地位的回归系数为 0.059，且显著（$t = 3.085$，$p = 0.002 < 0.01$），因此，H1 会对育德能力产生显著正向影响。国家实施"乡村教师""教师流动"等支持教师发展的计划和相关政策等的回归系数值为 0.066，并呈现显著性（$t = 2.450$，$p = 0.014 < 0.05$），说明 H2 对育德能力产生显著正向影响。"支教"等促进教育公平的资源配置均衡的相关政策的回归系数值为 0.037，没有显著性差异（$t = 1.543$，$p = 0.123 > 0.05$），说明 H3 不会对育德能力产生影响。国家大力支持并逐步提高教师的福利待遇和工资收入的回归系数值为 0.181，且显著（$t = 7.354$，$p = 0.000 < 0.01$），因此，H4 会对数学教师的育德能力正相关。教师的社会经济地位高，国家实施"乡村教师""教师流动"等支持教师发展的计划和相关政策等，国家大力支持并逐步提高教师的福利待遇和工资收入这 3 个影响因素会对育德能力产生显著正向影响。但 H3 "支教"等促进教育公平的资源配置均衡的相关政策不会对育德能力产生影响。

针对模型 2：F 值会产生显著性差异融入中观学校支持的 4 个因素后，说明中观学校支持这 4 个因素能够解释模型。R 方值由 0.145 上升到 0.162，说明中观学校支持 4 个影响因素可对育德能力产生 1.6% 的解释力度。学校非常重视评优评模、职称评选办法合理公正的回归系数值为 0.016，但并没有呈现显著性，说明 I1 并不会对育德能力产生影响。学校能够很好地落实教师的福利待遇政策的回归系数值为 -0.012，但并没有呈现显著性，说明 I2 并不会对育德能力产生影响。学校非常重视教师基本技能考核工作，积极组织开展并鼓励教师参加相关培训的回归系数值为 0.149，且显著（$t = 5.254$，$p = 0.000 < 0.01$），因此 I3 会对数学教师的育德能力正相关。学校晋升机制完善，晋升渠道畅通合理的回归系数值为 -0.053，并呈现显著性，说明 I4 不会对育德能力产生影响。

针对模型 3：在加入微观个体角色冲突 4 个影响因素后，F 值变化存在显著性差异（$p < 0.05$），说明微观个体角色冲突能够解释模型。R 方值产生 $0.162 \sim 0.253$ 的分值变化，表明数学教师的微观个体角色冲突对育德能力的解释度为 9.1%。对当下的生活质量，生活稳定等的满意程度的回归系数值为 0.009，但并没有呈现显著性，说明 J1 并不会对育德能力产生影响。具有良好人际关系的回归系数值为 0.358，并呈现显著性（$t = 9.722$，$p = 0.000 < 0.01$），说明 J2 对育德能力产生显著的正向影响。具有较高的身份认同的回归系数值为 0.035，但并没有呈现显著性，说明 J3 不会影响育德能力。具有较高的个人成就动机因素的回归系数为 0.059，并呈现显著性（$t = 2.059$，$p = 0.040 < 0.05$），说明 J4 对育德能力产生正向显著影响。

（三）社会影响因素对数学教师关键能力"数学学科本体性知识"的回归分析

表 6 - 33　　数学教师关键能力"数学学科本体性"知识分层回归分析（$n = 1787$）

	层级 1				层级 2				层级 3			
	B	标准误	t	p	B	标准误	t	p	B	标准误	t	p
常数	2.890 **	0.099	29.079	0.000	2.808 **	0.102	27.544	0.000	2.162 **	0.114	19.040	0.000
H1	0.103 **	0.021	4.858	0.000	0.090 **	0.022	4.179	0.000	0.072 **	0.021	3.423	0.001
H2	0.061 *	0.030	2.046	0.041	0.052	0.030	1.763	0.078	0.044	0.029	1.557	0.120
H3	0.047	0.026	1.798	0.072	0.029	0.027	1.073	0.284	0.014	0.026	0.551	0.581
H4	0.147 **	0.027	5.407	0.000	0.111 **	0.031	3.642	0.000	0.004	0.031	0.130	0.896
I1					0.022	0.029	0.730	0.466	0.008	0.029	0.282	0.778
I2					0.007	0.035	0.207	0.836	0.013	0.034	0.370	0.712
I3					0.104 **	0.032	3.282	0.001	0.015	0.032	0.492	0.623
I4					−0.038	0.032	−1.165	0.244	−0.080 *	0.032	−2.454	0.014
J1									0.003	0.025	0.142	0.887
J2									0.272 **	0.042	6.514	0.000
J3									0.053	0.042	1.281	0.200
J4									0.090 **	0.033	2.738	0.006
R^2	0.136				0.145				0.205			

续表

	层级1				层级2				层级3			
	B	标准误	t	p	B	标准误	t	p	B	标准误	t	p
调整 R^2	0.134				0.141				0.199			
F 值	$F_{(4, 1782)}=70.310, p=0.000$				$F_{(8, 1778)}=37.606, p=0.000$				$F_{(12, 1774)}=38.065, p=0.000$			
ΔR^2	0.136				0.008				0.060			
ΔF 值	$F_{(4, 1782)}=70.310, p=0.000$				$F_{(4, 1778)}=4.370, p=0.002$				$F_{(4, 1774)}=33.486, p=0.000$			

注：1. 因变量：数学学科本体性知识。

2. $*p<0.05$；$**p<0.01$。

具体分层回归分析如表 6 – 33 所示，共分为 3 个层级模型。宏观社会因素中的 H1、H2、H3、H4 为自变量，在模型 1 中加入 I1、I2、I3、I4 这 4个因素构成模型 2，在模型 2 中加入 J1、J2、J3、J4 这 4 个因素构成模型 3，因变量为数学学科本体性知识。在线性回归分析中，自变量为宏观社会 4个影响因素，因变量为数学学科本体性知识，模型 R 方值为 0.136，说明宏观社会 4 个影响因素可以解释数学学科本体性知识的 13.6% 变化原因。通过 F 检验（$F=70.310$，$p<0.05$），说明中至少有一项宏观社会因素会对数学学科本体性知识产生影响，模型公式为：数学学科本体性知识 = 2.890 + $0.103 \times$ H1 + $0.061 \times$ H2 + $0.047 \times$ H3 + $0.147 \times$ H4。

教师荣誉制度和政治地位的回归系数值为 0.103，并呈现显著性（$t=4.858$，$p=0.000<0.01$），说明 H1 会对数学学科本体性知识产生显著正向影响。国家实施 "乡村教师" "教师流动" 等支持教师发展的计划和相关政策等的回归系数值为 0.061，并呈现显著性（$t=2.046$，$p=0.041<0.05$），说明 H2 会对数学学科本体性知识产生显著正向影响。"支教" 等促进教育公平的资源配置均衡的相关政策的回归系数值为 0.047，没有呈现显著性（$t=1.798$，$p=0.072>0.05$），说明 H3 不会对数学学科本体性知识产生影响。国家大力支持并逐步提高教师的福利待遇和工资收入的回归系数值为 0.147，并呈现显著性（$t=5.407$，$p=0.000<0.01$），说明 H4 对数学学科本体性知识产生显著的正向影响。即 H1、H2、H4 会对数学学科本体性知识产生显著的正向影响。但 H3 不会对数学学科本体性知

识产生影响。

针对模型 2：F 值会产生显著性差异融入中观学校支持的 4 个因素后，说明中观学校支持这 4 个因素能够解释模型。R 方值由 0.136 上升到 0.145，说明中观学校支持可对数学学科本体性知识产生 0.8% 的解释力度。学校非常重视评优评模、职称评选办法合理公正的回归系数值为 0.022，但并没有呈现显著性，说明 I1 并不会对数学学科本体性知识产生影响。学校能够很好地落实教师的福利待遇政策的回归系数值为 0.007，但没有呈现显著性，说明 I2 并不会对数学学科本体性知识产生影响关系。学校非常重视教师基本技能考核工作，积极组织开展并鼓励教师参加相关培训的回归系数值为 0.104，并呈现显著性（$t = 3.282$，$p = 0.001 < 0.01$），说明 I3 会对数学学科本体性知识产生显著正向影响。学校晋升机制完善，晋升渠道畅通合理的回归系数值为 -0.038，但并没有呈现显著性，说明 I4 不会对数学学科本体性知识产生影响。

针对模型 3：其在模型 2 的基础上加入对当下的生活质量，生活稳定等的满意程度，师德师风优良，能尊重爱护学生，具有良好的个人人际关系和较高的个人成就动机后，F 值变化存在显著性差异（$p < 0.05$），说明这些影响因素能够解释模型。R 方值产生 0.145～0.205 的分值变化，表明数学教师的微观个体角色冲突对能够熟练掌握数学学科内容知识的解释度为 6.0%。具体来看，对当下的生活质量，生活稳定等的满意程度的回归系数值为 0.003，但并没有呈现显著性，说明其并不会对能够熟练掌握数学学科内容知识产生影响关系。师德师风优良，能尊重爱护学生的回归系数值为 0.272，并呈现显著性（$t = 6.514$，$p = 0.000 < 0.01$），说明其对能够熟练掌握数学学科内容知识存在正向显著影响。具有良好的个人人际关系因素的回归系数为 0.053，但并不显著，说明其具有良好的个人人际关系并不会对能够熟练掌握数学学科内容知识产生影响关系。具有较高的个人成就动机因素的回归系数为 0.090，且显著（$t = 2.738$，$p = 0.006 < 0.01$），因此，具有较高的个人成就动机因素会对能够熟练掌握数学学科内容知识存在正向显著影响。

（四）社会影响因素对数学教师关键能力"教学实践技能"的回归分析

表6-34   数学教师关键能力"教学实践技能"分层回归分析（$n = 1787$）

	层级1				层级2				层级3			
	B	标准误	t	p	B	标准误	t	p	B	标准误	t	p
常数	2.732**	0.106	25.664	0.000	2.585**	0.109	23.796	0.000	1.946**	0.121	16.039	0.000
H1	0.105**	0.023	4.659	0.000	0.088**	0.023	3.859	0.000	0.062**	0.023	2.748	0.006
H2	0.080*	0.032	2.510	0.012	0.066*	0.031	2.109	0.035	0.059	0.030	1.930	0.054
H3	0.094**	0.028	3.335	0.001	0.063*	0.028	2.230	0.026	0.043	0.028	1.539	0.124
H4	0.083**	0.029	2.867	0.004	0.040	0.033	1.215	0.225	-0.059	0.033	-1.770	0.077
I1					0.049	0.031	1.545	0.123	0.029	0.031	0.950	0.342
I2					-0.067	0.037	-1.808	0.071	-0.066	0.036	-1.824	0.068
I3					0.151**	0.034	4.496	0.000	0.061	0.034	1.801	0.072
I4					0.005	0.035	0.158	0.874	-0.056	0.035	-1.621	0.105
J1									0.052*	0.026	1.992	0.047
J2									0.233**	0.045	5.209	0.000
J3									0.043	0.045	0.960	0.337
J4									0.131**	0.035	3.750	0.000
R^2	0.132				0.150				0.206			
调整 R^2	0.131				0.146				0.200			
F值	$F(4, 1782) = 68.021, p = 0.000$				$F(8, 1778) = 39.077, p = 0.000$				$F(12, 1774) = 38.238, p = 0.000$			
ΔR^2	0.132				0.017				0.056			
ΔF值	$F(4, 1782) = 68.021, p = 0.000$				$F(4, 1778) = 8.923, p = 0.000$				$F(4, 1774) = 31.243, p = 0.000$			

注：1. 因变量：教学实践技能。

2. $*p < 0.05$；$**p < 0.01$。

具体分层回归分析如表6-34所示，共分为3个层级模型。宏观社会因素中的H1、H2、H3、H4为自变量，在模型1中加入中观学校支持因素I1、I2、I3、I4这4个因素构成模型2，在模型2中加入微观个体角色冲突因素J1、J2、J3、J4这4个因素构成模型3，模型因变量为教学实践技能。将宏观社会4个影响因素设为自变量，教学实践技能为因变量，进行线性回归分析，模型 R 方值为 0.132，说明宏观社会 4 个影响因素可以解释教学实践技能的 13.2% 变化原因。通过 F 检验（$F = 68.021$，$p < 0.05$），说明至少有一项宏观社会因素会对教学实践技能产生影响，模型公式为：教学实践技能 = $2.732 + 0.105 \times H1 + 0.080 \times H2 + 0.094 \times H3 + 0.083 \times H4$。

教师荣誉制度和政治地位的回归系数为 0.105，且显著（$t = 4.659$，$p = 0.000 < 0.01$），说明因素 H1 会对教学实践技能产生显著的正向影响。国家实施"乡村教师""教师流动"等支持教师发展的计划和相关政策等的回归系数值为 0.080，且显著（$t = 2.510$，$p = 0.012 < 0.05$），说明因素 H2 会对教学实践技能产生显著正向影响。"支教"等促进教育公平的资源配置均衡的相关政策的回归系数为 0.094，且显著（$t = 3.335$，$p = 0.001 < 0.01$），说明因素 H3 会对教学实践技能产生显著正向影响。国家大力支持并逐步提高教师的福利待遇和工资收入的回归系数为 0.083，且显著（$t = 2.867$，$p = 0.004 < 0.01$），说明因素 H4 会对教学实践技能产生显著的正向影响。即宏观社会 4 个影响因素全部会对教学实践技能产生显著正向影响。

针对模型 2：F 值会产生显著性差异融入中观学校支持的 4 个因素后，说明中观学校支持这 4 个因素能够解释该模型。R 方值由 0.132 上升到 0.150，说明中观学校支持可对数学教师的教学实践技能产生 1.7% 的解释力度。学校非常重视评优评模、职称评选办法合理公正的回归系数值为 0.049，但并没有呈现显著性，说明 I1 不会对教学实践技能产生影响关系。学校能够很好地落实教师的福利待遇政策的回归系数值为 - 0.067，但没有呈现显著性，说明 I2 不会对教学实践技能产生影响关系。学校非常重视教师基本技能考核工作，积极组织开展并鼓励教师参加相关培训的回归系数值为 0.151，并呈现显著性（$t = 4.496$，$p = 0.000 < 0.01$），说明 I3 会对教学实践技能产生显著正向影响。学校晋升机制完善，晋升渠道畅通合理的回归系数值为 0.005，但并没有呈现显著性，说明 I4 并不会对教学实践技能产生影响。

针对模型 3：加入微观个体角色冲突 4 个影响因素后，F 值变化存在显著性差异（$p < 0.05$），说明这些影响因素能够解释模型。R 方值产生 0.150 ~ 0.206 的分值变化，表明数学教师的微观个体角色冲突对教学实

践技能的解释度为5.6%。对当下的生活质量，生活稳定等的满意程度的回归系数值为0.052，并呈现出显著性（$t=1.992$，$p=0.047<0.05$），说明J1会对教学实践技能产生显著正向影响。具有良好的个人人际关系的回归系数值为0.233，并呈现显著性（$t=5.209$，$p=0.000<0.01$），说明J2会对教学实践技能产生显著正向影响。具有较高身份认同的回归系数值为0.043，但并没有呈现显著性，说明J3不会对教学实践技能产生影响。具有较高的个人成就动机的回归系数值为0.131，并呈现显著性（$t=3.750$，$p=0.000<0.01$），说明J4会对教学实践技能产生显著的正向影响。

（五）社会影响因素对数学教师关键能力"跨学科与信息化应用能力"的回归分析

表6-35 数学教师关键能力"跨学科与信息化应用能力"分层回归分析（$n=1787$）

	层级1				层级2				层级3			
	B	标准	t	p	B	标准	t	p	B	标准误	t	p
常数	2.092 **	0.122	17.130	0.000	1.909 **	0.124	15.338	0.000	1.412 **	0.141	10.039	0.000
H1	0.146 **	0.026	5.613	0.000	0.128 **	0.026	4.861	0.000	0.095 **	0.026	3.635	0.000
H2	0.115 **	0.036	3.176	0.002	0.100 **	0.036	2.774	0.006	0.094 **	0.035	2.657	0.008
H3	0.139 **	0.032	4.289	0.000	0.102 **	0.033	3.139	0.002	0.075 *	0.032	2.338	0.019
H4	0.048	0.033	1.425	0.154	0.004	0.037	0.112	0.911	-0.060	0.039	-1.563	0.118
I1					0.057	0.036	1.575	0.115	0.033	0.035	0.935	0.350
I2					-0.117 **	0.042	-2.770	0.006	-0.118 **	0.042	-2.820	0.005
I3					0.181 **	0.039	4.702	0.000	0.102 **	0.039	2.623	0.009
I4					0.034	0.040	0.870	0.384	-0.040	0.040	-1.006	0.314
J1									0.094 **	0.030	3.101	0.002
J2									0.111 *	0.052	2.135	0.033
J3									0.025	0.052	0.481	0.630
J4									0.186 **	0.041	4.581	0.000
R^2	0.161				0.180				0.215			
调整 R^2	0.159				0.176				0.210			

续表

	层级1				层级2				层级3			
	B	标准	t	p	B	标准	t	p	B	标准误	t	p
F值	$F(4, 1782) = 85.530, p = 0.000$				$F(8, 1778) = 48.716, p = 0.000$				$F(12, 1774) = 40.531, p = 0.000$			
ΔR^2	0.161				0.019				0.035			
ΔF值	$F(4, 1782) = 85.530, p = 0.000$				$F(4, 1778) = 10.147, p = 0.000$				$F(4, 1774) = 19.997, p = 0.000$			

注：1. 因变量：跨学科与信息化应用能力。

2. $*p < 0.05$；$**p < 0.01$。

具体分层回归分析如表6 – 35所示，共分为3个层级模型。宏观社会因素中的H1、H2、H3、H4为自变量，在模型1中加入中观学校支持因素I1、I2、I3、I4构成模型2，在模型2中加入微观个体角色冲突因素J1、J2、J3、J4构成模型3，模型的因变量为跨学科与信息化应用能力。将宏观社会4个影响因素设为自变量，将跨学科与信息化应用能力设为因变量，进行线性回归分析，模型R方值为0.161，说明宏观社会4个影响因素可以解释跨学科与信息化应用能力的16.1%变化原因。通过F检验（$F = 85.530$，$p < 0.05$），说明至少有一项宏观社会因素会对跨学科与信息化应用能力产生影响，模型公式为：跨学科与信息化应用能力 = 2.092 + 0.146 × H1 + 0.115 × H2 + 0.139 × H3 + 0.048 × H4。

教师荣誉制度和政治地位的回归系数值为0.146，并呈现显著性（$t = 5.613$，$p = 0.000 < 0.01$），说明H1会对跨学科与信息化应用能力产生显著正向影响。国家实施"乡村教师""教师流动"等支持教师发展的计划和相关政策等的回归系数值为0.115，并呈现显著性（$t = 3.176$，$p = 0.002 < 0.01$），说明H2会对跨学科与信息化应用能力产生显著正向影响。"支教"等促进教育公平的资源配置均衡的相关政策的回归系数值为0.139，并呈现显著性（$t = 4.289$，$p = 0.000 < 0.01$），说明H3会对跨学科与信息化应用能力产生显著正向影响。国家大力支持并逐步提高教师的福利待遇和工资收入的回归系数值为0.048，并没有呈现显著性（$t = 1.425$，$p = 0.154 > 0.05$），说明H4不会对跨学科与信息化应用能力产生影响。即H1、H2、H3这3个影响因素会对跨学科与信息化应用能力产生显著正向影响。但H4不会对跨学科与信息化应用能力产生影响。

针对模型 2：F 值会产生显著性差异融入中观学校支持的 4 个因素后，说明中观学校支持这 4 个因素能够解释该模型。R 方值产生由 0.161 ~ 0.180 的变化，说明中观学校支持可对数学教师的跨学科与信息化应用能力产生 1.9% 的解释力度。学校非常重视评优评模、职称评选办法合理公正的回归系数值为 0.057，但没有呈现显著性，说明 I1 并不会对跨学科与信息化应用能力产生影响。学校能够很好地落实教师的福利待遇政策的回归系数值为 -0.117，并呈现显著性（$t = -2.770$，$p = 0.006 < 0.01$），说明 I2 会对跨学科与信息化应用能力产生显著负向影响。学校非常重视教师基本技能考核工作，积极组织开展并鼓励教师参加相关培训的回归系数值为 0.181，并且呈现显著性（$t = 4.702$，$p = 0.000 < 0.01$），说明 I3 对跨学科与信息化应用能力产生显著正向影响。学校晋升机制完善，晋升渠道畅通合理的回归系数值为 0.034，并没有呈现显著性，说明 I4 并不会对跨学科与信息化应用能力产生影响。

针对模型 3：加入微观个体角色冲突 4 个影响因素后，F 值变化存在显著性差异（$p < 0.05$），说明这些影响因素能够解释模型。R 方值产生 0.180 ~ 0.215 的分值变化，表明数学教师的微观个体角色冲突对跨学科与信息化应用能力的解释度为 3.5%。对当下的生活质量，生活稳定等的满意程度的回归系数值为 0.094，并呈现显著性（$t = 3.101$，$p = 0.002 < 0.01$），说明 J1 会对跨学科与信息化应用能力产生显著的正向影响。具有良好的个人人际关系的回归系数值为 0.111，并呈现显著性（$t = 2.135$，$p = 0.033 < 0.05$），说明 J2 会对跨学科与信息化应用能力产生显著的正向影响。具有较高的身份认同的回归系数值为 0.025，但并没有呈现显著性，说明此因 J3 不会对跨学科与信息化应用能力产生影响。具有较高的个人成就动机的回归系数值为 0.186，并呈现显著性（$t = 4.581$，$p = 0.000 < 0.01$），说明 J4 会对跨学科与信息化应用能力产生显著正向影响。

（六）社会影响因素对数学教师关键能力"社会性能力"的回归分析

表6－36　　　数学教师关键能力"社会性能力"分层回归分析
结果（$n = 1787$）

	层级1				层级2				层级3			
	B	标准误	t	p	B	标准误	t	p	B	标准误	t	p
常数	2.219**	0.111	20.027	0.000	2.029**	0.112	18.128	0.000	1.393**	0.124	11.195	0.000
H1	0.133**	0.024	5.632	0.000	0.100**	0.024	4.217	0.000	0.065**	0.023	2.796	0.005
H2	0.085**	0.033	2.583	0.010	0.065*	0.032	2.009	0.045	0.058	0.031	1.849	0.065
H3	0.127**	0.029	4.328	0.000	0.081**	0.029	2.772	0.006	0.051	0.028	1.774	0.076
H4	0.105**	0.030	3.461	0.001	0.007	0.034	0.212	0.832	-0.080*	0.034	-2.338	0.020
I1					0.109**	0.032	3.380	0.001	0.082**	0.031	2.621	0.009
I2					-0.011	0.038	-0.286	0.775	-0.012	0.037	-0.325	0.745
I3					0.170**	0.035	4.899	0.000	0.073*	0.035	2.129	0.033
I4					-0.026	0.036	-0.738	0.461	-0.108**	0.036	-3.035	0.002
J1									0.096**	0.027	3.578	0.000
J2									0.144**	0.046	3.140	0.002
J3									0.082	0.046	1.804	0.071
J4									0.180**	0.036	5.018	0.000
R^2	0.178				0.211				0.270			
调整 R^2	0.176				0.208				0.265			
F值	$F_{(4, 1782)} = 96.696$, $p = 0.000$				$F_{(8, 1778)} = 59.479$, $p = 0.000$				$F_{(12, 1774)} = 54.638$, $p = 0.000$			
ΔR^2	0.178				0.033				0.059			
ΔF值	$F_{(4, 1782)} = 96.696$, $p = 0.000$				$F_{(4, 1778)} = 18.470$, $p = 0.000$				$F_{(4, 1774)} = 35.676$, $p = 0.000$			

注：1. 因变量：社会性能力。

2. $*p < 0.05$；$**p < 0.01$。

具体分层回归分析如表6－36所示，共分为3个层级模型。宏观社会因素中的H1、H2、H3、H4为自变量，模型2在模型1的基础上加入中观学校支持因素I1、I2、I3、I4，模型3在模型2的基础上加入微观个体角色冲突因素J1、J2、J3、J4，模型的因变量为社会性能力。将宏观社会4个影响因素设为自变量，社会性能力为因变量，进行线性回归分析，模型 R 方值为 0.178，说明宏观社会 4 个影响因素可以解释社会性能力的 17.8% 变化原因。通过 F 检验（$F = 96.696$，$p < 0.05$），说明宏观社会 4 中至少一项会对社会性能力产生影响关系，以及模型公式为：社会性能力 $= 2.219 + 0.133 \times H1 + 0.085 \times H2 + 0.127 \times H3 + 0.105 \times H4$。

教师荣誉制度和政治地位的回归系数值为 0.133，并呈现显著性（$t = 5.632$，$p = 0.000 < 0.01$），说明 H1 会对社会性能力产生显著的正向影响。国家实施"乡村教师""教师流动"等支持教师发展的计划和相关政策等的回归系数值为 0.085，并呈现显著性（$t = 2.583$，$p = 0.010 < 0.01$），说明 H2 会对社会性能力产生显著的正向影响。"支教"等促进教育公平的资源配置均衡的相关政策的回归系数值为 0.127，并呈现显著性（$t = 4.328$，$p = 0.000 < 0.01$），说明 H3 会对社会性能力产生显著的正向影响。国家大力支持并逐步提高教师的福利待遇和工资收入的回归系数值为 0.105，并呈现显著性（$t = 3.461$，$p = 0.001 < 0.01$），说明 H4 会对社会性能力产生显著的正向影响。即宏观社会 4 个影响因素全部会对社会性能力产生显著的正向影响。

针对模型 2：F 值会产生显著性差异融入中观学校支持的 4 个因素后，说明中观学校支持这 4 个因素能够解释该模型。R 方值产生由 $0.178 \sim 0.211$ 的变化，说明中观学校支持可对数学教师的社会性能力产生 3.3% 的解释力度。学校非常重视评优评模、职称评选办法合理公正的回归系数值为 0.109，并呈现显著性（$t = 3.380$，$p = 0.001 < 0.01$），说明 I1 会对社会性能力产生显著的正向影响。学校能够很好地落实教师的福利待遇政策的回归系数值为 -0.011，但并没有呈现显著性，说明 I2 不会对社会性能力产生影响。学校非常重视教师基本技能考核工作，积极组织开展并鼓励教师参加相关培训的回归系数值为 0.170，并呈现出显著性（$t = 4.899$，$p = 0.000 < 0.01$），说明 I3 会对社会性能力产生显著的正向影响。学校晋升机制完善，晋升渠道畅通合理的回归系数值为 -0.026，并没有呈现显著性，说明此因素 I4 不会对社会性能力产生影响。

针对模型 3：加入微观个体角色冲突 4 个影响因素后，F 值变化存在显著性差异（$p < 0.05$），说明这些影响因素能够解释模型。R 方值产生 $0.211 \sim 0.270$ 的分值变化，表明数学教师的微观个体角色冲突对社会性能力的解释度为 5.9%。对当下的生活质量，生活稳定等的满意程度的回

归系数值为 0.096，并呈现显著性（$t = 3.578$，$p = 0.000 < 0.01$），说明 J1 对社会性能力产生显著的正向影响。具有良好的个人人际关系的回归系数值为 0.144，并呈现显著性（$t = 3.140$，$p = 0.002 < 0.01$），说明此 J2 会对社会性能力产生显著的正向影响。具有较高身份认同的回归系数值为 0.082，但不显著，说明 J3 不会对社会性能力产生影响。具有较高的个人成就动机的回归系数值为 0.180，并呈现显著性（$t = 5.018$，$p = 0.000 < 0.01$），说明 J4 会对社会性能力产生显著正向影响。

（七）社会影响因素对数学教师关键能力"创新与创造力"的回归分析

表6-37　　数学教师关键能力"创新与创造力"分层回归分析（$n = 1787$）

	层级1				层级2				层级3			
	B	标准误	t	p	B	标准误	t	p	B	标准误	t	p
常数	2.088**	0.113	18.438	0.000	1.936**	0.115	16.768	0.000	1.330**	0.129	10.339	0.000
H1	0.133**	0.024	5.520	0.000	0.108**	0.024	4.451	0.000	0.077**	0.024	3.202	0.001
H2	0.060	0.034	1.789	0.074	0.045	0.033	1.356	0.175	0.039	0.032	1.203	0.229
H3	0.167**	0.030	5.557	0.000	0.132**	0.030	4.365	0.000	0.097**	0.029	3.279	0.001
H4	0.108**	0.031	3.492	0.000	0.038	0.035	1.106	0.269	-0.039	0.035	-1.097	0.273
I1					0.073*	0.033	2.174	0.030	0.043	0.032	1.340	0.180
I2					-0.027	0.039	-0.693	0.488	-0.025	0.038	-0.658	0.510
I3					0.133**	0.036	3.721	0.000	0.038	0.036	1.055	0.292
I4					0.001	0.037	0.041	0.968	-0.075*	0.037	-2.053	0.040
J1									0.085**	0.028	3.078	0.002
J2									0.042	0.047	0.881	0.379
J3									0.184**	0.047	3.888	0.000
J4									0.170**	0.037	4.581	0.000
R^2	0.185				0.203				0.259			
调整 R^2	0.183				0.199				0.254			
F 值	$F_{(4, 1782)} = 101.282$, $p = 0.000$				$F_{(8, 1778)} = 56.526$, $p = 0.000$				$F_{(12, 1774)} = 51.767$, $p = 0.000$			
ΔR^2	0.185				0.018				0.057			
ΔF 值	$F_{(4, 1782)} = 101.282$, $p = 0.000$				$F_{(4, 1778)} = 9.775$, $p = 0.000$				$F_{(4, 1774)} = 33.884$, $p = 0.000$			

注：1. 因变量：创新与创造能力。

2. $*p < 0.05$；$**p < 0.01$。

具体分层回归分析如表 6 - 37 所示，共分为 3 个层级模型。宏观社会因素中的 H1、H2、H3、H4 为自变量，在模型 1 中加入中观学校支持因素 I1、I2、I3、I4 这 4 个因素构成模型 2，在模型 2 中加入微观个体角色冲突因素 J1、J2、J3、J4 构成模型 3，模型的因变量为创新与创造力。将宏观社会 4 个影响因素设为自变量，创新与创造力为因变量，进行线性回归分析，模型 R 方值为 0.185，说明宏观社会 4 个影响因素可以解释创新与创造力的 18.5% 变化原因。通过 F 检验（$F = 101.282$，$p < 0.05$），也即说明至少有一项宏观社会因素会对创新与创造力产生影响关系，模型公式为：创新与创造力 $= 2.088 + 0.133 \times H1 + 0.060 \times H2 + 0.167 \times H3 + 0.108 \times H4$。

教师荣誉制度和政治地位的回归系数值为 0.133，并呈现显著性（$t = 5.520$，$p = 0.000 < 0.01$），说明 H1 会对创新与创造力产生显著的正向影响。国家实施"乡村教师""教师流动"等支持教师发展的计划和相关政策等的回归系数值为 0.060，没有呈现显著性（$t = 1.789$，$p = 0.074 > 0.05$），说明 H2 并不会对创新与创造力产生影响。"支教"等促进教育公平的资源配置均衡的相关政策的回归系数值为 0.167，并且呈现出显著性（$t = 5.557$，$p = 0.000 < 0.01$），说明此因素 H3 会对创新与创造力产生显著的正向影响。国家大力支持并逐步提高教师的福利待遇和工资收入的回归系数值为 0.108，并呈现出显著性（$t = 3.492$，$p = 0.000 < 0.01$），说明 H4 会对创新与创造力产生显著的正向影响。

针对模型 2：F 值会产生显著性差异融入中观学校支持的 4 个因素后，说明中观学校支持这 4 个因素能够解释该模型。R 方值产生由 0.185 ~ 0.203 的变化，说明中观学校支持可对数学教师的创新与创造能力产生 1.8% 的解释力度。学校非常重视评优评模、职称评选办法合理公正的回归系数值为 0.073，并呈现出显著性（$t = 2.174$，$p = 0.030 < 0.05$），说明 I1 会对创新与创造力产生显著的正向影响。学校能够很好地落实教师的福利待遇政策的回归系数值为 -0.027，但并没有呈现显著性，说明 I2 不会对创新与创造力产生影响。学校非常重视教师基本技能考核工作，积极组织开展并鼓励教师参加相关培训的回归系数值为 0.133，并呈现显著性（$t = 3.721$，$p = 0.000 < 0.01$），说明 I3 会对创新与创造力产生显著正向影响。学校晋升机制完善，晋升渠道畅通合理的回归系数值为 0.001，但

没有呈现显著性，说明 I4 并不会对创新与创造力产生影响。

针对模型 3：加入微观个体角色冲突 4 个影响因素后，F 值变化存在显著性差异（$p < 0.05$），说明这些影响因素能够解释模型。R 方值产生 0.203～0.259 的分值变化，表明数学教师的微观个体角色冲突对创新与创造能力的解释度为 5.7%。对当下的生活质量，生活稳定等的满意程度的回归系数值为 0.085，并呈现显著性（$t = 3.078$，$p = 0.002 < 0.01$），说明 J1 对创新与创造力产生显著的正向影响。具有良好的个人人际关系的回归系数值为 0.042，但并没有呈现显著性，说明 J2 不会对创新与创造力产生影响。具有较高身份认同的回归系数值为 0.184，并呈现显著性（$t = 3.888$，$p = 0.000 < 0.01$），说明 J3 会对创新与创造力产生显著的正向影响。具有较高的个人成就动机的回归系数值为 0.170，并呈现显著性（$t = 4.581$，$p = 0.000 < 0.01$），说明 J4 会对创新与创造力产生显著正向影响。

六　数学教师关键能力影响因素的调节效应检验

每个阶段的数学教师关键能力侧重点会有所不同，前文根据数学教师职业生涯发展历程，按照共性与特性并存的原则，基于初任教师—骨干教师—名师名校长职业生涯发展的理论基础，初步构建了数学教师关键能力发展的理论框架，并且综合运用多种相关统计的方法探讨数学教师关键能力在个体特征上的影响程度。为更加深入把握数学教师关键能力现状，精准分析数学教师关键能力的影响因素，进一步探讨哪些因素通过中介调节效应影响数学教师关键能力。利用中介调节的检验方法，研究相关影响因素与数学教师关键能力之间存在怎样的相互关系，怎样相互作用。从而精准施策，以促进数学教师关键能力水平的发展。

（一）数学教师关键能力影响因素的假设

假设 1. 个体角色冲突在宏观社会影响预测数学教师关键能力中具有调节作用

假设 1.1 工作满意度对在宏观社会影响预测数学教师关键能力中具有调节作用

假设 1.2 人际关系在宏观社会影响预测数学教师关键能力中具有调节作用

假设 1.3 身份认同在宏观社会影响预测数学教师关键能力中具有调节作用

假设 1.4 成就动机在宏观社会影响预测数学教师关键能力中具有调节作用

假设 2. 个体角色冲突在中观社会支持影响预测数学教师关键能力中具有调节作用

假设 2.1 工作满意度对在中观社会支持影响预测数学教师关键能力中具调节作用

假设 2.2 人际关系对在中观社会支持影响预测数学教师关键能力中具调节作用

假设 2.3 身份认同在中观社会支持影响预测数学教师关键能力中具有调节作用

假设 2.4 成就动机在中观社会支持影响预测数学教师关键能力中具有调节作用

（二）个体角色冲突在宏观社会影响预测数学教师关键能力中的调节效应

1. 工作满意度在宏观社会影响预测数学教师关键能力中的调节效应

表 6 - 38　　　　　工作满意度在宏观社会影响预测中调节效应
分析 （$n = 1787$）

	层级 1				层级 2				层级 3			
	B	标准误	t	p	B	标准误	t	p	B	标准误	t	p
常数	4.316	0.015	284.219	0.000 **	4.316	0.015	289.083	0.000 **	4.303	0.016	263.192	0.000 **
社会经济地位	0.234	0.017	13.467	0.000 **	0.151	0.020	7.520	0.000 **	0.161	0.021	7.772	0.000 **
工作满意度					0.168	0.021	7.913	0.000 **	0.174	0.021	8.131	0.000 **

续表

	层级 1				层级 2				层级 3			
	B	标准误	t	p	B	标准误	t	p	B	标准误	t	p
社会经济地位*工作满意度									0.034	0.018	1.940	0.048
R^2	0.092				0.123				0.125			
调整 R^2	0.092				0.122				0.123			
F 值	$F_{(1, 1785)} = 181.367, p = 0.000$				$F_{(2, 1784)} = 125.124, p = 0.000$				$F_{(3, 1783)} = 64.800, p = 0.000$			
ΔR^2	0.092				0.031				0.002			
ΔF 值	$F_{(1, 1785)} = 181.367, p = 0.000$				$F_{(1, 1784)} = 62.620, p = 0.000$				$F_{(1, 1783)} = 3.765, p = 0.048$			

注：1. 因变量：数学教师关键能力。

2. $*p < 0.05$；$**p < 0.01$。

由表 6 – 38 可知，调节作用分为 3 个模型，其中宏观社会经济地位因素在模型 1 中，模型 1 在经过工作满意度因素调节后形成模型 2，模型 2 在加入了交互项后形成模型 3。

如果没有工作满意度因素这个调节变量的干扰，模型 1 中宏观社会经济地位因素对数学教师关键能力的影响，呈现显著性（$t = 13.467$，$p = 0.000 < 0.05$），说明教师的社会经济地位越高对数学教师关键能力会产生越显著影响关系。

由表 6 – 38 可知，教师的宏观社会经济地位与工作满意度的交互呈现出显著性（$t = 1.940$，$p = 0.048 < 0.05$），以及从模型 1 可知，X 关于 Y 产生影响关系，说明教师的宏观社会经济地位因素对数学教师的关键能力会产生影响，若此时加入不同水平的工作满意度因素（调节变量），所产生的影响程度也会不同。

2. 人际关系在宏观社会影响预测数学教师关键能力中的调节效应

表6-39　人际关系在宏观社会影响预测中调节效应分析（n = 1787）

	层级1				层级2				层级3			
	B	标准误	t	p	B	标准误	t	p	B	标准误	t	p
常数	4.473	0.014	316.412	0.000 **	4.473	0.014	327.426	0.000 **	4.483	0.015	297.753	0.000 **
社会经济地位	0.297	0.021	14.201	0.000 **	0.135	0.025	5.424	0.000 **	0.115	0.028	4.121	0.000 **
良好人际关系					0.306	0.027	11.289	0.000 **	0.300	0.027	10.964	0.000 **
社会经济地位 * 良好人际关系									-0.041	0.026	-1.564	0.118
R^2	0.102				0.161				0.163			
调整 R^2	0.101				0.160				0.161			
F 值	$F_{(1, 1785)} = 201.657, p = 0.000$				$F_{(2, 1784)} = 171.687, p = 0.000$				$F_{(3, 1783)} = 115.366, p = 0.000$			
ΔR^2	0.102				0.060				0.001			
ΔF 值	$F_{(1, 1785)} = 201.657, p = 0.000$				$F_{(1, 1784)} = 127.433, p = 0.000$				$F_{(1, 1783)} = 2.446, p = 0.118$			

注：1. 因变量：数学教师关键能力。

2. $*p < 0.05$；$**p < 0.01$。

由表6-39可知，调节作用分为3个模型，其中宏观社会经济地位因素在模型1中，模型1在经过良好的个人人际关系因素调节后形成模型2，模型2在加入了交互项后形成模型3。

针对模型1，其目的在于研究在不考虑具有良好的个人人际关系的干扰时，自变量教师的宏观社会经济地位影响因素呈现显著性，说明宏观社会经济地位会对数学教师的关键能力产生显著影响关系。宏观社会经济地位与具有良好的个人人际关系的交互项并不会呈现出显著性（$t =$ -1.564, $p = 0.118 > 0.05$），以及从模型 1 可知，X 关于 Y 产生影响关系，说明宏观社会经济地位关于数学教师关键能力产生影响时，调节变量（具有良好的个人人际关系）在不同水平时，影响幅度保持一致。

3. 身份认同在宏观社会影响预测数学教师关键能力中的调节效应

表 6-40　身份认同在宏观社会影响预测中调节效应分析（$n = 1787$）

	层级 1				层级 2				层级 3			
	B	标准误	t	p	B	标准误	t	p	B	标准误	t	p
常数	4.473	0.014	316.412	0.000 **	4.473	0.014	330.854	0.000 **	4.476	0.015	297.304	0.000 **
社会经济地位	0.297	0.021	14.201	0.000 **	0.082	0.026	3.157	0.002 **	0.077	0.028	2.757	0.006 **
身份认同					0.391	0.030	12.949	0.000 **	0.387	0.031	12.344	0.000 **
社会社会经济地位 * 身份认同									-0.012	0.026	-0.451	0.652
R^2	0.102				0.179				0.179			
调整 R^2	0.101				0.178				0.177			
F 值	$F(1, 1785) = 201.657, p = 0.000$				$F(2, 1784) = 194.076, p = 0.000$				$F(3, 1783) = 129.394, p = 0.000$			
ΔR^2	0.102				0.077				0.000			
ΔF 值	$F(1, 1785) = 201.657, p = 0.000$				$F(1, 1784) = 167.666, p = 0.000$				$F(1, 1783) = 0.204, p = 0.652$			

注：1. 因变量：数学教师关键能力。

　　2. $* p < 0.05$；$** p < 0.01$。

由表 6-40 可知，调节作用分为 3 个模型，其中宏观社会经济地位因素在模型 1 中，模型 1 在经过身份认同因素调节后形成模型 2，模型 2 在加入交互项后形成模型 3。

如果没有身份认同因素这个调节变量的干扰，模型1中宏观社会经济地位因素对数学教师关键能力的影响，呈现显著性（$t = 14.201$，$p = 0.000 < 0.05$），说明教师的社会经济地位越高对数学教师关键能力会产生越显著影响关系。

宏观社会经济地位与身份认同的交互项并不会呈现显著性差异（$t = -0.451$，$p = 0.652 > 0.05$），以及从模型1可知，X关于Y产生影响关系，说明宏观社会经济地位关于数学教师关键能力产生影响时，调节变量（身份认同）在不同水平时，影响幅度保持一致。

4. 成就动机在宏观社会影响预测数学教师关键能力中的调节效应

表6-41　　成就动机在宏观社会影响预测中调节效应分析（$n = 1787$）

	层级1				层级2				层级3			
	B	标准误	t	p	B	标准误	t	p	B	标准误	t	p
常数	4.473	0.014	316.412	0.000**	4.473	0.014	326.509	0.000**	4.485	0.015	300.640	0.000**
社会经济地位	0.297	0.021	14.201	0.000**	0.159	0.024	6.625	0.000**	0.130	0.028	4.676	0.000**
成就动机					0.253	0.023	10.804	0.000**	0.249	0.023	10.636	0.000**
社会经济地位*成就动机									−0.050	0.024	−2.095	0.036*
R^2	0.102				0.157				0.159			
调整R^2	0.101				0.156				0.157			
F值	$F_{(1, 1785)} = 201.657$, $p = 0.000$				$F_{(2, 1784)} = 165.733$, $p = 0.000$				$F_{(3, 1783)} = 112.161$, $p = 0.000$			
ΔR^2	0.102				0.055				0.002			
ΔF值	$F_{(1, 1785)} = 201.657$, $p = 0.000$				$F_{(1, 1784)} = 116.733$, $p = 0.000$				$F_{(1, 1783)} = 4.389$, $p = 0.036$			

注：1. 因变量：数学教师关键能力。

2. $*p < 0.05$；$**p < 0.01$。

由表 6-41 可知, 调节作用分为 3 个模型, 其中宏观社会经济地位因素在模型 1 中, 模型 1 在经过较高的个人成就动机因素调节后形成模型 2, 模型 2 在加入交互项后形成模型 3。

如果没有成就动机因素这个调节变量的干扰, 模型 1 中宏观社会经济地位因素对数学教师关键能力的影响, 呈现显著性 ($t = 14.201$, $p = 0.000 < 0.05$)。说明教师的社会经济地位越高对数学教师关键能力会产生越显著影响关系。

宏观社会经济地位与个体成就动机因素的交互项呈现显著性差异 ($t = -2.095$, $p = 0.036 < 0.05$)。以及从模型 1 可知, X 关于 Y 产生影响关系, 说明宏观社会经济地位关于数学教师关键能力产生影响时, 会受到具有较高的个人成就动机因素的调节作用, 成就动机因素的水平不同时, 其影响程度也会产生显著性差异。

(三) 个体角色冲突在中观学校支持影响预测数学教师关键能力中的调节效应

1. 工作满意度在中观学校支持影响预测数学教师关键能力中的调节效应

表 6-42　　工作满意度在中观学校支持影响预测中调节效应分析 ($n = 1787$)

	层级 1				层级 2				层级 3			
	B	标准误	t	p	B	标准误	t	p	B	标准误	t	p
常数	4.473	0.014	313.151	0.000 **	4.473	0.014	315.439	0.000 **	4.441	0.016	272.320	0.000 **
学校支持	0.218	0.017	12.685	0.000 **	0.139	0.023	6.039	0.000 **	0.184	0.026	7.189	0.000 **
工作满意度					0.120	0.023	5.214	0.000 **	0.121	0.023	5.289	0.000 **
学校支持*工作意度									0.070	0.018	3.935	0.000 **
R^2	0.083				0.096				0.104			

续表

	层级 1				层级 2				层级 3			
	B	标准误	t	p	B	标准误	t	p	B	标准误	t	p
调整 R^2	0.082				0.095				0.103			
F 值	$F_{(1, 1785)} = 160.914$, $p = 0.000$				$F_{(2, 1784)} = 95.231$, $p = 0.000$				$F_{(3, 1783)} = 69.165$, $p = 0.000$			
ΔR^2	0.083				0.014				0.008			
ΔF 值	$F_{(1, 1785)} = 160.914$, $p = 0.000$				$F_{(1, 1784)} = 27.187$, $p = 0.000$				$F_{(1, 1783)} = 15.487$, $p = 0.000$			

注：1. 因变量：数学教师关键能力。

2. $*p < 0.05$；$**p < 0.01$。

由表 6-42 可知，调节作用分为 3 个模型，其中中观学校支持因素在模型 1 中，模型 1 在经过工作满意度因素调节后形成模型 2，模型 2 在加入交互项后形成模型 3。

如果没有工作满意度因素这个调节变量的干扰，模型 1 中，中观学校支持因素对数学教师关键能力的影响，呈现显著性（$t = 12.685$，$p = 0.000 < 0.05$），说明教师的中观学校支持越高对数学教师关键能力会产生越显著影响关系。

中观学校支持与工作满意度的交互项呈现显著性（$t = 3.935$，$p = 0.000 < 0.05$）。以及从模型 1 可知，X 关于 Y 产生影响关系，说明中观学校支持关于数学教师关键能力产生影响时，会受到工作满意度因素的调节作用，并且工作满意度因素的水平不同时，其影响程度也会产生显著性差异。

2. 人际关系在中观学校支持影响预测数学教师关键能力中的调节效应

表 6-43　　　　　人际关系在中观学校支持影响预测中调节效应
分析（$n = 1787$）

	层级 1				层级 2				层级 3			
	B	标准误	t	p	B	标准误	t	p	B	标准误	t	p
常数	4.473	0.014	313.151	$0.000**$	4.473	0.014	326.082	$0.000**$	4.476	0.015	292.776	$0.000**$
学校支持	0.218	0.017	12.685	$0.000**$	0.077	0.020	3.816	$0.000**$	0.075	0.020	3.702	$0.000**$

续表

	层级1				层级2				层级3			
	B	标准误	t	p	B	标准误	t	p	B	标准误	t	p
人际关系					0.333	0.027	12.307	0.000 **	0.327	0.029	11.359	0.000 **
学校支持*人际关系									-0.012	0.023	-0.522	0.602
R^2	0.083				0.154				0.155			
调整 R^2	0.082				0.154				0.153			
F 值	$F\ (1,\ 1785)\ =160.914,\ p=0.000$				$F\ (2,\ 1784)\ =162.970,\ p=0.000$				$F\ (3,\ 1783)\ =108.693,\ p=0.000$			
ΔR^2	0.083				0.072				0.000			
ΔF 值	$F\ (1,\ 1785)\ =160.914,\ p=0.000$				$F\ (1,\ 1784)\ =151.461,\ p=0.000$				$F\ (1,\ 1783)\ =0.273,\ p=0.602$			

注：1. 因变量：数学教师关键能力。

　　2. $*p<0.05$；$**p<0.01$。

由表6-43可知，调节作用分为3个模型，其中中观学校支持因素在模型1中，模型1在经过人际关系因素调节后形成模型2，模型2在加入交互项后形成模型3。

如果没有人际关系因素这个调节变量的干扰，模型1中中观学校支持因素对数学教师关键能力的影响，呈现显著性（$t=12.685$，$p=0.000<0.05$），说明教师的中观学校支持越高对数学教师关键能力会产生越显著影响关系。

中观学校支持与人际关系的交互项并不会呈现出显著性差异（$t=-0.522$，$p=0.602>0.05$）。以及从模型1可知，X关于Y产生影响关系，说明中观学校支持关于数学教师关键能力产生影响，人际关系因素的水平不同时，其影响程度保持一致。

3. 身份认同在中观学校支持影响预测数学教师关键能力中的调节效应

表 6 – 44 身份认同在中观学校支持影响预测中调节效应分析（$n = 1787$）

	层级 1				层级 2				层级 3			
	B	标准误	t	p	B	标准误	t	p	B	标准误	t	p
常数	4.473	0.014	313.151	0.000 **	4.473	0.014	330.414	0.000 **	4.470	0.015	291.723	0.000 **
学校支持	0.218	0.017	12.685	0.000 **	0.046	0.020	2.279	0.023 *	0.047	0.020	2.300	0.022 *
身份认同					0.412	0.029	14.256	0.000 **	0.419	0.033	12.851	0.000 **
学校支持 * 身份认同									0.011	0.025	0.428	0.669
R^2	0.083				0.177				0.177			
调整 R^2	0.082				0.176				0.175			
F 值	$F(1, 1785) = 160.914, p = 0.000$				$F(2, 1784) = 191.188, p = 0.000$				$F(3, 1783) = 127.461, p = 0.000$			
ΔR^2	0.083				0.094				0.000			
ΔF 值	$F(1, 1785) = 160.914, p = 0.000$				$F(1, 1784) = 203.231, p = 0.000$				$F(1, 1783) = 0.183, p = 0.669$			

注：1. 因变量：数学教师关键能力。

2. $*p < 0.05$；$**p < 0.01$。

由表 6 – 44 可知，调节作用分为 3 个模型，其中中观学校支持因素在模型 1 中，模型 1 在经过身份认同因素调节后形成模型 2，模型 2 在加入交互项后形成模型 3。

如果没有身份认同因素这个调节变量的干扰，模型 1 中中观学校支持因素对数学教师关键能力的影响，呈现显著性（$t = 12.685$，$p = 0.000 < 0.05$），说明教师的中观学校支持越高对数学教师关键能力会产生越显著影响关系。

中观学校支持与身份认同的交互项并不会呈现显著性（$t = 0.428$，$p = 0.669 > 0.05$）。以及从模型 1 可知，X 关于 Y 产生影响关系，说明中观学校支持关于数学教师关键能力产生影响，身份认同因素的水平不同时，其影响程度保持一致。

4. 成就动机在中观学校支持影响预测数学教师关键能力中的调节效应

表 6-45 　　　成就动机在中观学校支持影响预测中调节效应
分析（$n = 1787$）

	层级 1				层级 2				层级 3			
	B	标准误	t	p	B	标准误	t	p	B	标准误	t	p
常数	4.473	0.014	313.151	0.000**	4.473	0.014	324.331	0.000**	4.485	0.015	291.559	0.000**
学校支持	0.218	0.017	12.685	0.000**	0.089	0.020	4.426	0.000**	0.080	0.021	3.851	0.000**
成就动机					0.276	0.024	11.434	0.000**	0.265	0.025	10.709	0.000**
学校支持*成就动机									-0.037	0.021	-1.746	0.081
R^2	0.083				0.145				0.147			
调整 R^2	0.082				0.144				0.145			
F 值	$F_{(1, 1785)} = 160.914$, $p = 0.000$				$F_{(2, 1784)} = 151.669$, $p = 0.000$				$F_{(3, 1783)} = 102.245$, $p = 0.000$			
ΔR^2	0.083				0.063				0.001			
ΔF 值	$F_{(1, 1785)} = 160.914$, $p = 0.000$				$F_{(1, 1784)} = 130.730$, $p = 0.000$				$F_{(1, 1783)} = 3.048$, $p = 0.081$			

注：1. 因变量：数学教师关键能力。

2. $* p < 0.05$；$** p < 0.01$。

由表 6-45 可知，调节作用分为 3 个模型，其中中观学校支持因素在模型 1 中，模型 1 在经过成就动机因素调节后形成模型 2，模型 2 在加入交互项后形成模型 3。

如果没有成就动机因素这个调节变量的干扰，模型1中中观学校支持因素对数学教师关键能力的影响，呈现显著性（$t = 12.685$，$p = 0.000 < 0.05$），说明教师的中观学校支持越高对数学教师关键能力会产生越显著影响关系。

中观学校支持与成就动机的交互项并不会呈现显著性（$t = -1.746$，$p = 0.081 > 0.05$）。以及从模型1可知，X 关于 Y 产生影响关系，说明中观学校支持对数学教师关键能力产生影响，成就动机因素的水平不同时，其影响程度保持一致。

5. 所有影响因素与数学教师关键能力散点图

本研究用散点图来探索，且直观展示所有因素与数学教师关键能力之间的相互作用相互影响关系。具体见图6－4。

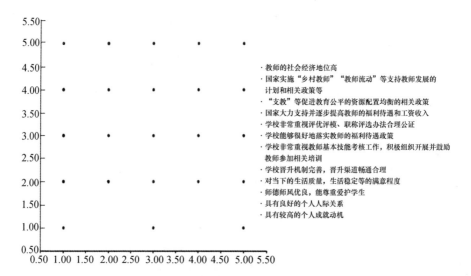

图6－4　所有因素与数学教师关键能力的关系散点图

第四节　本章小结

本章第一小节基于 AHP 层次分析法，融入 Fuzzy 模糊数学方法，利用构建的数学教师关键能力评估模型及各级指标进行权重赋值，选取数学教育领域的专家学者发放"数学教师关键能力模糊综合评估量表（他评卷）"，对当前数学教师关键能力进行模糊综合评估，经过统计分析计算得出，当前数学教师关键能力水平处于良好等级。因此，运用模糊综合评估法对数学教师关键能力进行评估，能够减弱主观性评估，具有创新性和实践性，有利于数学教师关键能力评估体系的建立，并为数学教师关键能力发展项目建设提供思路，从而提高数学教师相关培训的合理性、科学性和有效性，同时为数学教师职业生涯发展提供可行性分析与规划向度，促进数学教师队伍建设。

第二小节进一步应用评估能力模型，通过对数学教师关键能力现状开展实证调查研究，了解和把握当前数学教师关键能力的整体现状水平以及不同个体特征下数学教师关键能力的差异性与相关性等。根据《数学教师关键能力现状及影响因素调查问卷（自评卷）》的调查结果分析得出，当前数学教师关键能力处于中上等水平，其中得分最高的是育德能力4.53分，最低的是个体特质3.92分，说明育德能力是数学教师最为核心重要的关键能力，且当前S省数学教师的个体特质与生存境遇是不容忽视的问题，包括教师的身体健康、情绪调节、生活与工作的满意度，还有自我认同等方面，需要社会给予更多的关心和支持。其余各个能力维度得分都在4分左右，表明数学教师关键能力现状良好。采取卡方分析、方差分析、相关性分析、回归性分析等多种方法进行不同个体特征变量对数学教师关键能力的差异性与相关性分析，得出性别、地域、最高学历与关键能力不相关，办学性质与关键能力存在负相关关系，教龄、专业技术职称、任教身份、月工资水平、校际交流次数与关键能力存在正相关关系。其中男性、公办院校的数学教师关键能力水平较高、教龄和月工资水平关于跨学科及信息化教学实践技能呈现出显著性差异、最高学历特征关于育德能力呈现出显著性、职称关于教学实践技能呈现出显著性差异等结论。

第三小节继续利用评估能力模型开展数学教师关键能力影响因素的调查研究。基于对数学教师关键能力的内涵界定与结构认知，提出数学教师关键能力影响因素的理论假设模型，对影响因素的作用机制进行理论分析，构建数学教师关键能力影响因素结构方程模型。采取多元线性回归分析与调节效应检验，发现数学教师关键能力受到微观个体冲突、中观学校支持、宏观社会经济地位等多种因素的影响和制约，其发展的根本动力源自内部影响因素（工作满意度、成就动机、人际关系和身份认同），外部影响因素（社会环境、制度环境）。通过数学教师关键能力影响因素调查研究，能够发现学校管理者和数学教师个体自身在数学教师职业生涯发展过程中的重要影响问题，从而根据影响因素采取相应的路径措施发展数学教师的关键能力。

第 七 章

数学教师关键能力的现实藩篱
与归因分析

经过前文定量分析得出，当前数学教师关键能力受到众多因素的影响与制约，具体既包括内部因素又包括外部因素的共同作用和影响。基于数学教师的教育生态环境下与职业岗位特征性质，由宏观层面、中观层面和微观层面三个维度，相互作用相互影响的不同因素构成了纷繁复杂的数学教师关键能力社会影响生态网络系统。因此，为进一步探究数学教师关键能力，提升数学教师队伍整体质量水平，本研究初步构建了数学教师关键能力评估模型及影响因素结构方程模型。实证量化分析研究主要从客观角度对数学教师关键能力影响因素进行探究，从宏观层面对其影响因素作用的程度及机理进行研究，但对其影响过程的主观深入细致地"挖掘"仍需进一步开拓。前面实证量化分析研究哪些具体因素能够影响数学教师关键能力及其影响程度进行了详细地阐释，但是在相关因素对关键能力产生影响的过程中，个体的差异会起到至关重要的作用。换言之，个体的主观能动性仍需要进一步讨论，才能更加深入地解释相互作用的发生机理与过程，以及各个影响因素间的关系。"研究者所感兴趣的是洞见、发现和解释，而非假设验证……通过对单一个案和实体的聚焦，研究者力图发现现象中主要因素交互作用的特征。"① 为剖析影响数学教师关键能力现状的原因与机理，本章选取在田野调研、深入课堂听课调研过程中，具有较大程度解释性的个案来进行进一步探究，聚焦于探究分析数学教师现实生活

---

① 莎兰·B. 麦瑞尔姆：《质化方法在教育研究中的应用：个案研究的扩展》，于泽元译，重庆大学出版社 2008 年版，第 45 页。

中鲜活真实的经典案例与事件，能够更加深入剖析当下数学教师关键能力存在的问题及原因，对症下药，从而更加精准定位影响数学教师发展的关键点，探寻发展数学教师关键能力的有效措施和路径。综合运用观察法、访谈法等多种质性研究方法，深入一线数学教师群体，了解他们的现状与诉求，充分发掘数学教师关键能力的现实藩篱并进行归因分析。

第一节 不同发展阶段数学教师身份认同的困境

教育部印发多项意见及措施明确中小学教师师德建设，注重教师师德师风的监督考核与激励。山东省印发实施意见，为山东省教师队伍改革提供保障措施。在这样的时代背景和要求下，数学教师关键能力水平与基础教育教学质量关系密切。如何准确定位数学教师关键能力的现实藩篱并进行归因分析，发展教师关键能力迫在眉睫。

而当下很多国内外研究专家学者认为，发展教师关键能力的首要举措需要加强对不同学科教师相关学科知识和技能的培训。但是关键能力不仅受专业能力影响，其自身对岗位职业的认同度也是影响关键能力的重要因素，对个体特质、育德能力、社会性能力、创新与创造力等都具有非常显著的影响。尽管完善教师培养培训制度在短期内发展数学教师关键能力的效果比较明显，但是仅仅依靠不定期的外界输入式的行为措施来发展数学教师关键能力，其成效持续的时间可能会较为短暂，但若数学教师从个体内部自主能动的愿意去发展自身关键能力，自主赋予其"努力"的意义，从而自觉采取相应意识和行为去主动发展自身关键能力，将会产生事半功倍的效果。

数学教师个体自身究竟具有何种身份认同，即作为一名数学教师，其如何看待自己这份职业，对其言行举止产生何种影响，并对自身所从事的职业赋予何种意义与价值的认知，这种认知会影响其在从事数学学科育人工作过程中形成或采取的行为模式。并且身份的认同感会随着数学教师在每个不同阶段的职业生涯发展变化而变化，会因社会环境、制度环境、人际关系、职业身份、教师个体特质等方面的变化而变化。这也说明身份认同是教师主体与环境客体相互作用形成的认知。

数学教师的角色身份能否为其自身所接受和认同，取决于数学教师如何为之赋予意义与价值。身份认同度较高的数学教师将会在数学学科育人过程中产生如下特征：一是具备能够主动承担工作任务与岗位职责的自我认知，由自身的主观能动性出发愿意从自身角度反思承担责任。二是身份认同度较高的数学教师会持续产生积极的情绪体验，因而在育人工作过程中，会投入更多的热情和精力，会因工作取得的成绩与认可而受到鼓舞与认同，从而持续相互促进呈螺旋上升式地进步和发展。三是身份认同度较高的数学教师会根据自我认知与意识，形成或者树立个体认为理想的数学教师形象或榜样，并会在实际的育人过程中，努力践行"学高为师，身正为范"的数学教师的行为规范。因此，积极的身份认同感会产生积极的意义赋予和情感体验，并且有助于其践行所承担的"数学教师"这个岗位角色。因此，帮助数学教师对自我身份形成正确的辨别与认知，形成正面稳定积极的身份认同，使其获得稳定的价值感是非常有必要的。

综上所述，基于数学教师职业生涯发展"自上而下"的成长阶段，即按照职前师范生—初任教师—骨干教师—名师名校长的职业发展路径，在逐步分析考察学校、家庭、社会等组织对数学教师的角色期待、工作职责和培训交流的同时，分析探究作为发挥主观能动性的数学教师个体自身对职业身份的选取、建构与认同。

一 职前师范生：从学生到教师的角色转变

经过深度访谈，发现职前数学学科师范生对数学教师身份的认同获得不仅来自个体主观建构的层面，更多的渠道源自并深受外部社会环境和结构对数学教师角色阐述和期待的影响。如果职前数学学科师范生在高等师范院校进行培养学习时期就没有对其未来职业形成清晰的认同度和归属感，那么即便其未来走向相应的工作岗位，对其今后的关键能力以及职业发展都将产生不利的影响。因此，如何使得职前数学学科师范生在高等师范院校进行培养学习时期能够准确地定位并构建自己的角色身份，深入探究分析身份认同对职前数学学科师范生关键能力的影响程度及归因机理，选取S省4所省属师范高等院校数学学科教师和师范生开展深度访谈调查，发现此阶段形成的身份认同对其未来职业岗位能力的影响起到至关重要的作用。

（一）培养学习时期的身份认知

"教育无小事，事事皆育人。"高等师范院校在对职前师范生进行培养的过程亦是"教师教育无小事，事事皆能育人师"。当下国家采取"公费师范生"计划、"支教计划"等多种举措，积极进行教师队伍建设。高等师范院校的教师和师范生正是此类举措中的当事人，在深度访谈过程中采取三级编码的研究方法对教师和师范生进行分类编码。编码方法：一级编码为学校类别，分别用大写英文字母表示为 S、L、Q、Y 等，二级编码为教师和学生类别，分别用汉语拼音首字母表示为 JS、XS，三级编码为受访者的顺序，分别用阿拉伯数字表示为 1、2、3 等。比如第一位受访者为 S 大学的数学学科教学的教师，则编码为 S–JS–1。

从对职前师范生的培养教师进行深度访谈的数据分析得出，职前师范生对自身角色定位存在身份认同度较低、职业归属感较低和角色界定模糊、认知度较低等问题。在田野调研访谈中，当被问到为何选择数学教师这个职业时，大部分职前师范生对待职业身份的态度大致可分为以下几种。

第一，不喜欢数学但喜欢小学生：有许多不分学科的高等师范院校师范毕业生，在考取教师资格证时会选择数学教师资格证。究其原因，是出于对小学生的喜爱，虽然本科没有选择学习数学专业，但是相对来讲，数学所需要的数学学科知识的深度和广度不及中学和大学，承担的授课压力和学习压力相对较小，工作与学习的氛围相对比较轻松，正如他们所说："与孩子们在一起的每一天都是无比快乐和充满惊喜与意外。""我喜欢每天看到孩子们天真的笑脸，喜欢他们像八爪鱼一样挂在我身上。"

第二，既喜欢数学又想当老师：通过调研发现，一部分职前师范生是由于从小就热爱学习数学，喜欢跟别人讲题交流，切磋技艺，喜欢每当解出一道数学难题时"柳暗花明又一村"的感觉，并非常享受其中的乐趣。

第三，喜欢数学但不排斥做老师：受到社会环境和家长的影响，教师这个职业被认为是比较理想稳定的工作，社会认同度较高。而从普适意义上讲，也是家长们认为的适合从事的好工作，同时自身也喜欢数学这个学科，在数学学习等方面获得较高的成就感，具有较强的数学学习兴趣，通过各方评估认为自身性格、能力等方面具备作为一名数学教师的基本需求。"当老师是我儿时的梦想，从中学开始我就发现自己在逻辑思维等方面的能力还是比较强的，喜欢做题，于是参加奥数比赛等也取得过比较不错的成绩，也想把自己对数学的这份理解与痴迷传递给学生，让学生能发现它的美丽，喜欢它的纯粹利落，所以我就选择做一名数学教师。"

下面是对第一位受访者进行面对面访谈语音记录的文字转化。

我在对公费师范生进行教育和交往的过程中，最大的感受的就是"惋惜"和"遗憾"。为什么这么说呢？你想，能考上"公费师范生"的这些孩子们当年的高考录取分数可都不低呀，有好多都是考了600多分，按说这些孩子自身的能力水平和素养品格都是相当优秀的。但是，当我真正开始教学的时候才发现，这些孩子们有些时候远不如非师范生们努力。他们就觉得，反正大学四年毕业以后就回老家就有份稳定的工作，因为签了协议也不用考研不用再找工作，没有压力就没有动力，大学四年他们会怎样度过，可想而知。很多事情，比如参加数学建模大赛、教学技能大赛、"互联网＋创新创业"大赛，等等，他们都相对不太积极。相反，那些没有签约"公费师范生"的孩子们却非常努力认真，无论是就业还是升学，他们的目标都非常明确，不仅平时的课程和作业都能够积极高质量完成，全力以赴地备战考研或是"教职"都足够认真对待，每天都过得很充实。所以我很想说，在某种程度上咱们学校的一些自身能力和素养都比较优秀的"公费师范生"基本等于"废掉"了。没有了奋斗目标，人的斗志往往很容易丧失，打游戏、看社交软件、获取碎片化信息，等等，把原本宝贵的大学时光给荒废掉了，真的感到很痛心，很惋惜。可这些孩子原本就是天之骄子啊，有几个毕业以后回到家乡的乡村学校工作的，都没有什么消息了，泯然众人矣，实属遗憾。（S－JS－1）

从与S－JS－1的访谈可知，当前一些职前师范生存在对身份认同模糊不清的问题。他们认为在接受高等师范院校四年的培养之后必然会去做一名数学教师，并没有经历对自身未来职业身份更深层次地剖析、抉择和坚守的认真思考的过程，这必然对高等师范院校的人才培养成效和职前师范生自身关键能力水平产生负面的影响。

从对职前师范生进行深度访谈的数据分析得出，由于职前师范生在入学之初的职业选择和身份认知大多是来自家长的意见和建议、社会环境的影响和认知，等等，特别是十八九岁时并没有或者来得及对自我认知、职业界定和未来发展形成较为成熟的规划，但是，在经历四年高等师范院校的培养以后，通过数学学科本体性知识、教学实践技能、教育学、心理学、信息技术等多种学科的学习和实践，在对自身的关键能力形成较为清晰的认知和定位后，他们会重新对未来发展进行认知和规划。下面是对第二位和第三位受访师范生进行面对面访谈语音记录的文字转化。

　　我能像现在这样坐在研习室里，静心学习，钻研文献，成为一名数学学科教育专业的硕士研究生，专心做自己喜欢的事，真的是心存感激。感谢政府、感谢学校、感谢命运，再或者说感谢自己。为什么这么说呢？我原本是一名"公费师范生"，如果没有那个意外，我的人生轨迹也许就不会改变，或许我现在正在一所乡村学校当一名数学教师，当然这是一份非常神圣、伟大的职业，但并不适合我。我是一名"高考失利"的学生，当初知道自己的高考分数后，大哭了一场，没有考上我心中理想的大学。我当时就想去复读，但是因为我家里人好多都是教师，我姥爷是一名退休小学教师，教龄有 30 多年；我妈妈和姨妈都是人民教师，他们认为女孩子最好当一名教师，教书育人，每年还有寒暑假，工作稳定，是一份既体面又神圣的职业，所以我才报 S 大。但是高考分数又相对比较高，正好能被"公费师范生"录取，毕业也不愁找工作，所以就成了 S 大数学专业的一名"公费师范生"，以后就成为一名乡村教师，人生也就这样了。但是，真正来到大学以后，接受了那么多优秀教师的言传身教，接受了数学学科知识与技能的培养和训练，随着自己心智的成熟和认知的改变，我找到了我的研究兴趣和专长——我可能更适合于做相对比较安静、善于思考分析的科研工作，我的性格可能并不擅长和儿童打交道，所以并不想本科一毕业就急于去工作就业。而此时，正好国家在硕士研究生报名的前三天颁布了允许我们"公费师范生"考研的政策，就像及时雨一样拯救了我，为我的人生又打开了另外一扇门。虽然时间紧、任务重，但经过一番努力我终于如愿考上研究生了，可以不用马上去工作，可以继续我热爱的数学教育科研事业，真是一件幸福的事情，我真的很开心，

很感激，并下决心一定要把这条路走好。(S-XS-1)

从与 S-XS-1 的访谈可知，在经过四年的高等师范院校的培养训练之后，职前师范生会对数学教师这个职业形成自我的认知和理解，而不仅仅是在专业选择之初来自外界对职业身份角色的信息、判断和认知。若此时形成了角色身份的冲突，那么势必会对其以后职业生涯的选择产生影响。即便毕业之后坚守了最初的选择，其留岗工作意愿程度也会不高，从而造成教师流动的单向不平衡局面。

> 能被现在的学校录取，一路走来真的充满艰辛坎坷，好在最后的结果是好的，我终于被心仪的学校录取了。我是 S 大的一名"公费师范生"，上学时候的志向就是回到家乡的学校，当一名数学教师。但是毕业之时家乡的教育局给我分配了一个特别偏僻的条件非常艰苦的乡村学校，去县城路途都非常非常远的那种，更别提我能周末回家的事儿了。我知道既然选择做教师，选择签"公费师范生"的协议，就应该做好奉献牺牲的准备，要有足够的契约精神。但是，我太了解自己了，我是特别恋家的人，真的不适合去偏远的农村，更不知道怎么去面对那些天真的孩子。我害怕我因为内心的不安定，导致不能很好地完成教学任务，我害怕坚持不住突然逃离会让他们更加失望，所以好不容易我解约了，中间的过程自然非常坎坷艰难，但好在最终结果是好的，我参加了市属事业单位招聘考试，重新考取了编制，如愿成为一名城市学校的数学教师。我想，虽然我做的不对，但是相对现在而言，我更热爱与满意我现在的工作与生活状态，我也知道这份工作的来之不易，我会尽全力，迅速适应岗位需求，全方位发展自己，争取当一名合格的数学教师。(S-XS-2)

从与 S-XS-2 的访谈可知，职前师范生对教师职业的身份认同至关重要。能够对其今后的职业抉择、关键能力以及教育教学质量都产生深远的影响。当前的乡村教育现状更加复杂更加有难度，教育对象大多是较为特殊的留守儿童，教育工作环境与城市相比较为艰苦，面对社会对职业的高要求与教师关键能力的不匹配，更大的职称晋升压力，更少的培训交流机会，更低的工资待遇和更重的工作负担，乡村教师显然已成为社会的弱势群体，亟须社会层面的高度关注。从个体角色冲突的微观视角出发，一方面当代乡村教师具有教育体系必需的职业身份，另一方面要求职前师范生个体自身具有扎根乡村的乡土情怀，教育体系和乡土情怀两种不同的社会要求之间的冲突会引起职前师范生的角色冲突，从而造成乡村教师的边缘化，职前师范生对乡村教育事业没有归属感，导致一部分乡村青年教师的流动程度过高，直接影响职前师范生对未来职业选取。

（二）实习时期的身份认同

"相观而善之谓摩"，"教学相长"，观摩实习是所有数学教师必须经历的学习实践的过程，在这个阶段，在经历了深入课堂亲临讲台、听课评课、"学徒制"结对帮扶培养、与学生和家长及领导同事"零距离"接触相处以后，在作为一名真正的数学教师应具备的关键能力得到展现和发展的同时他们会对未来职业形成新的角色认知、界定和身份选取。

下面是对第四位 L 校的受访数学学科教育实习学生进行面对面访谈语音记录的文字转化。

> 我的实习过程是收获满满的过程。古语有云："国将兴，必贵师而重傅。"我所在的学校实行的是"青蓝结对，师傅带徒弟"的帮扶制度。我非常庆幸的是学校给我分配的师傅尽心尽责，不遗余力地对我"传、帮、带"。而实习的首要阶段就是听课，我进入学校第一次走进课堂就是听我师傅的课。每每听课完毕，我心底总或多或少地产生不一样的感悟与感想。师傅曾对我说："首先你要学会'取经'和'借鉴精髓'，巧妙运用'拿来主义'，然后融入自己的东西，设计出独具特色的课堂教学方案，再通过每次课堂实践的效果反馈来进行及时的反思改进，渐渐地也就有了自己的特点和感悟，积累教学经验，这就是一个习得进步的过程。"我牢牢记下了师傅的教诲，随堂听课模块结束后，就开始着手准备登上讲台授课，对相关教学内容进行准备，将大部分精力转移到备课备教案上面来。通过向师傅虚心求教，潜心钻研，一遍遍反复推敲、打磨后，师傅认为我的教学设计合格，并且具备驾驭课堂的能力之后，我终于登上了梦寐以求的真正的讲台。之前在学校受训时都是给老师和同学们讲课，而此时面对一个个

天真可爱的孩童，在他们充满期待的脸庞上我看到了未来和希望，使命感和责任感也油然而生，此刻，我才发现我是如此的热爱这三尺讲台，如此痴迷这充满活力朝气蓬勃的课堂，那份热爱并坚守数学教师这个职业的决心更加笃定。（L－XS－1）

从与 L－XS－1 的访谈可知，实习教师具有双重的身份。一方面，实习教师仍旧是没有毕业的高等师范学校的师范生，没有实践经验，进入实习学校后，仍旧需要具有教学经验的教师或者师傅手把手地帮扶，传授教研实践经验，打磨完善教学设计，不仅是听课学习，还要钻研探讨，自主设计。另一方面，经过一段时间的培养锻炼，从实习教师真正走上讲台面对学生的那一刻起，就完成了从"学生"到"教师"的身份转变，能够真正独立自主地驾驭课堂，数学教师的关键能力能够得到充分发挥，此时，对数学教师的身份能够更加明确的认知。

下面是对第五位 L 校的受访帮扶实习生的教师进行面对面访谈语音记录的文字转化。

我认为刚一开始讲课的实习生存在最大的问题，就是没有完成自我身份的转变，仍旧以一个学生模拟授课的姿态来讲课，这样的感觉是完全不对的。有的实习教师不能较好地去回应学生的回答，同时也不能很好地为学生答疑解惑。再者就是课堂教学设计里面的提问环节，存在为了提问而提问的"形式主义"，简单走一遍过一遍，最后再总结陈述，仅仅停留在表面上完成教学任务。一旦学生出现突发状况，比如回到错误，或者回答比较慢，或者不知所云的时候，不能够及时地生发教育机智，或者从学生的角度去思考为什么这样回答并及时给纠正分析。还有一个比较大的问题就是，有的实习教师的板书开始很随意，没有注重黑板版面的设计，想到什么写什么，细节也不是很关注，且有些时候太依赖于 PPT。我是非常不赞同完全依靠 PPT 来授课的。对于 7~12 岁的学龄儿童来讲，PPT 展示虽然具有一定的优势，可以激发学生学习数学的兴趣、吸引学生注意力，等等，但是根据数学学科的特点来说，数学知识导入的过程更加需要教师的谆谆善诱，层层引入，通过现场板书或者实物展示更加易于学生理解和掌握，而不局限于一张张 PPT 画面的直接展示。

但是通过实习，以上这些问题会有所改观。他们会慢慢知道怎样进行规范的课堂整体布局。从最初框架式的备课，要预设到位，要体现细节，等等，到最后形成比较完美的板书设计。从一开始不会进行课堂反思，到最后能够对课堂进行"问诊把脉"。并且综合运用多种跨学科的知识与数学学科知识相融合，让学生在课堂中有更丰富的体验，而不仅局限于数学学科本体性知识的传授。比如，我们讲元、角、分等纸币的认识这节课时，可以融入数字货币、理财、货币流通等其他学科领域的知识，不但激发了学生的兴趣、活跃了课堂气氛，而且拓宽学生的知识面，这也是数学生活化的体现。而作为教师本身，也从容淡定许多，从孤立地自己站在讲台上，到能够走下去跟学生进行交流沟通。也会放慢讲课的速度，不会那么往前赶。能够越来越娴熟地把握整节课的节奏，在讲课的过程当中每一块内容也都能够衔接得很自然，等等，这些都是可喜的进步。(L-JS-3)

从与 L-JS-3 的访谈中可以看出，实习不仅有助于形成职前师范生关于教师身份的认同，更有助于提升其关键能力中的教学实践技能水平。比如，访谈中所涉猎的实习教师教学环节衔接的问题，即在进行多个例题讲解的过程中，第一道题往往是概念性的题，目的是让学生能够对数学概念进行准确的理解和把握，也就是熟悉课本，这是基础，也是重点。如果学生达不到，教师则应采取教育机智和策略等，通过提问使得学生达到这个目标。理解和掌握了概念之后，然后再引入需要实践操作的解决现实问题的题目。这个时候就需要教师掌握一种把抽象的概念转化成为具体可操作的算法过程的实践技能。另外是数学学科本体性知识与社会性能力的综合运用。实习教师要能够运用所学的数学教育的专业知识来解释为什么，从学生自身的角度出发，以生为本，熟练运用数学教育或者教育学心理学的知识来解释为什么。以生为本，具备较高的责任心去关心爱护学生，这也充分体现数学学科教师的育德能力。

二　初任教师：个体特质与育德能力的角色定位

（一）个体特质下的角色定位

数学初任教师在刚到任职岗位的初期所经历的工作困扰，以及消极情绪体验不仅会影响其关键能力的发挥，也会对学生产生较为深刻的影响。如果数学教师在入职之初，没有及时适应自身的岗位工作，抑或没有及时完成角色身份的转变，以一种持续的困惑的状态、消极的情绪来开展教学，认为教育教学过程是一种迷茫困扰和工作负担，存在衰竭无助感，其角色身份就不能够得到正确的认同，更不能顺利完成工作任务，从而产生矛盾困扰，造成个体出现是坚守还是逃离的角色冲突。

突出的关键能力源自好的状态与情绪，但是优秀合格的教师并不是"上了机油的机器"，而首先是一个充满热情和幸福感的人，是带着"责任心、创造创新力、幸福和快乐"来教导学生的工作者。但是当他们面对繁重的工作任务及复杂的社会关系等时，难免会让数学教师产生不同程度的工作困扰和消极情绪。尤为突出的是抑郁、焦虑、疲劳、厌倦、缺少激情等，这些不可避免地给教师个体、学生、学校乃至整个社会带来负面效应，也会降低数学教师的关键能力。

研究表明国内外大多从积极心理学的视角来研究教师的能力，鲜有从消极情绪的视角去研究。"解铃还须系铃人"，从心理学角度来分析探究初任数学教师的工作困扰、消极情绪体验能够更精准切实的把握影响关键能力发展的关键点，采取调节措施逐步减轻工作困扰、消除消极情绪以发展数学初任教师的关键能力，从而使其更加坚定最初的身份选择，坚守初心，做一名合格优秀的数学教师。通过前文的研究结论表明，数学男性教师比女性教师在个体特质的得分相对较低，说明男性教师受到更强烈的工作困扰，自我认知和协调能力以及对人生规划和幸福生活的能力相对女性教师较弱一些。与女性教师相比，男性教师在渴望实现个人理想、充分发挥自我价值、寻求自我发展平台和事业成功等各方面的愿景更加强烈，而理想与现实的差距较大，从而造成在就业初期，男性教师的离职率比女性教师要高。

下面是对第六位 Q 校的乡村学校初任数学教师进行面对面访谈语音记录的文字转化。

我来这个学校已经三年了，其实这三年的我一直是矛盾的。为什么这么说呢？先说说我为什么选择来这里：我是家里的独生子，父母就在离这里差不多30公里远的市区，当初大学毕业父母唯一的要求就是回到他们身边，而我刚好读的是师范类专业。虽然大学四年自我感觉学得不是太好，但是赶上咱们市招聘老师教师，很幸运我考上了，被分配到这所乡村学校，我父母也挺支持。单位离家不算太远，工作相对稳定，虽然工资低点儿，但我心中仍有一种教书育人的神圣的使命感和责任感。所以刚来的时候，可以说充满了热情和激情，想着一定好好干，踏踏实实地把学生教好是我的首要任务。但是，当我真正开展了工作的时候，我发现现实并没有我想象的容易。学校的生源还是有的，办学条件和硬件等配置也跟得上，但是像我这样的年轻教师还是比较缺乏，老教师仍旧是主力军，但是这些当年的"拓荒者"在能力、精力上已经不太适应当前教育教学的要求，所以我不但要教上数学课，还要教上科学、音乐等课程，由于日常的教学任务繁重，每天面对这些小"神兽"们，体力真有些吃不消，下班干脆就不回家住宿舍，半个月或者一个月回一趟市区，也是为了省油费吧，毕竟工资就那么点，可以说身处"江湖之远"了。慢慢地，我就发现我脱离了原来的社交圈子，变得封闭。出现了无望的、厌倦的、孤独的、痛苦的、沮丧的等一些消极心态，有时"感到心力交瘁、从早到晚都有一根弦绷着"，下班后感到很疲惫，没有时间、精力和欲望再去参加社交活动，更别提相亲了，呵呵，所以现在也没对象。面对这样的工作压力，我的职业倦怠感越来越强烈，想到以后的发展空间也可能会受到局限，所以就想通过考公务员或者考其他单位的事业编制再考出去，或许当初选择来这里工作也只是暂时的稳定吧。但内心还是有些舍不得那些天真烂漫、童真无瑕暇的孩子们。特别是现在农村家庭的条件也变好了，城乡教育发展还是不均衡，为了让孩子接受更好的教育资源，许多有条件的家庭都把孩子送到市区的一些教育质量比较好的私立学校上学，乡村学校的生源数量有所减少，生源质量也有所下降，但现实问题是毕竟还有许多家庭没有进城的条件，这些学生绝大多数都是父母在外工作的留守儿童，学生还需要接受教育，更加需要我们这些年轻教师的生活关怀和心理疏导，所

以除了巨大的工作压力，我们还要承担越来越高的社会期待与社会责任，这无疑对我们的抉择选取产生影响。（Q－JS－1）

（二）育德能力下的角色定位

1. 初任乡村教师的"社会孤岛"

当前虽然乡村学校的办学水平和办学条件逐步得到改善，但乡村学校仍然像信息孤岛一样存在于各个村落之中，尤其一些偏远贫困地区的乡村学校与周围的社会环境鲜有交集，社会关系相对单一。作为教育主体之一的乡村初任数学教师群体，受"孤岛效应"的影响，注定是孤独的。乡村知识分子的身份日渐式微，成为不被多数人理解和认可的"孤独"边缘人，社会地位也发生改变。能够让初任数学教师留下坚守岗位的，更多的是对自我身份认同，需要新入职的乡村数学教师为乡村的孩子们实现自我价值和职业理想，努力克服困难，扎根乡村，默默地坚守奉献，踏实勤奋地做好本职工作。

2. "坚守奉献"的角色定位

初任数学教师在刚入职乡村学校最初的几年，是扎根与流失的关键期，由于学科教师资源匹配不均衡等，许多初任数学教师身负重任，俨然"全科教师"。根据前文的调查结果，乡村数学教师在年龄、专业、性别等方面存在结构失衡现象，很多数学教师不得不跨专业学习与教学，身兼数职，充分挖掘自身的跨学科与信息化应用等关键能力。面对许多缺少父母关爱的留守儿童，更加需要艰辛的付出，尽最大努力给孩子们提供更好的学习氛围和成长环境。能够留下扎根坚守的，很大程度上取决于个人的身份认同和职业抱负。

3. "艰难困苦"的生存处境

在复杂的乡村教育社会系统中，教育对象大多是留守儿童，学校办学经费僧多粥少，教师职称晋升与教学任务压力较大，这种身处"江湖之远"的较为艰苦的生存环境，直接影响乡村教师生活水平与社会地位的提升。乡村教师队伍中精壮力量较少，中老年教师是教学的主力军。如前所述，这些当年的"拓荒者"在能力、精力上已经不太适应当前教育教学的要求，而一些青年教师又因为职业倦怠感强烈，被边缘化，没有归属感，发展空间受限等困境而跳槽离职，单向流动程度过高。除了计划生育造成的学龄儿童减少，更多的是由于城乡教育发展不均衡，许多有条件的家庭纷纷把子女送到城区学校，生源数量减少，生源质量有所下降。但是在贫困偏远的山区，有许多家庭没有进城的条件，仍有许多学生同样需要领路人接受完整的义务教育，能够参加高考以圆大学梦。[1]

下面是对第七位 Y 校乡村学校初任数学教师进行面对面访谈语音记录的文字转化。

当下在一些网络上，舆论方面，对我们乡村青年老师不太友好。我在农村，所接触的老师，除了极少数，都挺好，对学生非常负责，有责任心也有爱心。在我们那里，通常情况下课后办培训班是不被允许的，管得非常严。我们教师也没有在外面代课的，由于留守儿童比较多，好多是老人带的孩子，老人辅导不了孩子写作业，即便家长在身边的因为忙于工作而不能及时辅导孩子写作业。所以，针对这些情况，我们年轻教师工作日基本都不回家的，好多都是留在学校义务给孩子们进行辅导。在我们学校，差不多从一个学期的开学到期末考试，每天下午都要延长一个小时，对一部分自愿留在学校或者需要留在学校的学生进行课后辅导和作业问答。现在情况好一些了，自从去年国家出台相关政策，就是在学校里面课后的辅导可以收取适当的费用。但是我了解的很多学校并没有进行推广，事实上也是如此，即便真的让我们收取费用我们也不会收费的，为孩子们多付出，是天经地义的事情。我们几个年轻教师仍旧是免费对孩子进行课后辅导，真的觉得这就是我们自己应该做的事情，这是让我感到最有成就感和自豪的地方，我认为我真正做到了以"学生为本"。但是让我感到非常寒心的是，我们单位年纪最大的一个老师，总是说我们，他认为如果你没有把学生教好，那就是你的问题！其实，我们年轻教师对学生的成绩要求没有那么高，或许跟我们自身的成长经历有关，也有太多的感同身受。我自己的童年就被各种辅导班、各种考试、各种特长课给占据了，周末就是忙碌地上各种辅导班，上学就是疲于应对各种考试，

---

①　张丽、徐继存、傅海伦：《乡村教师生存境遇与突围之策》，《现代基础教育研究》2020年第 4 期。

周考，月考，期中考试，期末考试，等等。真的就是"分分分，学生的命根"那种。所以，我们给学生就没有施加那么大的成绩压力，让他们根据自己的兴趣爱好多学习多涉猎，希望他们能快乐的学习。但是相反，老教师们仍旧是以学生的成绩、考试分数来评价我们的上课质量和教育教学成效，几乎所有的奖励、绩效、评优，等等，都与学生的成绩挂钩，他们还是把学生考试成绩看得比命都重要。一方面，学生考试成绩是评优评模的硬件条件，而另一方面也有社会层面的原因，因为教育的本质问题就是人的问题，你首先得有人，也就是学生和老师，当下农村学校的学生本身就流失严重，生源减少，如果成绩再上不去，家长会更认为是教育教学质量的问题，会加速学生的流失。学生生源不行了，那教师流动也会加速，如何留得住我们这些青年教师，这就需要政府采取相应的有效措施，想尽办法保住学生，保住学校。（Y－JS－1）

从与Y－JS－1的访谈中可以看出，当下乡村学校的青年教师群体中，最核心关键的能力就是育德能力中责任心、关爱学生的体现。当前的乡村学校，尤其是乡村小规模学校的初任教师，刚刚走出象牙塔的他们满怀对未来职业的美好憧憬走向工作岗位，与之俱来的是不完善的校舍住宿等公共基础设施建设、繁重的多学科工作任务、比较艰苦的工作环境、地理位置偏僻、教师队伍结构性失衡、学科比例失调、办学经费僧多粥少、偏离经济文化中心等，如上述所说许多教师身处"江湖之远"的较为艰苦的生存环境之中，面临着理想与现实的差距，这对初任教师的身心都是严峻考验。虽然当前国家大力倡导提高乡村学校的办学水平，改善乡村学校的办学条件，采取一系列积极的措施吸引在校大学生及青年教师扎根乡村教育事业，但是初任教师的身份认同感和归属感会受到来自宏观社会环境、中观学校支持以及个人特质等多方面因素的影响，一旦这些初任教师不能够及时调整状态，快速适应乡村教育生活，就会从整体上出现职业倦怠、消极疏离、本体性知识缺失、关键能力发展不足及乡土情怀弱化等问题，导致乡村小规模学校教师不得不重新进行职业规划与选择，一部分选择流向城市学校，另一部分仍然选择坚守乡村教育事业。而能够让他们对自我身份产生较高的认同感，并产生较高的自我价值和职业理想从而坚守岗位扎根乡土的关键就是其本身育德能力的体现。所以，数学初任教师中关键能力——育德能力中的身份认同是其坚守岗位的最好的体现。

三 骨干教师：超越与复归的角色认知

（一）身份超越：个体与集体

前文的研究结果表明，对于从教 5～20 年的中青年骨干数学教师来讲，其关键能力的各个方面，包括个体特质、育德能力、数学学科本体性知识、教学实践技能、跨学科及信息化应用能力、社会性能力等都达到比较高的分值，职业生涯也进入了比较成熟稳定的阶段和时期。从刚入职时满怀对三尺讲台的热爱与激情，到经过时间的考验和打磨带着崇高的职业理想和身份认同感认真工作，踏实教研。既富有年轻人的活力与朝气，努力实现自我价值，也更喜欢更容易亲近学生和同事。并且基于当下的社会背景，教师的职业更受人尊重，社会地位也越来越高，大部分青年骨干教师更易获得较好的社会支持系统，从而职业幸福感体验较强。但是，也有一少部分骨干教师，经过一段时间的磨炼（5～20 年）后进入了成长倦态期和事业平稳期。背负工作和家庭双重压力的同时，自身的关键能力也似乎进入了"瓶颈"期，个人的教学方法和风格已经逐步形成，关键能力水平发展有限，职业晋升空间不大，职业倦怠感空前强烈，但如果此时，能够对数学教师提供相应的培训交流的机会或者畅通专业技术职称或者职务的晋升渠道，发展他们的社会性、创新与创造力等关键能力，经过不断的反思与积极的调整，数学教师的关键能力水平会达到一种"质"的飞跃，不但具备较为娴熟的教学手段和方法，在数学学科专业领域也取得一定的成就，同时能够获得较高的学术威望，受到学生、家长和社会的认可，最终成为一名优秀的自我认同度高的数学教师。

下面是对第八位 W 校民办学校骨干数学教师进行面对面访谈语音记录的文字转化。

> 我非常庆幸我所在的学校氛围特别好，给我们这些比较有进取心，想要成就一番事业的青年骨干教师提供了很好的平台和机会。虽然我现在是年级组组长，但是我觉得我们团队是个凝聚力特别强的、超级团结优秀的命运共同体。我们不乏"讲课超棒"又尽职尽责的

好老师。在我看来，即便刚入职不久的青年教师在教学方面也足够优秀，而骨干教师在教学基本功和各项关键能力方面也更是无可挑剔。比如 Z 老师的基本功非常扎实，有良好的教姿教态，在校期间，也拿下了很多教学技能比赛的大奖，受过非常严谨正规的训练，在很多方面的表现要胜过同伴，在入职 10 年中的进步有目共睹。所以这次推选他为骨干教师，可以说实至名归，他在各个方面的表现都要领先，是其余青年教师学习的榜样。并且他并没有因为评选上骨干教师而松懈，反而比之前更加努力，这是非常难能可贵的。所以我个人认为，当优秀成为一种习惯，你自身的能力也会源源不断地发展和进步。相反另外一名 X 教师，刚入职的时候，她性格非常开朗，但是这种开朗乐观并没有体现在她的工作当中，给我们的感觉就是工作上面的事情好像提不起她的兴趣。我个人猜想的是这种消极情绪可能源自她的家庭或者个人规划，她在课堂上面的表现会比较紧张，备课不熟练，"今天的状态不好，准备不够充分"，是有一些消极的情绪在里面的。为什么会出现这些问题呢？我想 X 老师可能对正确的自我认知有所偏差，总认为自己表现不好是因为课前没有充分准备好，总是有这样或那样的事情耽误备课。但是经过一段时间的观察，我发现 X 老师在其他方面也存在一些问题，不是"准备不充分"，而是"努力的方向有所偏差"。只有用心做事才能把事情做好，要思考更深层次的东西而不仅仅停留在表面，这样才能把握课堂。这些就要求我们年级组的学科带头人要积极给予人文关怀和专业层面的支持，这也是应该具备的责任和使命。我的任务是不仅做好自己的本职工作，还要心系集体，在我们专业共同体中，起到模范带头作用的同时，做好"传、帮、带"的工作，力争不让一个同事掉队。还有新来的 B 老师非常受孩子们欢迎，讲课风格也幽默风趣，孩子们都特别喜欢他，他具备很多我们这些老教师没有的关键能力和品质。他上课不会按部就班，有着一套自己的模式。比如他会创新设计并改进教案，为了激发孩子们的数学学习兴趣，他会充分发挥年轻老师特有的灵活的上课模式，恰当地插播视频，将其他跨学科知识作为导入等。并且周末也会琢磨怎样创新式地开展教学，比如自己制作一些教具，融入新奇的想法，等等。确实下了很大的功夫，孩子们也都喜欢上他的课。如果此

时，我们能够给予其更好的发展环境和平台，他会迅速成长，并应该能获得较大的职业发展。(W－JS－1)

通过对 W－JS－1 的面对面访谈，我们得知数学教师成为骨干教师以后，其身份定位会有"质"的超越，此时增加了社会责任和集体使命，更重要的是团队或者年级组或者教研共同体的共同进步。那么相应地，学校就应该在体制机制、治理体系等制度管理方面进行整改和完善。骨干教师在完成教学任务、管理学生任务及处理师生关系、家长关系等巨大工作量的同时，还要具备较高的科研能力、取得各项科研成果及奖励、积极参加级各类竞赛并争取较好的成绩等，这些当下中小学管理体制关注的重点项目。还要具备责任意识关注团队的整体进步，通过进一步访谈，发现多数学校没能很好地将上级政策要求与学校的实际情况因地适宜地结合，没有尽可能多地提供给骨干教师专业培训和交流学习的机会，也没有对学生管理工作等提供良好的策略与建议。骨干教师必须尽其所能完成各项工作任务，付出更多的时间、精力及物力，遇到困境只能自我排解与消化。这种身份的超越难免会产生较为严重的心理负担和紧张焦虑的消极情绪。所以，问诊骨干教师困惑，把脉"中间"地带教师的问题则显得尤为重要。在经历了 10～20 年的教育教学工作之后，大部分骨干教师步入了中年时代，他们处于成长历程中的"危机"和"调整"阶段，一方面是学校的中流砥柱，业务骨干，要承担更多的责任和任务；另一方面承担照顾老人、子女等家庭责任，以及面对更复杂的社会人际关系，需要更多的人文关怀和社会支持。学校应在教改、高考、科研、竞赛等多项工作中给予其更多培养和发展机会，充分发挥其对初任教师的榜样示范作用。同时还应特别关注其家庭情况，帮助其缓解中年家庭危机，唯有家庭成员的理解、包容与付出，才能够让中年教师全身心投入教育教学中去。尽量为中年教师创造良好的工作生态平衡环境，适当减轻工作任务和负担，使其有更多的精力钻研业务，专注教学，建设团队，进一步发展关键能力。逐步把多年的工作经验和阅历转换成历练和发展的动力源，并形成自己的风格，成为工作领域中的领头羊，充分获得身份超越带来的成就感和归属感，这样才能有效发展关键能力。①

（二）身份复归：初心的坚守

一位优秀的骨干教师必须拥有先进的职教观念，而不单单停留在学识与修养层面，而更加要注重其本身对教育的看法和理解，形成自己的教育模式和育人理念，这样他才能继续成长为名师。一是以学生为主体，要求课堂外一切行为以培养学生品质为前提；二是不仅停留在数学学科教学层面，而更要注重学生创新能力的培养；三是要以知识与技能为载体与学生进行积极的交流与沟通；四是要有师生平等的教育主体观念，想学生之所想，急学生之所急，办学生之所需，做到让学生满意、让家长满意、让学校满意；五是要有多元和谐的教育评价观，骨干教师对学生的评价不能只从硬性指标出发，应该坚持评价指标多元化并且关注学生的形成性过程；六是要坚守初心，牢记身份使命。②

下面是对第九位 W 校民办学校骨干数学教师进行面对面访谈语音记录的文字转化。

我现在所在的学校应该算是近几年 L 市升学率最高的学校吧，但它是一所私立学校。多年前，我毅然从公办学校辞职，也就是所谓的辞去"铁饭碗"，应聘到这所学校，至今我都敬佩和庆幸当初的勇气和决心。这么多年来，我不是没有过更好的择业机会和平台，但每每经过深思熟虑后，我都放弃了。我热爱我现在的单位，单位成就了我的同时，我也成就了单位，可以说是个人与集体相辅相成，荣辱与共。因为，我坚守了原本的初心，我大学所学的专业不是数学，但是由于我的性格原因，对待新事物充满了好奇心，对越是不熟悉的事物越充满挑战，越是未知的东西越能激发我的斗志，所以来到单位以后，学校急缺数学教师，领导说可以让我试试，没想到，这一试就是10 年。在一线工作了近 10 年以后，我现在的主要工作就是负责教育

---

① 张丽、傅海伦、申培轩：《中小学教师工作困扰、消极情绪与职业幸福感的相关研究——以山东省域数据调查为例》，《当代教育科学》2019 年第 11 期，第 57—64 页。

② 周琬馨：《应用型大学教师教学能力评价体系研究》，博士学位论文，厦门大学，2017年。

科研和师资培训这块。我们构建了教研共同体，每周定期研讨，有效促进了教师间知识与经验的共享互创，发展关键能力。所以，我说现在单位正是在这样一群处于火热研究态势的热情又积极的骨干教师们支撑下稳步发展，而教师们也正是在这样的体制机制下修炼成长的。我们始终坚持以学生为中心的课堂设计与实施，也是学校之所以能在众多学校中脱颖而出的原因。学校在创新课程改革的同时，也给我们教师提供了相对满意的福利待遇，激励机制，绩效工资，职称评聘，等等，解决了我们的后顾之忧，能让教师心无旁骛的踏实教学，这也是大家干劲十足，撸起袖子加油干的原因。你想啊，以学生为本，以课堂为核心，老师们都非常负责认真，那教学质量教学水平自然而然就上去了，所以学校能够始终如一地保持比较优秀的成绩。但是，当下我们面临的一个棘手的问题就是，为了积极响应教育公平及国家相关政策，我们民办学校转公将是一次脱胎换骨的转变，未来会怎样我们谁都不可预见。但我们唯一能坚守的，就是永葆一颗"教书育人，以学生为本"的初心，无论身份怎样变革，我始终要做一名合格的数学教师。（W‒JS‒2）

通过对 W‒JS‒2 的面对面访谈得知，教育的本真就是忠于初心，以学生为本，回归课堂，坚守最初的身份认同和理想信念。这是无论教师处在哪个发展阶段，身处什么样的环境，都必须始终如一坚守的，勿忘使命。而我们在对数学教师关键能力评估的过程中，会更加注重育德能力的评估。会更加重视教师精神、灵魂与价值的评估，这是作为一名合格数学教师最基本的要求。"育德能力"要求数学教师首先要有理想情怀、使命担当和积极行为目标，坚守教师的职业道德，彰显育人精神。面对困境和矛盾时，依然坚守初心，依然坚守学生的利益高于一切，依然能够回归讲好每一堂课的初心，这即为数学教师身份的复归。

四 名师名校长：引领与使命的角色职责

（一）领袖教师：内涵发展背景下对数学教师的角色期待

当下，各个学校都在实行特色化办学，多元融合，多方借力以提升学校的综合竞争力。而能够彰显学校办学特色、文化传承与紧随时代变化提升的数学学科建设，逐渐成为各个中小学内涵建设与发展的重要着力点，也是学校提升育人质量的重要抓手。当前，在 S 省范围内以"教师能力提升项目"为载体，广泛开展实施的名师名校长工程、建立名师工作坊、名师引领工作室等培训活动以发展数学教师关键能力，使其能够及时有效地应对来自内外部环境所带来的挑战与变革——明确了作为教学名师的评估标准、考核标准、职称评聘、荣誉制度等，逐步实现管理重心下移，并充分激发一线数学教师参与学校组织管理、学科建设等工作的积极性与主动性。组织开展一系列教师培训提升工程的根本目的都是能够进一步提升基础教育领域育人质量以及加速一线数学教师的成长建设，实现办学功能的有效发挥。

下面是对第十位 B 校校长进行面对面访谈语音记录的文字转化。

我的个人成长经历呢，关于很多一线青年骨干教师而言，不无裨益。因为只有通过在一线课堂兢兢业业的磨炼、提高教学实践能力、学科本体性知识，等等，形成精湛的教学实践能力，才能提升自我的育人水平并引领其他教师的教育教学水平。同时呢，要具有大局观，把格局放到整个年级、整个学校乃至整个基础教育建设层面来思考和践行。以自身的影响力为学校的骨干教师争取更多的专业学习和训练机会。整个学校的教师对教育教学的研究热情高涨了，凝聚力和综合竞争力提升了，把自己带领的教研团队通过推优推出去，把这些集体的事情做好了，机会自然也就来了。我是"名师带动骨干教师、骨干教师带动年轻教师"这种研训培养模式下的受益者，我也希望 B 校的每一位教师都能通过这种方式找到自身的位置和发展方向，充分利用学校现有的教学资源和校外优秀的资源，尽情施展自己的技艺，燃放青春的热情，比学赶帮超，将自身的潜能发挥到极致，最终构建一支具有省域特色的出类拔萃的名师名校长团队。（B-JS-1）

从与 B-JS-1 的访谈可以看出，从一名数学学科教师逐步成长为一名"领袖教师"，这其中不仅是 S 校长角色身份的转变，更是对自我身份角色的准确定位和合理期待。S 校长是一名刚刚从一线骨干教师走马上任的 B 学校的校长，也是从 S 省名师名校长工程中培育出来的比较优秀而又具备大局观的校长。他们具备较强的社会性能力，而此刻的他们对于教育的追求就不止停留在上好每一堂课的层面，而更应关注于学生的诉求与发展，一切以学生为本作为衡量自己领导力的标志。但仅仅停留在学校层面已经无法满足骨干教师、名师名校长们关键能力发展的需求，需要更广阔的空间和平台进行学习交流、取长补短、提升自我的领导能力、管理能力、组织能力，等等。[①]

（二）执行校长：新时代背景下对数学教师的角色设定

在新时代背景下，伴随持续深入的教育综合改革，不断增强的民主意识，不断传播发展的学习强国理念，作为数学教师职业成长链条的最顶端——名校长，其身份角色的设定与价值为何？其所应具备的关键能力又为何？作为执行校长，如何开展学校治理体系建设，协调内外部主体关系；如何进一步完善学校管理体制机制，充分激发全体教师的学习工作热情；如何构建良好的人际关系和民主氛围，成为学校内外部沟通交流的使者；如何开展教育教学课程改革，领导学校发展变革，实现全体师生的"共赢"等，这些都是剖析影响教师关键能力因素的核心内容。

下面是对第十一位 Y 校乡村校长进行面对面访谈语音记录的文字转化。

我身为一名乡村学校的校长，身上不但肩负了对孩子们的责任和使命，也肩负着对那些辛苦付出的教师们的负责和关怀。我始终关注孩子们的身心健康和所学知识，以免好的生源流走；我努力为学校争取更多的办学经费和教学资源，提高学校的办学水平，我努力为老师们争取最大的利益和学习交流的机会，留住那些辛苦付出的老师。每每感觉力不从心的时候，我就想起张桂梅校长，一位出现在微信朋友圈和微博热搜榜上的女校长。她羸弱瘦小的身躯透露着不服输的倔强，她的先进事迹让无数网友为之动容和称赞，也时刻激励和鼓舞着我。张校长用她的一生身体力行地诠释了人间大爱，格局如浩瀚之宇宙，用仁爱，"传道、授业、解惑"的震撼改变数以千计乡村孩子的命运，燃尽生命坚守乡村教育事业。"我们的成绩是老师们拿命换来的。"

---

① 乔资萍：《小学校长领导行为研究》，博士学位论文，山东师范大学，2018 年。

三尺讲台，一生情怀，像她这样的教师队伍建设但需要政府的大力支持，更需要举全社会之力共筹共建，培养一代代千千万万张桂梅式的教师和校长，以推动中华民族的不屈和进步。（Y－JS－1）

从与 Y－JS－1 的访谈可以看出，随着党中央国务院等颁布一系列政策的实施与贯彻落实，"贫困偏远""留守儿童""任务繁重"，等等，这些对乡村教育的刻板印象已逐步改观，"窗明几亮的教舍""多媒体讲台""电动黑板""轮岗交流""最美乡村教师"，等等，这些先进教育资源共享设备和城乡教育一体化均衡发展机会显然已成为乡村教育的最新代言词。许多名校毕业的应届师范生纷纷响应国家号召去乡村支教，为肩负着培养祖国未来接班人神圣的使命责任而倍感骄傲和自豪。"德高为师，身正为范"，唯有树立扎根乡村、坚守奉献的乡土情怀，将书本所学知识切实运用到最需要的乡村实践教学中，将乡村教育事业作为己任，拥有大局观与集体荣辱与共的责任心，并用爱岗敬业、恪尽职守的精神感动每一位学生和家长，才能了解自我、突破自我，实现个人的价值自觉和职业理想。更有许多数学学科教师身兼数职，掌握练就一专多能的"十八般武艺"，富有朝气的青年教师更加深受学生的爱戴。而随着乡村教师待遇的提升、职称评聘的改革创新、乡村支教的政策倾斜，他们也在回馈社会的教育实践中获得更多的使命感和荣誉感，实现最初对自我的身份设定，从而扎根乡村教育事业的意愿更加强烈，成为乡村教育生态改革的一股新生力量。

下面是对第十二位 X 校乡村校长进行面对面访谈语音记录的文字转化。

在这里我想说的是另外一位名叫程风的女孩，她凭借一己之力救活了一个乡村教学点。入职之初就通过"家长会""营养餐""拥堵"这三把火，本着"把难啃的骨头啃下来"的决心，始终坚持以学生为本的"教师一个萝卜一个坑，学生耽误不得"原则，"有时候就感觉自己正在做的是一件非常有价值的事，这种感觉比城市老师会强烈一些"。乡村的工作和生活虽然很苦，但从家长们满意的评价和孩子们天真的笑脸上，她更能体会到这种职业带给她的甜。"我从来没把自己当成校长，我就是一名普普通通的乡村教师，用微薄之力为乡村教育事业做一些改变。"正是许多如她这样的乡村教师的默默坚守，才使得一所所乡村学校焕发出青春的活力。(X – JS – 1)

从与 X – JS – 1 的访谈可以看出，作为一名校长，从办学理念、顶层设计等一些事关学校发展命运的重大事件，再到"学生安全管理""教师教学工作情况""学校餐厅食品安全管理""校园卫生"等日常小事，都必须事无巨细，责任到人，负责到位。虽然校长日常事务繁冗琐碎，应对各种指示、任务、解决学校出现的各种问题，同时更要认清自身仍旧是一名教师的身份，不忘育人初心，回归课堂本真。尤其是乡村校长，在城乡教育资源仍需进一步均衡配置的当下，仍旧需要不断发展育德能力、社会性能力、创新与创造力等关键能力，以关注乡村师生的切身利益为己任。同时外部宏观方面的社会环境和中观方面的学校支持应对数学教师个体产生积极正面的影响。比如探索建立提升教师吸引力的政策机制。在教师编制分配方面进一步提升乡村小规模学校、乡村偏远学校的教师编制分配比例，因人因事，分类分策地推行"灵活编制"政策。同时在乡村教师薪酬方面按服务学校偏远程度、服务年限长短适当赋分增加发放岗位津贴，特别是针对长期坚守在乡村教师岗位一线的教师给予特殊岗位津贴补助，并出台具体相应的赋值办法。对一线教师的工作生活给予人文关怀，及时解决家庭生活难题，定期开展身心健康体检与讲座等。使得外部宏观方面的社会环境和中观方面的学校支持对数学教师关键能力的发展产生正面积极的影响。

综上所述，通过对十几名具有代表性的职前师范生—初任教师—骨干教师—名师名校长的面对面访谈可知，学校、家庭、社会等组织会通过角色期待、工作职责与培训交流对数学教师的关键能力产生影响，作为发挥主观能动性的数学教师个体自身对职业身份的选取、建构与认同也会由不同的职业发展阶段而产生发展变化。

职业师范生作为在校大学生培养学习时期的自身角色定位存在身份认同度较低、职业归属感和角色界定模糊、认知度较低等问题。大部分职前师范生对待职业身份的态度为不喜欢数学但喜欢小学生、既喜欢数学又想做老师、喜欢数学但不排斥做老师三种。在入学之初的职业选择和身份认知大多是来自家长的意见和建议、社会环境的影响和认知等，但通过几年大学的培养在对自身的关键能力形成较为清晰的认知和定位后，有很多会对未来发展进行重新认知、规划和选择。重新跨地域跨专业择业或者继续求学等现象都是对数学教师身份认同感和归属感降低的体现。

实习教师在真正走进课堂融入学生群体并且体验了成为人民教师的角色身份以后，发现了自己真正喜欢的事业和专业优势，尤其是在真正能够理解和把握课堂并且能够体验数学教师这个职业带来的成就感、价值感和愉悦感，才会产生强烈的正向身份认同感。而初任教师的个体角色冲突受数学教师关键能力中个体特质、育德能力的影响较大。

骨干教师在其成为学校的"中流砥柱"之后，身份定位会有"质"的超越，此时为"个体"与"集体"的身份冲突，增加了社会责任和集体使命，更注重团队或者年级组或者教研共同体的共同进步，无论是在关键能力方面还是社会地位和威望方面，自我认同度都处于较高水平；也在回馈社会的教育实践中获得更多的使命感和荣誉感，实现最初对自我身份的设定。

名师名校长，从数学学科教师到"领袖教师"，不仅是角色身份的转变，更是对其自我身份角色的准确定位和合理期待。但角色身份的重新设定与价值重塑的关键体现，在于其学校治理体系建设、组织管理、人际关系处理、沟通协作、激发师生工作与学习热情、创新与创造等关键能力的发展。

因此，身份认同是制约数学教师关键能力的现实藩篱与归因之一，是影响数学教师关键能力水平的一项重要因素。

第二节　成就动机影响调节发展路径的设计与优化

数学教师所从事的工作性质决定了胜任这一岗位需要熟悉和掌握较为全面系统的数学学科本体性知识和较高水平的教学实践技能。基于前文对数学教师关键能力的内涵阐述和结构分析，要想从事数学教师这一职业需要其具有良好的个体特质和育德能力，这是"立德树人"的基本要求；同时还需要适应时代的变革和社会发展的要求，具有跨学科与信息化应用能力、社会性能力与创新与创造力。这也充分说明数学教师这一工作岗位对教师的专业性、胜任性和适应性要求都比较高。

从工作对象层面分析：中小学数学教师面对的是学龄儿童和少年，儿童和少年正处于心智和身体成长发育的关键时期，培养其数学学习兴趣和创新思维发展能力相对更加重要，也更需要教师以数学学科内涵建设为主要抓手。比如数学学习兴趣的激发、数学文化的传播与建设、数学建模思维与方法的培养等，并且随着数学学科育人工作的内涵式建设与发展，数学教师工作的艰巨性、复杂性和重要性也会不断提升。

从工作目标层面分析：需要学生熟练掌握数学学科知识与技术的同时，更需要学生德、智、体、美、劳全面发展，从而实现学生数学学科知识、技能与情感态度的发展，从而也为学生进行其他学科学习和中学阶段的学习提升打下坚实的基础。

从工作内容层面分析：数学学科育人工作，是学校办学功能、办学质量和内涵式发展的核心与关键，如数学学科教育教学、班主任工作、课程改革教育改革、课程教学资源的设计与开发、组织学生构建学习共同体等事项不仅是数学教师的工作内容，也是学校教学工作的核心内容。

从工作手段层面分析：需要数学教师自身具备系统的数学学科知识体系、教学实践技能、跨学科与信息化应用能力等知识与技术手段，进行课堂教学与课下作业指导，组织开展数学实验和数学建模等活动，需要教师具备追踪和掌握高新技术手段和创新创造等能力，带领教学团队实现育人工作目标。

综上分析，从事数学教师育人工作需要的专业性、胜任性和社会性等都比较强，需要数学教师个体具备更全面更综合的关键能力，并且这些关键能力的发展会受到来自内部和外部环境、宏观社会层面、中观学校层面、微观个体层面等二维三层次多方面多元因素的影响和制约。而在教育哲学领域强调个体内部的"主观能动性"对个体行为产生决定性的影响，因此，对微观个体层面的自我认同、成就动机、工作满意度等的深入剖析能够更加清晰深刻地挖掘制约数学教师关键能力的痛点，从而探寻关键能力发展的路径措施。

虽然前文已经深入阐述分析数学教师在微观个体角色冲突中的身份认同度会受到具体环境因素、制度因素等的制约与影响。从教师的内涵式发展层面来分析，决定数学教师能够胜任并积极完成工作岗位职责的因素除身份认同，还包括教师个体的成就动机。前文实证量化研究得出，数学教师微观个体角色冲突的身份认同和成就动机都受到宏观社会经济地位、中观学校支持等组织环境因素的影响，并且会表现出一致性，比如职称评聘、晋升渠道、福利待遇、教师轮岗政策等因素。说明微观个体角色冲突中的身份认同和成就动机相关性比较高。但是身份认同并不能完全解释数学教师关键能力的影响机制和归因，其还会受到成就动机等因素的制约，宏观社会经济地位对数学教师的成就动机产生较为显著的影响，却并未对数学教师身份认同产生十分显著的影响，说明尽管身份认同因素能够在某些方面解释数学教师的关键能力的影响因素，但其在很大程度上还会受到成就动机的影响，因此，还需要从成就动机因素着手深入分析阐述影响数学教师关键能力水平的归因。

一　个体内部自我认知的影响制约

（一）工作热情不足导致倦怠感强烈

与心理学对"个体特质"的核心概念界定不同，本研究论述的"个体特质"主要是指教师本身具有的品质与特征。在个体特质能力中主要包括终身学习能力、自我认知与调控、职业规划与幸福生活、健康素养等方面。作为数学教师，每位教师自身个体特质都不尽相同，一定数量的、独特的并且能与他人区别开来的品质与特征都会与教师的工作热情相互作用、相互影响，从而对数学教师的工作成效产生影响。

下面是对第十三位 S 校数学教师进行面对面访谈语音记录的文字转化。

我们作为数学学科教师，要有更多的教育情怀和工作热情的投入。首先，我自身必须喜欢学习数学这门学科我才能有兴趣和信心去教好学生。但是，我们是一所乡村小规模学校，地理位置非常特殊，非常缺少数学老师，好多都是教语文的老教师，还有生活教师来带数学这门课，他们数学本体性知识体系储备是不够的，更没有受到过专业的数学学科教学培训。你想，每天面对的都是些学龄儿童，儿童更需要培养兴趣。"兴趣是最好的老师。"如果连教师本身都谈不上对数学的兴趣与热爱，仅仅只是局限于知识的传授，让学生机械地去做题，我想这样教出来的学生后劲发展是不足的。而且教师也会感到非常疲惫，仅仅为了工作任务而教学，为了学习成绩而教学，为了领份薪水而教学。完全缺少主观能动性地完成课堂教学任务，我认为这是非常可怕的。(S－JS－1)

通过与 S－JS－1 的访谈可知，数学教师由于其学科性质的特殊性，要求教师具有较强的数学学习兴趣，本身对数学学科充满热爱，充足的数学学科本体性知识储备，才能更好地正面影响和引导学生。由于学生的耐受性与持久性相对较弱，从事数学学科教育的教师则更加需要投入一种数学激情、一种数学热爱与一种数学情怀在里面。如果只是被动地、无耐地选择数学学科教学，势必会对其成就感和效能感产生负面影响。真挚的工作热情是说服数学教师自身实现个体成长愿景和发展目标，产生深厚的数学兴趣与工作兴趣的动力源。

（二）工作效率低下导致成就动机弱化

面对日常琐碎的教育教学工作，既要作为数学教师上好每一堂课，又要当好班主任管理好学生，还要应付上面各级各类的检查和听课，同时还要参加各级各类教学比赛、优质课公开课展示和培训等，会让许多一线教师疲于应对，苦不堪言。如果在同一时间段出现多种工作任务，许多教师往往感觉无法胜任，工作效果和工作质量往往达不到预期目标。其实，这里面就存在工作效率问题，一旦工作效率低下，同时身处的环境又达不到那么理想的状态，就会导致数学教师的职业倦怠、动机弱化、消极应对等一系列的问题。亟须相应的激励机制的颁布实施并且落实到位，还有对数学教师职业道德的培养和教育，提高其工作的积极性和自觉性，将烦琐劳累日常工作当成自我成长进步发展之路。从教师的主观能动性出发，激发潜力和做好事情的强烈意愿，这样数学教师的工作效率自然就会提高，干好工作的积极性和主动性也会相应发展。

下面是对第十四位 S 校数学教师进行面对面访谈语音记录的文字转化。

在我的工作生涯中就碰到过这样一个实际案例。我们数学年级组组长组织我们团队准备申报教学成果奖。但是呢，还没有等到写申请书，在分配任务的时候，有的人就开始"瓜分桃子"了。要么为了排名顺序争来争去，要么就是谁上谁不上的问题，人数够了，总有上不去的。但是最关键的工作任务呢？而真正的数学教学归纳还没人开始做，数学学科教学的特色也还没有提炼出来，关键核心内容也没人愿意写。就这样的情况，可想而知，能写出高水平高质量的申报书来吗？即便写出来又有哪些学术和实践价值呢？所以说，教育教学的打磨需要做到教学工作与育人工作的统一才行，不能仅仅停留在教师的科研成果评奖、教学能力比赛，等等，在教师工作激励措施上还要再斟酌、打磨与实践。比如现在的学生就比较喜欢我们年轻老师的教学风格，我们会想办法把课堂变得轻松有趣些，还会做一些动画、小视频等进行课程导入或者把知识点展示出来。再比如说，奖励大过惩罚，几乎每节课我都会给孩子们准备一些糖果啊、水果啊、小奖章或者卡片之类的小奖励，争取让每个有点进步或者表现好一些的学生都会获得小奖励，让这个范围呢尽量覆盖到全班的每一位同学，让孩子们开心地学习，愉快地学习，进而愿意上数学课，愿意积极回答问题，愿意积极主动地参与到教学过程中来。当然课前进行充分地备课这个是一定的，不光是为了孩子们，其实也是为自己能够尽快提升教学实践技能，尽快进步成长。(S-JS-1)

通过与S-JS-1的访谈可知，数学教师能够胜任本职工作更多的取决于自己个体自身能否高效率地高质量备课、认真批改作业、及时耐心教育教导学生，能否在完成工作任务并且有余力的情况下，积极创造和寻求提高自身关键能力的机会。要求数学教师不但具备娴熟完整的数学学科本体性知识体系，更要具备高度自觉和自主的能动性；提高工作效率，提升跨学科与信息化应用技能、创新与创造力，等等。可以借鉴其他学科的创新教学模式与方法，借他山之石，以攻数学课堂教学之玉。

（三）工作耐受力不强影响个体成就动机

由于职业的特殊性质，要求数学教师具备终身学习的能力，并把教书育人工作当成毕生的追求，是一个长期的持续的需要付出百倍精力与投入的工作，这是一个持续动态地螺旋上升式的过程，需要教师付出终身的努力与追求。相反，如果教师此时对工作的耐受力不强，不能承担高负荷的工作任务，高强度的工作运转，高压力的工作考核等，则会影响数学教师的成就动机。因为数学教师不但要确保高质量完成日常教学工作任务，还要应对各级各类的优质课公开课评比、教学技能大赛、专业技术职称晋升、教育教学项目研究、绩效考核等这些亟须考验教师耐受力的工作。要求其必须具备持续学习、创新、思考及应用的能力。

下面是对第十五位 W 校数学教师进行面对面访谈语音记录的文字转化。

> 由于数学学科的特点，作为一线教师，我们都明白数学的知识和内容绝对不能够"填鸭"和"灌输"。但当下有不少老师，由于不具备系统的数学学科本体性知识。换言之，或许本身不够喜欢数学，就出现"没有为什么，记住就行"等解答。学生困惑，老师也无奈。如果教师对数学学科的耐受力本身就不强，更谈不上喜欢，遇到问题就一味地强调知识就是如此，记住就行。不去回答学生的疑惑，那么，学生丧失学习数学的兴趣是肯定的，还会让孩子们不自信，认为数学太难了，我就是学不好数学，数学就是差，我对数学没有兴趣等厌学情绪和消极懈怠的学习态度。这样的数学老师，是完全不负责任也是不称职的。缺乏创造力的机械学习，没有好奇心和求知欲。所以，我们数学教师应该具备更丰富的知识体系，对各个学科都应有所涉猎，了解更多数学生活化的知识，能够对生活尝试进行合理迁移和高度概括。需要教师用心做，耐心做，想办法从学生的角度去考虑和解释问题，这就是工作耐受力的问题。（W – JS – 1）

从与 W – JS – 1 的访谈可知，数学学科知识深厚，对工作耐受力高的数学教师才更能勇于尝试和运用新的教学模式和手段，只有对数学学科知识积累到一定厚度，数学课才能讲得有条理有吸引力。另外教育教学资源和手段的优化运用，智慧数学课堂的设计与实施等，包括对教学政策的理解，对教学标准的整合，对学校资源的充分利用等很多方面，教学工作效率的体现，教师所处的生态环境（比如团队建设，专业成长规划等），教学与育人的协调，都能够体现数学教师对岗位工作的耐受力。

二　个体外部生存环境仍需进一步净化和改善

（一）宏观社会环境仍需进一步净化和改善

1. 社会经济地位仍需导致动机弱化

特别是小学数学教师不需要像初中、高中数学教师一样承担高强负荷的工作运转、高强度的工作量，尤其是需要盯晚自习的数学班主任，披星戴月，起早贪黑，也没有中考和高考的升学压力。但是小学数学教师在生理和心理上的双重付出不亚于初中、高中教师。面对 7~12 岁的儿童，习惯的养成、科学概念的形成、数学基础的打造、健康心理素质形成环境的构建，等等，这些事关学生能否顺利和适应小升初的关键节点，都需要小学数学教师百倍的努力和付出。但是，这些辛苦的付出并没有换来同等的社会经济地位。小学数学教师无论是在经济状况上还是在社会地位上都不如初中数学教师、高中数学教师，更远不如公务员等其他职业。尤其是乡村小学数学教师，他们所要承担的责任更为艰巨与重大，所需要承受的来自各方面的压力也更多，而相应的社会经济地位会更低，承担更多的压力，更容易产生焦虑，导致工作动机弱化。

下面是对第十六位 H 校数学教师进行面对面访谈语音记录的文字转化。

我们单位虽然是隶属于开发区的学校，但其前身就是一个村小。我们所有主科教师都是班主任，有的还身兼数职，比如我，还同时教上美术课。虽然不要求坐班，但是除了上课之外，我们这些班主任几乎全天各科都要随堂。特别是低年级的孩子，午饭我们也要照看孩子，午饭结束后再带着领全班学生走一走然后再回教室休息。等孩子们休息了，我们再去吃饭。下班回家照顾家庭的同时还要批改作业、出考试的卷子、备课，还得时时关注微信群、QQ 群等，并及时回复学生及家长。每天工作时间超过 12 小时。而这样的工作强度是其他职业从业人员想象不到的。人们总说老师好，一年两个假期，但是假期也进行各种培训，同时还要进行自我充电与发展，所以我们做教师的还要具备终身学习的能力。教师的假期是用平时的工作时间换取的。虽然足够辛苦，却仍未换取应该有的社会经济地位，有时家长和

社会的不认可让我最难受。所以，从某种意义上来说这也是我们的呼吁和诉求吧。(H‒JS‒1)

2. 教师激励机制落实的瓶颈导致干劲不足

在现实的学校内部治理体系建设过程当中，如何激发教职工干事创业的积极性，提升教师自我成就感和价值感，是当下学校管理领导层制定激励体制机制和策略的侧重点。学校的内部治理结构是由管理域、教学域、科研域、服务域等组织域构成。如此，每个层面所追求的价值体系是不一样的，管理域要做好学校的顶层设计和整体建设布局，教学域要做好教育教学的首要任务，科研域要推动教师把握教育教学规律，反思实践教学成果，从而使得学校内的各个域环都能够安全、有序、良性地运转。如何针对每个域科学合理地制定激励措施，使各个层域高效良性运转，是学校建设发展的关键。而最大限度地激发教师域的成就动机是"以学生为本"育人理念的体现。

通过田野调查发现，为了充分激发一线教师干事创业的活力和动力，给予一线教师更大的福利和机会，让一线教师安心教学、上好每一堂课，获得职业发展动力。当前大部分学校尝试探索绩效工资改革，在工作考核指标体系中尝试纳入并量化教师的教学实践技能、组织管理工作、家庭作业辅导、关爱学生等工作。将教师的关键能力发展、参加教师培训、轮岗交流等具体一线工作事务与绩效工资、职务晋升和专业技术职称评聘等相挂钩。通过当前的实施和效果情况，中小学教师资格的终身制、职称终身制（未采取岗位聘任的学校）、绩效工资拉不开距离等问题，并没有很好地达到预期的效果。一线教师的积极性并没有完全激发出来。尤其是在职称评聘等工作中，仍然存在难以突破的局限性。因此，进一步减少人才流失，多措并举招贤纳士，引凤筑巢等激励政策和机制的落实仍是促进数学教师队伍建设的重点和难点。特别是在乡村学校，乡村青年教师面对较低的晋升机会、职业认同感和归属感，当务之急就是如何"留住"教师。另外，有的教师仅仅只局限于关注个人层面的发展而不关注共同体的利益，不能够在教师发展共同体中意识到团队的力量，这样不利于其关键能力的发展、职业的发展和名师名校长梯度队伍的培养建设。

3. 教师福利待遇影响工作满意度

工资待遇是满足教师生活最基本的需求。教师的工作待遇主要来源于政府对教育经费的投入。因此，基础教育经费尤其是乡村学校的办学经费投入的不足，导致了当下部分数学教师的薪酬工资待遇现状不理想。根据问卷调查及访谈调查结果发现，乡村数学教师的工资水平大部分处于3000~4000元，如果职称没有达到，不是名师名校长，或者不是在私立名校，又没有领导职务，普通一线乡村数学教师的工资待遇处于相对比较低的水平。连基本的生活保障问题都不能解决，大量一线的数学教师何谈投入精力和经费来进行自身能力的发展？工资待遇与工作负担出现不匹配的现象。在调研过程中，有不少名师纷纷从公立学校跳槽，宁愿放弃稳定的铁饭碗和来之不易的教师编制，也要选择去福利待遇相对较好的私立学校。究其原因，采取相应措施进一步提升教师薪酬是关键，尤其是乡村教师的基本工资待遇，以确保教师的基本生活所需。这也充分说明，为什么有越来越多的私立学校办得越来越好。虽然私立学校的教师工作量更大，工作压力更大，工作付出更多，但是所有的付出与其所得到的收入是成正比的，同时个人及家庭的生活也能够有所保障，数学教师的后顾之忧得到解决，才能安心教学，激发工作潜能，发展个体成就感。

（二）中观学校支持环境仍需进一步净化和改善

1. 数学教师的社会关系影响工作成效

数学教师个体自身处于学校这个大环境中，要与学生交往、与家长交往、与同事交往、与领导前辈交往同时还要与家人进行交往。如果初任教师在刚进入学校的时候就能够遇到积极的生存环境，那么对其未来职业生涯的发展产生的积极影响会是非常显著的。但是，如果这些复杂的社会关系一旦有一个处理不妥当，就会对教师的关键能力和工作成效产生负面消极的影响。当下很多学校提倡教师个体间既要竞争又要协作。但是，在实际教学实践中，却没有很好的协作机制来引导和调控教师共同体，不利于教师群体间关系的处理与把握。一旦缺少有效沟通和协调，缺少体制机制层面的关注和约束，教师共同体的目的、平台、方式等会处于无序状态，就会影响教师共同体个体间的关系，致使影响工作效率，从而导致教师群体的低效能。

下面是对第十七位 L 校数学教师进行面对面访谈语音记录的文字

转化。

> 我认为在我进校以后对我影响最大的就是我的师傅。师傅的很多品质都值得我尊敬和学习，比如对数学学科知识体系的了然于心，娴熟的教学实践手段，为人处世的方式等都令我非常敬佩。我就在心里暗暗发誓也要做这样的教师。他是对学术比较有追求的人，据说他在刚入职的时候就把 1~6 年级的数学教材及讲解全部研读了，花费很多精力在学科教学上面。然后关于学生的话也非常注重个性化培养，对学生分类分策的进行培养，针对不同的学生给出不同的培养方案。关于学习一般的就抓基础的东西，缺少兴趣的就多沟通多聊谈，而学习成绩好的学生就会额外布置一些趣味数学题或者提高难度的题目，所以他的课程非常受孩子们喜欢。我就感觉一定要保持他那样的认真负责的态度。要有终身学习的能力，始终保持学习在路上的状态，因为我要准备足够充分才能应付孩子们的奇思妙想和各种千奇百怪的问题。（L-JS-1）

2. 教师的身份问题和晋升渠道仍需进一步解决和畅通

在进行"教师身份"调查阶段，大部分教师属于在编教师，但不容忽视的是，仍有一部分教师身份目前属于合同制甚至劳务派遣以及未签约等情况。特别是乡村学校的教师，绝大多数学校存在教师编制数量不足的问题。在乡村学校，很多工作 10 多年甚至 20 年的教师至今身份的问题仍未得到解决。一是由于受到学历的限制，由于乡村学校一线教师本来就缺少，教师要完成的教学工作任务都非常艰巨，日常工作已经非常繁忙，导致无论是在个人情况层面还是在学校层面均无法创造去提升自身学历或者参加培训提升项目的精力和机会，因此，学历提升受到搁置，也影响了编制考试。二是由于当下"小班额"和"增加学校试点"的要求，需要大量的乡村教师，而相应的教师编制没有及时充分的配备，导致某些地区乡村教师缺编严重的现象。通过走访调研进一步访谈，在数学教师群体中，年龄较大的老教师和刚入职不久的年轻教师占比较大，占据了主要力量，中流砥柱、处于中坚力量的中青年骨干教师相对缺乏。导致岗位编制占据较多，存在等编制、缺编制的问题。三是由于许多办学质量和效果比较高的私立学校被转成公立学校，学校举办性质改变了，相应的教师的福利、待遇、政策等都会改变，但是教师的身份问题却没有及时得到解决。以上三种原因导致的教师编制问题，不仅会影响教师的工作成效，更会影响整个基础教育的育人质量。

数学教师的职业生涯呈初任教师—骨干教师—名师名校长链条式发展，需要学校因人而异、量体裁衣的为一线数学教师系统设计未来职业发展路径。需要制定相应的培养方案和措施，提供相应的培训项目或者推优机会，层层培育和选拔，畅通数学教师的晋升渠道，从而提升教师的成就感，以更好地促进教学。但是，通过深度访谈发现，当下几乎每个学校的数学教师尤其是新进数学教师的工作负担都相当繁重，除了承担相应的课时任务，还要担任班主任工作，下班后还要及时回复家长和孩子们的各种信息留言和备课。同时，如果表现较为突出，还要承担学校里面的一些行政事务或者临时工作任务或者参加各种比赛等，耗费大量的精力，无法抽出时间来进行继续学习和充电。虽然学校经常举办培训交流项目，但是存在教师没有足够的时间和精力投入学习等问题。并且，一般学校引进或者提供高质量高层次的培训交流机会，有精力和有资格参加的也仅仅局限于骨干教师，这就存在机会不均等的现象。如何针对每个发展阶段的数学教师分类分策的定制培养方案，提供均等的晋升交流机会，畅通未来晋升的渠道，从而使得关键能力得到有效发展也是亟须解决的重要问题。

3. 教师的绩效考核评价体系仍需进一步改进

首先，在教师共同体间缺少相应的激励机制加以引导。虽然当下教师绩效考核评价体系已经在激励与改进功能等方面有所侧重，但是，大多数激励机制是针对教师个体，而其引导作用在教师团队的积极影响效应并不显著。其次当前关于数学教师的考核评价大多局限于听课、评课以及学生的考试成绩等，还有各级各类相关评优评模比赛和优质课、公开课的评选。但是，一位优秀的数学教师到底是怎样评选出来的呢？这是一个值得深入思考挖掘的难题，也是本研究进行数学教师关键能力评估模型构建及应用研究的重要研究意义。是学生的数学期末考试成绩？是教学督导每学期的听课和评课？还是一次优质课、公开课的选取？抑或是信息化教学技能大赛的获奖名次？当下不妨深层次地探究，各级各类的数学教师比赛和公开课。但是，笔者认为一位优秀的数学教师并不是凭借在某一时期或者某一阶段执行某一项工作任务的表现出众与否评估出来的，而是评估其作为数学教师在工作岗位上自身是否具备能够持续地胜任本职工作的关键能力，对其所教授的每一届学生产生的积极影响等。换言之，是评估数学教师是否能够承担"教书育人"的岗位职责。

下面是对第十八位 L 校数学教师进行面对面访谈语音记录的文字转化。

> 优质课比的是什么，比的不仅仅是教师在 40 分钟课堂里面的表现能力、组织能力、课堂实施能力等。我个人认为，优质课比的是教师的课堂设计能力与实施能力，如何使得这 40 分钟的课堂更完美，更高效，让学生受益更多，这才是我们优质课的宗旨。像我们数学优质课这样的案例有很多，我就不多说了。举个其他课程的例子，你比如说小学语文五年级的一堂课，教学目标是要展示讲授一首陆游的诗，这是这节课的主要教学目标和内容。但是教师却从艾青的一首诗来进行导入，从讲艾青的诗开始，由今至古，同时通过比较教学，把陆游的其他诗也同时介绍。从主旨上面插入整个时代的背景，要求立德树人，要求加强思想品德课程教育，而这首诗与艾青的诗恰恰都是表达作者热爱国家，热爱这片土地，只有包含了爱国之情才有奉献的动力。所以在完成授课目标的同时也对学生进行了爱国主义教育。既提高了教学工作效率，又在正常的课堂知识讲授过程中完成了主题班会的教育。教学过程中穿插了德育教育，一种教学拓展成了一类教学。孩子们掌握了更丰富的知识和道理，这样的 40 分钟课堂才是高效、优质的课堂。（L - JS - 2）

三　工作培训的渠道及方式仍需多元化改进

通过前文的量化实证分析研究可知，数学教师关键能力的水平不仅受到培训交流的影响，还会受到源自自身的实践和反思的显著影响。这充分表明在数学教师各项关键能力中，各种知识、技能与情感态度不仅来自外部专业化的培训提升学习等教学育人工作之外项目，还源自数学教师个体在真实的工作情境与场域中实践、观察、思考、总结与探索的过程。但是数学教师就算完全获得数学学科相关知识与技能也不一定能够保证教育教学的过程中产生行为的改变与进步。因为当下的培训内容，主要以宏观、抽象的理论知识为主，目的是知识的准确、客观传递。因此，如果想要数学教师的关键能力得到实质的提升与发展，同时数学学科教育教学质量也提高与改善，还要从分析其实践和反思的路径入手。

　　基于前文对数学教师关键能力评估模型和关键能力影响因素模型构建与应用的分析研究，得出数学教师除了应该具备数学学科本体性的理论知识外，还应该具备教学实践性知识，这样掌握理论和实践两层面的知识才能构成完整系统的知识体系。然而，由于内部和外部环境的影响和制约，数学教师在关键能力层面自主发展的意识不强，尤其是在科学研究、模型构建与数学建模能力、创新与创造力等关键能力需要进一步提升与发展。通过深入访谈得知，当前一线数学教师忙于应付烦冗琐碎的日常育人工作、教学工作、班主任工作以及各种检查工作等，导致完成岗位基本工作任务就已经身心俱疲，很难再集中精力进行关键能力的发展，这也导致其数学学科素养难以凸显，更是对学科专业身份的彰显带来了较大的抑制作用。

　　下面是对第十九位 D 校数学教师进行面对面访谈语音记录的文字转化。

　　　　主要是学校在教师培训这块需要系统化，尤其是在年级学科组组长和年级主任这块应该重视。比如我，我现在是年级主任，但是我从没有接受过任何的年级主任专门的培训，我们的职责是什么？应该干什么？怎么干？怎么干好，等等，这些都靠前辈的传授和自己的摸索。再就是平时学校会组织一些培训，比如上次寒假学校请来清华大学教育管理领域的一个教授讲的非常好，共培训了两天，但我总感觉专业性、针对性不强。他主要讲的是如何进行团队合作和交流、提升组织能力这块，大家一起如何高效的完成项目。但是，我认为学校对数学年级组组长或者带头人这些方面的培养和选拔还没有形成意识，更不用说体系的建设了，导致周末请个专家搞搞培训，假期请个专家做个专题报告。当然大家听的过程都很有收获很受振奋，但是听完以后呢？效果甚微，也就是说没有形成体系，不系统，不持续，那培训的效果也就可想而知。我认为找数学学科的教育管理学领域或者数学学科课程与教学领域的相关专家来做系统的专业培训可能更有针对性，会更有效果。还有一点就是，虽然学校经常请一些专家来学校进行讲座，但毕竟是全校层面的，时间也很短，一般就是周末两天时间，效果也只是即时的不长久。我个人感觉，学校应该定期在寒暑假组织去校外进行大批量的针对数学学科的学习与培训，毕竟我们平时都有教学任务不能耽误孩子们的课。但是我们是没有的，可能就是我们学校管理层从上面接到个什么比赛任务或者培训会议等，在推进的时候往往就只围绕这个事采取个别行动。比如临时组建个团队去做这个事儿，关于教师能力发展也好培训也好并没有形成系统化常态化的一个模式。比如推进教学改革，那就着力在智慧课堂建设、信息化教学培训、线上教学资源库建设、同课异构等方面发力。另外就是教师共同体等平台的建设和使用，需要用的时候就组织大家集中弄，并没有进行系统的学习，而真正涉及事关我们自己利益的时候，比如要评职称或者竞选年级组长时，可能就靠我们自己平时自主能动持续地学习，当然这是不系统全面地发展。（D－JS－1）

从与D－JS－1的访谈可知，当前教师培训路径存在"自上而下"的问题，关于数学教师关键能力发展或者职业发展的培养还处于摸索阶段，存在脱离数学教师真实的工作场域进行的泛化培训。时效短，针对性不强，数学学科特色不足，工作与学习关联性不强等问题。专门针对数学教师的专业化培训还需要进一步系统化，体系化建设。需要从数学教师个体的主观能动性出发，让其真正愿意进行自身关键能力的发展，愿意持续不断地学习进步，反思实践。从国家、地方到学校进行整体性系统性规划设计和实施，以有效满足数学教师队伍建设的实际需求。

第三节　本章小结

本章从身份认同和成就动机两个层面进行数学教师关键能力现实藩篱与归因分析。数学教师关键能力受到身份认同和成就动机的影响制约，并缺乏成长路径的整体规划和系统设计。从数学教师身份认同来看，在不同的发展阶段下数学教师面临不同的发展困境。职前师范生需要做到从高校培养学习时期到实习时期，完成从学生到教师的角色转变；实习教师在真正融入课堂完成教师角色身份的体验后，产生教师身份的认同感与归属感，并对未来职业身份进行重新设定与选取；初任数学教师的个体特质和育德能力的角色定位；骨干教师存在"个体与集体"的身份超越与"坚守初心"的身份复归；名师名校长在内涵发展背景下通过对数学教师的角色期待，重塑身份定位。

从成就动机会来看，首先，在内部个体特征等内部环境方面会对数学教师的成就动机产生影响。一是工作热情不足导致职业倦怠感强烈，二是工作效率低下导致成就动机弱化。如果在同一时间段出现多种工作任务，许多数学教师往往感觉无法胜任，工作效果和工作质量往往达不到预期目标，一旦工作效率低下就会导致数学教师的职业倦怠、动机弱化、消极应对等一系列的问题出现。其次，外部生存环境也会对成就动机产生影响。一是宏观社会环境仍需进一步净化和改善。社会经济地位的差异会导致数学教师工作成就动机的差异。政府或教育主管部门等出台的关于数学教师激励政策体制机制的完善与落实情况也会引发工作成就动机差异。数学教师福利待遇的发展与否也是影响工作成就动机的关键因素。二是中观环境学校支持方面仍需进一步净化和改善。数学教师的社会关系、身份和晋升渠道等问题的解决与畅通，会影响其工作成效。三是数学教师的绩效考核评价体系仍需进一步改革完善。最后，数学教师工作培训的渠道及方式仍需进多元化畅通与改进。因为教师培训与交流提升只是影响数学教师的关键能力发展的一个方面。进行系统化专业化的培训并实践反思才能够真正有效发展数学教师关键能力。

第 八 章

结论、对策与展望

第一节　主要结论

一　明晰数学教师角色设定及关键能力的核心概念

数学教师是指在"数学"这一基层教学组织单元中，担负着数学学科育人任务，通过多种方式和途径实现关键能力发展的主体。从不同学科（组织行为学、心理学、哲学）等视角进行数学教师关键能力本质内涵与结构属性的分析阐述，数学教师关键能力是在学校从事数学学科育人工作的教师个体通过多种方式和途径带领学生完成育人目标、实现育人任务所具备的知识、技能、态度与个人特质的综合以及欲胜任这一社会角色所应具备的方法能力与社会能力的要素总和，是能够胜任数学教师这一岗位角色相关潜在特征与行为的整合。基于整合研究范式，通过"政策＋实践＋理论经验"三种路径整合分析得出数学教师所应具备的关键能力：不仅需要具备完整的数学学科本体性知识、先进的教育教学理念方法和创新思维，还应身心健康，能够进行正确的自我认知与协调，保持良好的生活态度与习惯，熟悉儿童身心成长发展规律，具备能够实践反思与持续发展的终身学习能力等。

二　构建数学教师关键能力评估模型

数学教师关键能力评估模型具有数学学科属性评估标准，能够对数学教师的关键能力开展施测、现状等调查研究，用于分析数学教师的关键能力究竟处于何种水平现状，受到哪些因素的影响，存在问题与成因。它能够区分优秀数学教师与普通数学教师，并且可分维度等级阐明分析关键能力核心要素、结构特征及影响因素，能够客观科学、精准合理地评估数学教师的关键能力水平；可用于绩效考核、选拔优才、培养培训的可复制推广的测量甄选工具。

基于对数学教师关键能力本质内涵与结构特征的核心概念界定，依据能力模型的构建范式，采用政策及相关文本分析、关键事件访谈法、专家咨询调查等多种方法路径进行数学教师关键能力评估模型的构建。一是基于政策以及相关文本资料的知识图谱分析，得出数学教师关键能力高频核心词汇及核心要素的初步归类探析。二是利用关键事件访谈技术，采用三级编码分析对原始访谈资料进行缩编得到核心要素与范畴划分。三是有效整合政策与实践两种路径的分析结果得出数学教师关键能力评估模型的理论框架。四是依据研究的逻辑理论和分析框架设计，利用德尔菲法，经过二轮专家函询，对评估模型的核心要素进行调整与分类得到评估模型的结构框架，并且编制"数学教师关键能力评估量表（他评卷）"，对数学教师关键能力评估模型进行实证检验。基于 AHP 层次分析法对评估模型进行权重赋值，最终完成对数学教师关键能力评估模型的构建。评估模型具体由个体特质、育德能力、数学学科本体性知识、教学实践技能、跨学科与信息化应用能力、社会性能力、创新与创造力 7 个一级核心要素、38个二级核心要素构成。

三　数学教师关键能力现状处于良好态势

基于数学教师关键能力理论框架，本着理论根植于实践，同时又指导实践的原则。在理论分析的基础上，需要把构建的理论模型，应用到实践当中，用以解决实践育人过程中数学教师关键能力的具体问题。因此，基于 AHP 层次分析法，融入模糊综合评估法，利用构建的数学教师关键能力评估模型及各级指标权重，选取数学教育领域的专家学者发放"数学教师关键能力模糊综合评估量表（他评卷）"，对当前数学教师关键能力进行模糊综合评估，通过施测分析得出当前数学教师关键能力水平处于良好等级。因此，运用模糊综合评估法对数学教师关键能力进行评估，能够对所构建的评估模型进行实践检验与应用分析。能够减弱主观性评估，精准验证所构建的数学教师关键能力评估模型的可靠性、科学性与可行性，具有创新性和实践性。有利于数学教师关键能力评估体系的建立，并为数学教师关键能力发展项目建设提供思路，从而提高数学教师相关培训的合理性、科学性和有效性，同时为数学教师职业生涯发展提供可行性分析与规划向度，促进数学教师队伍建设。

继续利用经过实证检验的数学教师关键能力评估模型，对数学教师关键能力现状进行调查研究。线上线下同时发放《数学教师关键能力现状及影响因素调查问卷（自评卷）》，调查 S 省数学教师的关键能力现状，并对回收的有效数据整理分析得出：当前数学教师关键能力处于中上等水平，其中育德能力维度中责任心得分最高，个体特质得分最低，说明育德能力是数学教师最为核心重要的关键能力，且当前 S 省数学教师的个体特质与生存境遇是不容忽视的问题，包括教师的身体健康、情绪调节、生活与工作的满意度、自我认同等方面，需要社会给予更多的关心和支持。其余大部分得分超过 4 分，说明被调查的数学教师关键能力现状优良。最高分与最低分的差距非常小，说明数学教师关键能力各个维度的提升都较为均衡。经过差异性和相关性等分析得出性别、地域、最高学历与关键能力不相关，办学性质与关键能力存在负相关关系，教龄、专业技术职称、任教身份、月工资水平、校际交流次数与关键能力存在正相关关系。其中男性、公办院校的数学教师关键能力水平较高、教龄和月工资水平关于跨学科及信息化教学实践技能呈现显著性差异、最高学历特征关于育德能力呈现显著性、职称关于教学实践技能呈现显著性差异等结论。

四 数学教师关键能力受到内外交互因素的影响与制约

利用评估模型开展数学教师关键能力影响因素调查研究。基于对数学教师关键能力的内涵界定与结构认知，提出数学教师关键能力影响因素的理论假设模型，对影响因素的作用机制进行理论分析，构建数学教师关键能力影响因素结构方程模型。采取多元线性回归分析与调节效应检验，发现数学教师关键能力受到微观个体冲突、中观学校支持、宏观社会经济地位等多种因素的影响和制约，其发展的根本动力源自于内部影响因素（工作满意度、成就动机、人际关系和身份认同），外部影响因素（社会环境、制度环境）以内部影响因素为调节对数学教师关键能力产生影响。通过数学教师关键能力影响因素调查研究，能够使学校管理者和数学教师个体自身发现在数学教师职业生涯发展过程中的重要影响问题，从而能够根据影响因素采取相应的对策来发展数学教师的关键能力。

五 质性分析数学教师关键能力的现实藩篱

数学教师关键能力的发展受到身份认同和成就动机的影响制约，并缺乏成长路径的整体规划和系统设计。从数学教师身份认同来看，在不同的发展阶段下数学教师面临不同的发展困境。职前师范生需要做到从高校培养学习时期到实习时期，从学生到教师的角色转变；实习教师在真正融入课堂完成教师角色身份的体验后，产生教师身份的认同感与归属感，并对未来职业身份进行重新设定与选取。初任数学教师的个体特质和育德能力在面临"社会孤岛""坚守奉献"的角色冲突、"艰难困苦"的考验等生存困境下，是坚守还是逃离的角色冲突；骨干教师面临"个体与集体"的身份超越与"坚守初心"的身份复归问题；名师名校长则在内涵发展背景下对数学教师充满角色期待。由于工作热情不足、工作效率低下、工作耐受力不强等造成的成就动机弱化；数学教师个体宏观社会环境和中观学校支持影响因素等外部环境仍需进一步净化和改善，包括社会经济地位较低导致动机弱化，教师激励机制落实的瓶颈导致干劲不足；教师福利待遇影响工作满意度；社会关系影响工作成效；教师的身份问题和晋升渠道仍需进一步解决和畅通；教师的绩效考核评价体系仍需进一步改进；工作培训的渠道及方式仍需多元化改进等等。

第二节 对策建议

数学教师关键能力发展是数学教师在与学校、社会等组织所期待完成的工作任务的过程中，接受外部组织提供的各种途径机会与提升举措，使得其关键能力水平得到不断进步的过程。数学教师职业生涯的发展是以其关键能力的发展为基础的。因为数学教师的职业生涯要经历职前师范生—实习教师—初任教师—骨干教师直至名师名校长的成长发展过程，不同职业生涯阶段数学教师关键能力的侧重点与关注点均不同。初任教师重点关注的应是数学学科本体性知识体系的构建与完善、教学实践技能的提升；而骨干教师的侧重点则是由"课堂教学"向"课程建设"转移，跨学科与信息化应用能力的提升，具备一定的科研素养；而在名师名校长阶段，就应侧重于具备一定的教育管理和组织领导能力，沟通交流表达和团队协作能力以及创新创造力等，同时具备能够体现数学学科特色的培养数学情感和传播数学文化的能力。而贯穿数学教师职业生涯发展始终的还需要数学教师能够充分适应并协调利用内外部环境的影响以发展其关键能力。因此，要灵活全面、因人而异、因地制宜地制定与不同数学教师关键能力相适应的发展策略。

一　注重个体特质与育德能力的定量与定性评估，树立正确成就观

由数学教师关键能力评估模型中"个体特质"与"育德能力"权重值较高的结果得出教育的本真就是忠于初心，以学生为本，回归课堂，坚守最初的身份认同和理想信念。这是无论教师处在哪个发展阶段，身处什么样的环境，都必须始终如一坚守的，勿忘使命。通过调查研究发现，育德能力是教师最为基本最为关键的能力，也是当前数学教师得分最高的关键能力，毋庸置疑的应位居数学教师关键能力评估的重点。尤其是在乡村学校中，更加需要数学教师投入关爱学生的情感与责任担当。因此，全面提升数学教师的育德能力，加强数学教师的责任心培养，引导其关爱学生、关注学生的心理状态是以德治校的一项重要内容。因此，我们在对数学教师关键能力评估的过程中，应该更加注重于对育德能力的评估。这是作为一名合格数学教师最基本的要求。"育德能力"要求数学教师首先要有理想情怀、使命担当和积极行为目标，坚守教师的职业道德，彰显育人精神。面对困境和矛盾时，依然坚守初心，依然坚守学生的利益高于一切，依然能够回归讲好每一堂课的初心，这即为数学教师身份的复归。保持身心健康、能够正确地进行自我认知和调节、能够进行职业规划和幸福的生活、充满积极的心态和正能量，并且能够孜孜不倦，不断学习和进步、不断提升、保持终身学习等这些个体特质，秉承正确的理念教书育人，守护为师之道和数学教师的职业荣誉，这是最为首要的关键能力基本要求。

研究结果表明数学教师"个体特质"得分最低，说明数学教师的个体特质与生存境遇是不容忽视的问题，包括教师的身体健康、情绪调节、生活与工作的满意度，还有自我认同等方面，需要社会给予更多的关心和支持。《关于减轻中小学教师负担进一步营造教育教学良好环境的若干意见》要求要充分信任理解教师，给予其人文关怀。由于教师的工作是复杂的劳动，具有创造性、时延性和隐藏性等特点，如果数学教师以身心疲惫、情感耗竭和压抑厌倦等消极情绪来开展数学学科育人工作，并且一旦这些消极情绪在短期内得不到排解，不仅影响其本职工作，而且会影响学生的身心健康发展，造成数学教师的关键能力水平降低，从而影响数学育人工作的质量。[①] 因此，关注一线数学教师的个体特质，采取定量与定性相结合的综合评估方式进行育德工作与教科研等工作的评估，在灵活运用所构建的数学教师关键能力评估模型的基础上，宜采纳定性分析的方法，进行综合考量评估。同时，关于定性的指标应采用科学合理适切的方式和方法进行量化处理。[②]

亦要开好道德讲堂，注重师德培养。加强政治理论学习，利用学习强国、身边的榜样等宣传教育平台，努力培养数学教师爱岗敬业的精神，树立积极的价值观与理想信念，树立正确的育人理念。弘扬尊师重教的优良传统，给予尊重和支持。对优秀教师、最美教师、名师名校长的先进事迹进行大力宣传推广，在全社会形成尊师重教的氛围。通过深度调研访谈发现有些家长不配合教师的工作，对孩子的教育也是完全放手给教师，有时需要教师挨家挨户地家访了解关心学生的状态。教师不仅需要从内心对其身份进行认可，更需要得到社会的尊重与认可。只有内外力相结合，教师才能"俯首甘为孺子牛"，为数学学科育人事业付出青春热血。还要增强教师的教育信仰培养，提升幸福感和归属感。甘愿留守岗位，完成教育使命的教育信仰能够让数学教师认同自己的职业，接受相对较差的办公环境和较狭窄的生活圈子，克服种种困难奉献教育事业。建议定期开展送温暖活动，在春节、教师节等重要节日为教师送慰问礼品等，使他们从中获得关心、关爱和温暖，让坚定的教育信念和精神品格一代代传承弘扬。加大教育财政投入，加快完善学校基础设施建设。增强办学实力，改善育人环境。改善教师的办公和住房条件，引进更新教学设备，加快校园五化建设

---

① 傅海伦、张丽：《中小学乡村教师消极情绪体验的社会学分析——以山东省域数据调查为例》，《山东师范大学学报》（社会科学版）2020 年第 65 卷第 1 期，第 116—125 页。

② 温平川：《公共目标与个体责任——高校教师绩效评价模型构建与实施研究》，博士学位论文，西南大学，2017 年。

步伐。比如 S 省 H 市以薄弱学校改造项目为契机，翻新教学楼、餐厅和职工宿舍，配备实验室、仪器室、图书室、音乐室、舞蹈室、美术室、综合实践室、创客教室、多媒体教室，以及教室班班通、直饮机、空调、篮球场、绿色安全跑道等设施，确保师生在舒适的环境里安心教与学。安保人员和器械配备到位，为师生人身安全增添砝码。举办各类健康教育活动，关爱数学教师的身心健康。比如开展健康知识专题讲座，引起数学教师对身心健康的关注。建议搭建免费心理辅导咨询室，便于教师诉说烦恼、释放压力或心理疾病预防查询，或者定期到校开展心理咨询活动，建立健全数学教师心理干预网络，提高教师的抗压能力。建立定期体检制度，加大对乡村教师的医保额度并扩大医保范围。①

二 注重数学学科育人培育，促进创新与创造力培养

由数学教师关键能力评估模型核心要素"数学学科本体性知识"与"创新与创造力"得出，数学教师更应该挖掘数学学科所蕴含的要素和范畴，即通过不断明晰数学学科的育人价值，开发利用能够促进学生认识客观世界的方法和工具，帮助学生树立和形成科学严谨、逻辑缜密的科学精神和科学态度、培养学生批判性思维、质疑反思能力及创新与创造力。特别是在数学与生活相结合、数学文化传播等方面，数学教师应该彰显作为数学学科教师的特色与功能。数学是与其他学科相通、关联性比较强的一门学科，通过数学核心素养的培养，进一步培养学生其他学科的思维与能力。努力开展多元化的学生考评形式，打破以纸笔测试、计算考试等为主流的考核评价模式，开发数学与科学实验、数学建模与分析、数学生活化实践报告、数学文化传播等多元化灵活性的学生考核评价模式。充分利用数学实验与科学实验课程相结合、大数据分析与信息科学课程相结合、数学建模与编程相结合等多形式多层次多种类的培养方式，培养学生跨学科的知识、技能与情感态度。充分利用数学文化的传播与培育，提高数学学习的趣味性和吸引力，激发学生学习数学的兴趣，让学生"爱"上数学。根据提出的建议，进行合理的培养。《课标（2022 年版）》关于课程内容

---

① 徐继存、张丽：《乡村小规模学校教师留岗意愿及影响因素研究——基于工作特征模型》，《山西大学学报》（哲学社会科学版）2020 年第 43 卷第 6 期，第 87—98 页。

和课程目标都作出了划分和要求，具体见表 8－1。从基础、源头、根本上做好数学学科育人工作，为学生后续大学阶段的数学学科的培育强根固本、筑牢根基。

表 8－1　《义务教育数学课程标准（2022 版）》关于数学背景知识的介绍

数学内容	数学教材内容中应包含数学文化、数学史等内容的具体介绍。比如当代数学问题、数学家和数学背景知识等，还应引入数学生活化的应用（如建筑、计算机科学、遥感、CT 技术、天气预报等），不仅使学生对数学的发展过程有清晰的了解，激发数学学习兴趣，还能够使得学生体会到数学在人类和社会发展变革中的重要作用与价值
数与代数	应介绍代数及代数语言历史知识，并将促成代数兴起与发展的重要人物和有关史迹图片进行呈现，介绍正负数和无理数的相关历史、重要符号的起源与演变、方程及其解法的材料（如《九章算术》）、函数的起源、发展与演变等内容
空间与图形	引入数学背景知识：介绍欧几里得《原本》，使学生感受几何演绎体系对数学的发展和人类文明的价值；介绍勾股定理的几个著名证法（如欧几里得证法、赵爽证法）等著名问题，使学生感受到数学证明的灵活、优美与精巧，感受勾股定理的丰富文化内涵；介绍机器证明的有关内容及我国数学家的突出贡献；简要介绍圆周率 π 的历史，使学生领会与 π 有关的方法、数值、公式、性质的历史内涵和现代价值（如 π 值精确计算已经成为评价电脑性能的最佳方法之一）；介绍古希腊及中国古代的割圆术，使学生感受数学的逼近思想以及数学在不同文化背景下的内涵；作为数学欣赏，介绍尺规作图与几何三大难题、黄金分割、哥尼斯堡七桥问题等专题，使学生感受数学思想方法，领略数学命题和数学方法的美学价值
统计与概率	引入概率论的起源、掷硬币试验、布丰（Buffon）投针问题与几何概率等历史事实内容，统计与概率在密码学等方面的应用，能够使得学生对人类把握随机现象的历程充分了解，对数学及跨学科的学习与提升有激励作用①

三　构建基于数学核心素养的"434"质疑式培养模式

通过前文调查问卷及质性访谈研究发现，数学教师的关键能力具有不断动态发展变化与系统提升的属性特征。数学教师的工作任务不但落实在

①《义务教育数学课程标准（2022 版）》［EB/OL］. 2022，https：//wenku. baidu. com/view/f6ab105a804d2b160b4ec08c. html。

数学学科本体性知识的传授、数学实践技能的培养，以及跨学科与信息化能力的培养等方面，最终的落脚点应该在培养学生的数学思维与创新思维等层面。即学生反思质疑式数学核心素养体系的培养过程，亦具有不断动态发展变化与系统提升的属性特征。因此，数学教师也需要相应地全面发展其质疑式思维与培养的关键能力。通过综合分析研究得出，应采取相应措施积极构建基于数学核心素养培养的"434"质疑式提升模式①。最终实现数学核心素养的培养目标，实现科学育人。结合义务教育阶段数学核心素养培养要求，初步构建基于数学核心素养培养的"434"质疑式发展空间模式，具体阐述如下。

"4"是"四核心"，在最新版的数学课程标准中进一步完善了中小学生需要具备的数学素养的要求，明确指出培养学生达到的四个方面的数学素养能力，即"四大要素核"——数学内容、数与代数、空间与图形、统计与概率这几个方面的素养能力。

"3"即"三维"，这是指根据质疑式学习的认知性质疑、迁移性质疑和创造性质疑的三维立体空间学习模式，与数学学科核心素养有机结合，构建"三维"质疑式数学核心素养培养体系："智慧——认知性质疑""融合——迁移性质疑""和谐——创造性质疑"三维数学学习发展空间模式。参见表8-2。

表8-2 "3"：三维度阐释

智慧——认知性质疑	即在数学知识海洋中充分挖掘学生的智慧因素，包括对数学知识的认同感、信任感和审美能力；让学生探索奇妙的数学世界，享受迷人的数学旋律，反思领悟数学知识，掌握数学基本技能，从而欣赏并热爱数学学科。这与数学核心素养中的数学抽象、逻辑推理相对应
融合——迁移性质疑	即通过问题质疑，自主探索、合作交流，充分挖掘学生强烈的求知欲。培养学生思维缜密性，严谨的数学品质，善于运用已认知的规律和方法，进行知识的拓展迁移，在探寻简单纯朴的数学规律旅程中，体验柳暗花明又一村之美。这与数学核心素养中的数学运算、数据分析相对应

① 傅海伦、张丽、王彩芬：《基于 Fuzzy-AHP 质疑式数学核心素养评价指标体系的研究》，《数学教育学报》2020 年第 29 卷第 1 期，第 52—57 页。

续表

和谐——创造性质疑	即在数学学科培养过程中注重体现精神、文化、情感态度和价值观。能够让学生更加从容、积极、乐观地迎接数学问题与挑战，体验数学的美妙和谐，创新发散数学思维。执着专注于严肃缜密的数学精神，对数学学科充满强烈的好奇心、求知欲、喜悦感和成就感的积极向上的内心体验。文以载道，文以化人，逐步形成顽强、坚韧、严谨、灵活和包容的人格品质，培养会表达、懂思想、有责任、善创新的"和谐"的人。这与数学核心素养中的直观想象、数学建模相对应①

"4"是"四层次"，即在对质疑式数学核心素养的培养质量进行四个层次的划分。依据布鲁纳发现主义——学习者主动构建知识体系的学习过程进行层次的划分，即知识的反思领悟、技能掌握、拓展迁移及发散创新。通过这四个层次来递进式提高学生数学核心素养水平，有效挖掘学生学习数学的智慧潜力和内生动力。

在质疑式数学核心素养培养框架结构中，核心素养即相对独立又互相渗透，是有机联系的整体。能够对数学核心素养进行合理的归类与划分，有助于教师因地制宜地采取相应教育方式手段分类分策地进行数学核心素养培养，同时也能够适时、适度、适当地对数学核心素养的培养方案以及教师应具备的关键能力进行相应地积极动态全方位的调整和完善。具体基于数学核心素养的"434"质疑式培养框架结构，参见图 8 – 1。

四　基于增益价值与岗位职责完善教师激励评估体系

根据构建的数学教师关键能力评估模型施测结果，需要在数学教师的社会经济地位层面予以重点关注，以进一步提升数学教师的工作满意度。当前中小学一线教师职称评聘改革的关键就是改革完善评聘标准与建立客观公正的评聘机制等，充分激发一线数学教师的干事创业的热情。在基于增益价值与岗位职责的基础上，进一步完善教师激励评估体系，建立符合教师实际的职称评聘体系。

---

① 傅海伦、张丽、王彩芬：《基于 Fuzzy-AHP 质疑式数学核心素养评价指标体系的研究》，《数学教育学报》2020 年第 29 卷第 1 期，第 52—57 页。

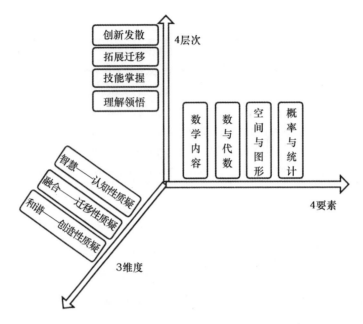

图 8-1　基于数学核心素养的"434"质疑式培养框架结构

第一，在聚焦教育均衡和教育脱贫的时代背景下，在政策层面进一步提高教师福利待遇，健全职称晋升机制，优化职称比例结构是提升数学教师关键能力的重要发力点。在职称评聘中应向一线教师日常工作量、是否担任班主任工作、每周课时数、每天工作时间、学生评价、家长评价等这些考核指标予以倾斜，而不应仅仅将学术论文发表和课题项目申请作为职称评聘的主要依据。在进行教师综合考核评估时，应将数学教师的个体特质、育德能力、数学本体性知识、教学实践技能、跨学科及信息化应用能力、模型构建与数据分析能力、社会性能力、创新与创造力这些关键能力作为重点评估指标依据，确保一线数学教师职称评聘的合理性与科学性。

第二，实施特殊岗位津贴和差别化待遇政策机制。建议在政策的实施方式上按照教师的工作年限（不分职称）等级性的发放岗位补助，并且补助随着留岗任教年数的增长而增多。针对长期坚守乡村的教师发放特殊补助津贴，尤其是超过一定年限的老教师，退休后仍可继续发放。根据不同区域不同处境教师的实际需求发放满足他们生活与发展的各种津贴补助等，如子女教育、重大疾病救助以及两地分居等问题。①

第三，促进实施绩效工资，激活数学教师之间的良性竞争。进一步探索绩效工资考核评价指标体系与分配等次的合理性，做好绩效工资发放的法律保障。缩减同等学力下不同行业、城乡区域工资待遇和福利待遇。

第四，对教师编制予以松绑，解决后顾之忧。建议推出"灵活编制"政策，吸引能工巧匠进入乡村数学教师队伍。比如 S 省 L 市秉承"缩小城乡基础教育差距，让县城以下乡村孩子享有优质教育以体现教育公平"的教育工作精神，主管部门坚决表态："哪怕只有一个编制，也要给教育；哪怕只有一个项目，也要建学校；哪怕只有一分钱，也要投入教育中。"②

第五，依据不同学科特色分类分策来界定和划分指标层次。在实施教师考核评估或职称评聘时，当务之急是依据学校的办学特色，对学校的一线教师进行科学合理的分类分策界定，在数学教师职称评聘和绩效考核等评估工作中充分利用数学教师关键能力评估模型进行施测分析，从而激发数学教师关键能力提升与干事创业的积极性。

第六，灵活岗位设置管理，结合实际情况因地制宜地进行职称评聘和绩效考核。建议尝试性根据教师关键能力的发展规律与岗位职责任务，设置初任教师、骨干教师和名师名校长三种不同层级的专业技术岗位。"一线教师的职业生涯发展可划分为初任教师、骨干教师和名师名校长三个阶段。对处于不同职业生涯发展阶段的数学教师其在教学实践技能、社会性能力、创新与创造力等层面的要求也有所不同。"③ 还可以依据不同岗位层次与类别比重，从教学型、管理型和教学科研型三方面进行评估。也可借鉴高校"双肩挑"的岗位聘任管理模式，比如教务处主任在承担学校行政管理职责任务的同时还要承担一定的教学任务，同时具备教学岗和管理岗的双重任务就可以"双肩挑"，因具体情况进行科学合理地绩效考

① 徐继存、张丽：《乡村小规模学校教师留岗意愿及影响因素研究——基于工作特征模型》，《山西大学学报》（哲学社会科学版）2020 年第 43 卷第 6 期，第 87—98 页。
② 徐继存、张丽：《乡村小规模学校教师留岗意愿及影响因素研究——基于工作特征模型》，《山西大学学报》（哲学社会科学版）2020 年第 43 卷第 6 期，第 87—98 页。
③ 徐国庆：《高职教师课程教学能力分析与发展路径》，《中国高教研究》2015 年第 12 期，第 96—99 页。

核。或者对于数学、语文、英语这三门主要学科就可分别设置教学型骨干教师等，教学型骨干教师负责全年级的教学管理任务，科研管理型骨干教师负责学科的教科研任务。从而实现分工明确，各司其职，高效运转，也便于进行工作考核。

五　构建二维三层次四梯度教师空间发展模式

根据数学教师现实藩篱与归因分析的调查结果，教师培训是影响制约数学教师关键能力发展的重要因素。有些教师培训的成效和时效仅仅以讲座等短期形式体现，很难体系化、系统化，无法持续深入地实现数学教师队伍建设内涵式建设与关键能力发展。因此，基于数学教师的职业生涯发展特征，探索"梯队式"螺旋上升培养路径，构建二维三层次四梯度教师空间发展模式，促进数学教师关键能力在职业生涯发展的不同阶段系统化、整体化、持久化的提升，从而实现"梯队式"教师队伍建设与培养。

"二维"即在整个数学教育教学生态系统中，数学教师作为其中的一个群体，受到来自这个生态系统的外部环境的影响和内部群体的影响，数学教师的个体适应能力、个体耐受力、个体工作效率等，都需要在这两个维度中不断优化生存环境，调整资源配置。使得在数学教师生态系统中，外部和内部两个维度的环境因素对数学教师产生积极的作用和影响，从而能够全面高效地实现数学教师关键能力的发展。

"三层次"即数学教师关键能力的影响因素是从三个层面对其产生作用影响的。即宏观社会影响、中观学校影响以及微观个体影响。宏观社会影响因素包括教师荣誉制度、教师政治地位和"乡村教师""支教计划"等国家激励政策与措施等；中观学校影响因素包括职称评聘和晋升渠道、教师福利待遇、培训交流机会等；微观个体影响因素包括工作满意度、人际关系、身份认同、成就动机等方面。从这三个层次进行数学教师关键能力的现实藩篱与归因分析，从而"对症下药""问诊把脉"，以及采取有效对策来发展数学教师关键能力。

"四梯度"即随着数学教师关键能力的提升，其职业生涯会随之发展，形成职前师范生—实习生—初任教师—骨干教师—名师名校长"梯队式"的职业发展链；其职业生涯在不同的发展阶段会呈现不同的特征，应采取与之相对应的措施分类分策地进行培养。

下面主要从优化结构、数学教师专业标准和数学教师培训提升项目等教师培养最为核心的方面探讨"二维三层次四梯度"教师空间发展模式构建。

首先，优化教师队伍结构，统筹城乡教师资源。一是吸引优秀男士加入数学教师队伍，破解"男教师荒"的难题。当前数学教师队伍结构存在男女比例失衡的现象，尤其在小学低年级段，男教师数量远低于女教师。教育的本质问题是人的问题，破解"男教师荒"难题的关键是解决留住人的问题。如何留得住，就需要政府从政策到舆论宣传层面进一步提升教师的社会经济地位，在各种组织和决策层面，增加乡村学校和一线教师代表的名额，让更多数学教师有参政议政的民主权利，从而最大限度地吸引青年教师，特别是优秀的中青年男性教师。在教师招聘中予以适当的政策倾斜，吸引更多优秀的男性数学教师为基础教育工作增砖添瓦。[①] 二是鼓励教师资源均衡配置，建设先进水平的教师教育培训实验系统，充分利用"互联网＋"模式，开展远程教育培训，实现教育资源的生态型配置。通过开展"名师共享""影子跟岗""送教下乡""工作坊研修"等多种形式的培训交流活动，定期邀请德才兼备的名师名校长、教学能手等去各个学校献计献艺，帮扶指导，以共同发展为愿景，形成共生共荣的社会新生态，为数学教师成长搭建实验舞台的"最后一公里"。三是确保"支教"政策、教师轮岗制度、"乡村教师"计划等社会激励政策落实到位。建议增加乡村数学教师的培训机会，省、市、县级政府拨付专项资金，依托国培、省培、市培、县培计划，采用轮训方式，确保乡村教师培训全覆盖。根据入职年限、任教学科等按需设置培训内容，建议增加小班复式教学、全科教学、乡土课程开发、家校合作、职业认同等培训，确保乡村数学教师关键能力发展的渠道畅通。[②]

其次，当前我国还尚未出台实施专门针对数学教师的专业标准，但在《小学教师专业标准》中，明确提出"以生为本、师德为先、能力为重、

① 张丽、傅海伦、申培轩：《中小学教师工作困扰、消极情绪与职业幸福感的相关研究——以山东省域数据调查为例》，《当代教育科学》2019 年第 11 期，第 57—64 页。

② 徐继存、张丽：《乡村小规模学校教师留岗意愿及影响因素研究——基于工作特征模型》，《山西大学学报》（哲学社会科学版）2020 年第 43 卷第 6 期，第 87—98 页。

终身学习"的基本理念。从专业理念与师德、专业知识、专业能力三个维度阐述了基本内容。但是该标准从内容上并没有对不同层次不同学科教师的能力标准进行区分，"也未明确标准与小学教师资格证书考试或资格证书标准的关系，在实践过程中的参考性较为有限"。① 因此，要系统全面有效地开展数学一线教师培训，应充分考虑数学学科特色、职业生涯发展特征等建立与之相适应的数学教师专业标准。比如初任教师应侧重于育德能力、数学本体性知识和教学实践技能的培养；数学骨干教师应侧重于跨学科与信息化应用、模型构建与数据分析能力、线上线下数学课程教学资源包设计能力等的培养；而数学名师名校长则应重点培养其社会性能力、创新与创造力等，因此，要设计、开发与实施数学教师关键能力"梯队递进式"的发展路径，使得不同阶段数学教师关键能力的培养更有侧重点。

最后，探索构建从国家—省—地市的"三级阶梯式"教师培训体系。当前各级地方政府和机构纷纷采取相应举措与项目建成不同等级的中小学教师培养基地，开展一系列活动以期有效发展数学教师关键能力。比如 C市开展的"中小学校长培训班"、S 省开展的"名师名校长"工程、2020年 S 省开展的"乡村优秀青年教师培养奖励计划人选培训班"等，都配备精选顶尖专家、齐鲁名师和特级教师等，在培养对象上也有比较清晰明确的指向性，着力培养优秀的数学领头人和种子教师，但仍需国家级教师培养基地在功能指向上的进一步明晰。因此，应逐步探索建立从国家到省级再到地市的"三级阶梯式"教师培训网络。国家层面，应重点进行基础教育改革的思想宣传培养；省级层面，应重点进行教学名师、名师名校长等的培养；地市层面，应重点进行一线教师关键能力的培养。层层相扣，最终构成完善的数学教师培养体系。

总之，建议依据数学教师职业生涯发展的阶段性差异性，分类分策，赋予不同层级师资培训不同的功能。地市级培训重点为初任教师，以育德能力、数学学科本体性知识和教学实践技能等培养为主，帮助刚入职青年教师顺利迅速适应并胜任课堂教学；省级培训重点为

---

① 汤霓：《英、美、德三国职业教育师资培养的比较研究》，博士学位论文，华东师范大学，2016 年。

骨干教师，以跨学科及信息化应用、模型构建与数据分析能力、线上线下数学课程教学资源包开发设计与应用能力等培养为主，帮助数学骨干教师熟练掌握智慧课程、线上线下教育教学资源开发、设计与实施等；国家级培训重点为名师名校长，以社会性能力、创新与创造力培养为主，帮助名师名校长了解把握当前国家的政策方针与基础教育教学改革的发展趋势与方向，重点培育作为"领袖教师"组织治理及领导建设学校应具备的关键能力。

六 培育教师实践共同体，拓宽职业发展渠道

根据构建的数学教师关键能力影响因素结构方程模型评估结果，在中观学校支持层面的四个维度需要进一步加强举措以发展数学教师关键能力。一是要帮助数学教师积极构建与完善一个涵盖领导关系、同事关系、家庭关系、家长关系以及师生关系的良好人际关系网络，开展丰富多样的集体活动，鼓励学校领导、教师积极参与，建构互帮互助互信的伙伴关系，从而形成协同共生的社会交往群，能够激发数学教师的工作热情、产生强烈的激励作用，提升集体凝聚力以及归属感。融合内生的伙伴关系能够缓解新生代数学教师心理的孤独感和迷茫感，提高数学教师的身份认同感和归属感。[①] 二是构建家校共同体。根据不同的学校活动性质邀请数学教师的家庭成员或者学生和家长共同参与完成，让家庭成员、学生和家长更细致、深入、全面地了解数学教师教师的生活境遇，通过互相了解、包容、尊重和支持而建立起良好和谐的人际关系网络，使其体验身为数学教师的数学之美，感受数学学科育人的价值意蕴，进而满足数学教师在安全、社交、尊重等精神层面的需求。[②] 三是培育教师实践共同体，共享教育教学资源建设技艺库。"共同体"，顾名思义，其关键是通过共同体的组织形式，赋予每一个参与者和学习者真正的职责和任务，突出个体特点的同时又具有集体共同的利益和目标。培育教师实践共同体的目的，就是

[①] 傅海伦、张丽：《中小学乡村教师消极情绪体验的社会学分析——以山东省域数据调查为例》，《山东师范大学学报》（社会科学版）2020 年第 65 卷第 1 期，第 116—125 页。

[②] 傅海伦、张丽：《中小学乡村教师消极情绪体验的社会学分析——以山东省域数据调查为例》，《山东师范大学学报》（社会科学版）2020 年第 65 卷第 1 期，第 116—125 页。

通过集体组织形式将多个个体集合，通过一系列实践活动，互相影响学习、互相理解实践、互相资源共享，以达到共同发展的目的。积极搭建不同学科、不同学校、不同地域之间教师们相互学习、交流、切磋技艺的平台，分享名师工作的方式方法、心得体会。共同搭建数学教育教学资源共享库，及时更新分享线上线下数学课程相关的资源建设开发、设计与成果。加强跨学科教师间的合作交流，形成互帮互助的氛围。不仅有助于数学教师的数学学科本体性知识体系的掌握、教学实践技能的提升，还能学习跨学科领域的知识与技能，从而发展创新与创造力。在与不同风格特色，经验丰富的同行前辈的沟通交流学习过程中，能够使得青年数学教师对个体特质重新认知与定义，育德能力得到提升。在参与各种共同体开展的活动中也能提升数学教师的社会性能力、终身学习能力，从而实现数学教师关键能力的总体水平提升和数学教师队伍的可持续发展。

七 加大小学教育"全科教师"队伍培养和建设力度

根据《山东省"十三五"教育事业发展规划》对"实现义务教育均衡发展，基本消除'大班额'问题"、就近入学的倡导原则等相关要求，随着学龄儿童的人口逐渐增多，各地市纷纷公布未来增建多所学校的规划建设，对一线教师人才存在数量上和结构上的巨大需求。根据相关统计数据预测，未来5年内S省每年需要新增小学专任教师1.5万人。因此，加大小学教育"全科教师"队伍培养和建设力度，培养一批高素质高水平的小学"全科教师"以适应S省基础教育的快速发展迫在眉睫。①

在培养模式上，建议借鉴国外先进的培养做法及经验。比如，澳大利亚迪肯大学的小学教育学士培养项目是全科型小学教师培养的典型代表模式。其本科层面全科型小学教师的培养目标是培养全科引导者。在延续传统教育专业对教科研的高标准严要求的基础上，具体采用严格又多样的高等师范院校小学教育专业录取标准，配备多层次多学科的教师队伍，全科导向的课程设置，注重通识课程的培养，资源技术支持式的教学模式，从而推动小学教育"全科教师"培养模式的标准化。

---

① 徐红、龙玉涵：《发达国家小学全科教师培养模式的特点及启示》，《河北师范大学学报》（教育科学版）2020年第22卷第3期，第67—73页。

建议进一步扩大高等师范院校小学教育专业设置的比例和范围。选拔有志于投身小学教育的本科生，强化其专业技能与理论基础。进一步探索一专多能、胜任多学科教学的小学教师培养模式，探索建立由主要教学学科为主体，兼职教学学科为辅，加之丰富多样的选修课程构成系统全面的课程体系，增强实习实训课程培养，发展数学教师关键能力。着力培养育德能力，以及学科本体性知识体系的构建、人文与科学素养、创新与创造力等关键能力，使其成为具有终身学习提升意识和齐鲁文化视野的高素质小学全科教师。

第三节 有待拓展

本研究针对数学教师关键能力主要集中回答了如下两个问题：如何构建数学教师关键能力评估模型？如何应用数学教师关键能力评估模型促进数学教师队伍建设？回顾整个研究过程，从确定选题、搜集资料、开展调研、分析数据、系统撰写，始终坚持全面、客观、公正的原则尽量真实地反映研究问题，对每个研究结论都经过反复斟酌，反复推敲，最终定夺。但由于研究对象的复杂性和自身知识储备与研究能力的限制，虽然笔者具备一些理论和实践的经验，但是由于受限于个人研究视角、研究能力以及研究精力等诸多原因，在很多层面上仍存在较大的局限性与有待进一步拓展研究之处，具体如下。

一 研究方法的合理性与挑战性

本研究采用定量与定性相结合的实证主义研究方法，以期全面深入地厘清问题的本质内涵。如针对数学教师关键能力的构成，采取了政策文本分析法、关键事件访谈法、德尔菲专家咨询访谈法、问卷调查法等多种不同的方法来进行研究。针对数学教师关键能力影响因素及归因分析的研究，综合运用实证量化与质性访谈相结合的研究方法，力求对所研究的问题进行透彻、深入及有效的剖析。但是，由于不同研究方法价值观与世界观的差异性，比如实证量化分析基于实证主义哲学观，而质性访谈分析基于建构主义哲学观，这两种研究方法本身就隶属于不同的研究范式，两者相结合的综合研究方法实施起来相对较难把握，量化研究与质性研究相结合的连贯性与协调性也是本研究的难点之一。

二 纵向深度与横向广度的拓展研究

在具体研究过程中，发现研究范围已经从多个视角对多个问题进行扩展，无论是从纵向研究的深度还是从横向研究的广度都远远超出了研究方案所涉及的问题及范围。因为，随着研究过程不断深入剖析和挖掘，发现许多相互关联的问题。比如，本研究已经不仅包括数学教师关键能力评估模型的构建及应用。从纵向研究深度方面，包括从职前师范生到实习生到初任教师到骨干教师再到名师名校长如何培养的问题；从横向研究广度方面，涉及当下全科教师尤其是乡村学校全科教师培养所面临的困境以及发展路径的研究问题。这些诸多问题都是紧密关联、环环相扣的。随着研究的深度和广度的不断拓展，时间精力有限以及能力经验不足，没能对所有问题展开研究，只能选取与本研究主题相关的几个核心问题进行深入的探究。比如全科小学教师关键能力的培养、城乡数学教师的差异性分析等这些在研究过程中发现的新问题，笔者将带着思考和侧重点作为下一步深入探究分析的重点研究问题。

三 研究视角的局限性和研究技巧的片面性

由于评估能力模型的构建与施测、实证分析检验研究，以及后续的质性访谈案例归因分析研究，都需要笔者持续不间断地开展大规模的田野调研和实地访谈，并且在调查研究和质性访谈过程中，基本由笔者个人独立完成。因此，受到笔者个人观点与视角的局限性、访谈内容与技巧的片面性，在田野调研与实地访谈的过程中，容易造成关键问题与有价值的内容信息被忽略。并且，在面对面访谈的过程中，常常会受到访谈内容涉猎范围扩大以及主观能动性的影响，出现分不清主要矛盾和次要矛盾的问题，造成访谈内容的针对性不强，使得对所搜集到数据的科学性、合理性以及普适性、全面性都会产生负面的不可逆的影响。并且，受笔者个体自身能力水平和主观能动性的限制，在对重要核心信息的理解把握和沟通交流的方法技巧等方面，也无法进行精准深刻的认知与感同身受的理解，导致对研究结论产生偏差。

四　研究样本的有限性

由于受到个体主观能动性以及受访者样本选取不够完全科学合理，覆盖面不够全面不够具有层次性等因素的影响，本研究在调查问卷设计、质性访谈对象选取以及个案分析选取的代表性、科学性等方面有待进一步提高，以及在样本覆盖层面有待进一步拓展和开发。由于受到 2020 年新冠肺炎疫情的影响，访谈对象以及样本的选取绝大部分来自 S 省，没能实现从全国范围内分层抽样，也没能够在不同省域之间探索更深入的比较分析研究。并且，在对数学教师关键能力评估模型权重赋值以及评估时，受可调动资源局限性的影响，所选取的数学教育相关的专家学者以及受测数学教师样本的科学合理性和适切性也有待进一步提高，从而对数学教师评估模型普适性以及评估结果的客观有效性产生影响。

第四节　未来展望

一　进一步拓展数学教师关键能力评估模型的应用研究

尽管本研究开发、设计、构建出数学教师关键能力评估模型，对数学教师关键能力本质内涵与结构特征进行清晰的阐述与解释，但评估模型构建的初衷不仅是提出数学教师"关键能力"核心概念，进行评估模型的构建，应用评估模型对当前数学教师关键能力进行施测调查、现状调查以及影响因素调查研究，还需要进一步发挥该评估模型应用，推广评估模型的应用领域——如何进一步研究基于关键能力评估模型应用的数学教师职业成长链条式发展路径，以及如何借助数学教师关键能力评估模型开展诊断式施测改进发展研究等这些亟待深入探讨分析的问题，从而真正发挥数学教师关键能力评估模型的增益价值与功效。

二　进一步开展全科教师关键能力评估模型的构建与应用研究

虽然本研究对数学教师的关键能力本质内涵与结构要素作了深入地阐述，并对数学教师关键能力评估模型进行初步构建与实践应用，获得了一些较为有研究价值和应用价值的结果。但是，下一步研究仍需要不断完善、应用和改进所构建的数学教师关键能力评估模型。通过反复的持续的实践检验，并根据时代背景的发展变化与教师标准的需求变化，不断调整、不断打磨和更新完善所构建的评估模型。进一步扩大研究范围，从纵向研究的深度和横向研究的广度上不断扩充完善，将其打造成为可复制可推广可借鉴的模板，逐步研究与应用到整个一线教师队伍全科教师的考量评估与培养过程中，将会是一个更有价值更有意义的研究课题。

三 进一步关注数学教师队伍的发展建设

尽管本研究聚焦于数学教师关键能力评估模型构建及应用研究，但是对数学教师队伍的发展建设还需要进一步开展专业化、内涵式的相关研究。这对当前实现基础教育教师队伍内涵式发展是非常重要而又必要的，包括如基础教育教师队伍建设、基础教育学科教师的职业生涯发展路径、学校内部治理体系建设、教师激励评价体制机制改革完善与落实等一系列的问题。这一系列问题的解决对于学校内涵式发展具有十分重要的意义与价值。因此，关于数学教师关键能力的研究应进一步扩展研究视域，不仅要关注数学教师自身应具备的关键能力，更要从育人功能层面审视基础教育中数学教师的意义与价值。而关于数学教师队伍建设的研究恰恰超越了对数学教师个体的研究，将其置入整个基础教育场域之中进行审视分析，对基础教育事业的发展建设更具有意义与价值。

参考文献

一 国内著作类

［1］李德顺：《价值论：一种主体性的研究（第 3 版）》，中国人民大学出版社 2017 年版。

［2］林天佑等：《教育行政学》，中国台湾新北市：心理出版社，2017 年版。

［3］罗胜强、姜嬿：《管理学问卷调查研究方法》，重庆大学出版社 2017 年版。

［4］孟海芹：《多元智能理论的校本实践：北京市顺义区张镇小学"扬长教育"成果汇编》，光明日报出版社 2017 年版。

［5］赵曙明：《人力资源战略与规划》（第四版），中国人民大学出版社 2017 年版。

［6］温忠麟：《心理与教育统计》（第二版），广东高等教育出版社 2016 年版。

［7］吴清山：《学校行政》（第七版），中国台湾心理出版社 2015 年版。

［8］何美：《科学教师专业标准与评价体系——美国卓越教师发展的目标》，北京师范大学出版社 2015 年版。

［9］李昕、张明明：《SPSS22.0 统计分析入门到精通》，电子工业出版社 2015 年版。

［10］刘维良：《校长胜任力研究与应用》，重庆大学出版社 2014 年版。

［11］陈圣谟：《学校价值领导的理念与实践》，中国台湾丽文文化事业有限公司 2014 年版。

［12］陈晓萍等：《组织与管理研究的实证方法》（二版）．中国台湾华泰文化事业股份有限公司 2014 年版。

［13］秦梦群、黄贞裕：《教育管理研究范式与方法论》，教育科学出版社 2014 年版。

［14］王强：《教师胜任力发展模式论》，华东师范大学出版社 2013 年版。

［15］温忠麟：《调节效应和中介效应分析》，教育科学出版社 2012 年版。

［16］孙正聿：《哲学通论（修订版）》，复旦大学出版社 2022 年版。

［17］邱均平：《文献计量内容分析法》，国家图书馆出版社 2008 年版。

［18］莎兰·B.麦瑞尔姆：《质化方法在教育研究中的应用：个案研究的扩展》，于泽元译，重庆大学出版社 2008 年版。

［19］车文博主编：《心理咨询大百科全书》，浙江科学技术出版社 2001 年版。

［20］莫衡等编：《当代汉语词典》，上海辞书出版社 2001 年版。

二 国内期刊论文类

［1］杨九诠：《三维目标，核心素养的分析框架》，《上海教育科研》2021 年第 1 期。

［2］张丽、徐继存、傅海伦：《乡村教师的生存境遇与突围之策——基于山东省乡村教师现状调查的实证分析》，《现代基础教育研究》2020 年第 40 卷第 4 期。

［3］杨九诠：《"后课程"时代的想象》，《新课程评论》2020 年第 6 期。

［4］徐继存、张丽：《乡村小规模学校教师留岗意愿及影响因素研究——基于工作特征模型》，《山西大学学报》（哲学社会科学版）2020 年第 43 卷第 6 期。

［5］傅海伦、张丽：《中小学乡村教师消极情绪体验的社会学分析——以山东省域数据调查为例》，《山东师范大学学报》（社会科学版）2020 年第 65 卷第 1 期。

［6］傅海伦、张丽、王彩芬：《基于 Fuzzy-AHP 质疑式数学核心素养评价指标体系的研究》，《数学教育学报》2020 年第 29 卷第 1 期。

［7］张丽、傅海伦、申培轩：《中小学教师工作困扰、消极情绪与职业幸福感的相关研究——以山东省域数据调查为例》，《当代教育科学》2019 年第 11 期。

［8］刘英、潘婷、汤家奇：《小学教师留校任教意愿及影响因素调查——

以赣州市为例》,《萍乡学院学报》2019 年第 4 期。

[9] 桑国元、叶碧欣、黄嘉莉:《社会支持视角下的小学教师专业自主发展——基于云南省 H 中学的田野研究》,《教师发展研究》2019 年第 3 卷第 2 期。

[10] 李国强、袁舒雯、林耀:《"县管校聘"跨校交流教师归属感问题研究》,《教育发展研究》2019 年第 39 卷第 2 期。

[11] 钱小龙:《教师教育 MOOC 促进教育均衡发展的适用性研究》,《山东师范大学学报》(人文社会科学版)2019 年第 64 卷第 1 期。

[12] 姜金秋、陈祥梅:《〈小学教师生活补助政策〉实施背景下师范生小学从教意愿及影响因素分析——基于西部贫困地区 15 所院校的调查》,《教师教育研究》2019 年第 31 卷第 1 期。

[13] 杨九诠:《"公平而有质量的教育"的双重结构及政策重心转移》,《教育研究》2018 年第 39 卷第 11 期。

[14] 袁玲、黄霄:《上海市小学教师工作生活现状调查研究》,《上海教育科研》2018 年第 11 期。

[15] 赵永勤:《教育经验改造视域下的小学教师专业发展路径研究》,《教育发展研究》2018 年第 38 卷第 20 期。

[16] 李斌辉、李诗慧:《新生代优秀小学教师主动入职动因与启示——基于全国"最美小学教师"事迹的质性研究》,《教育发展研究》2018 年第 38 卷第 20 期。

[17] 沈晓燕:《城镇化背景下小学教师知识分子身份的式微与重构》,《教育发展研究》2018 年第 38 卷第 20 期。

[18] 刘善槐:《新时代小学教师队伍建设的多维目标与改革方向》,《教育发展研究》2018 年第 38 卷第 20 期。

[19] 师玉生、安桂花:《城乡小学教师职业压力源的实证研究——以西北 A 县为例》,《教育测量与评估》2018 年第 8 期。

[20] 方建华、刘菲:《新疆(建设)兵团特岗教师去留意愿的影响因素模型——基于扎根理论的探索性研究》,《教师教育研究》2018 年第 30 卷第 6 期。

[21] 肖庆业:《农村教师职业流动意愿及其影响因素——基于二元 Logistic 回归模型的实证研究》,《基础教育》2018 年第 5 期。

[22] 周九诗、鲍建生:《中小学专家型数学教师素养实证研究》,《数学教育学报》2018 年第 27 卷第 5 期。

[23] 张志勇:《教师是教育的第一资源——准确把握新时代教师队伍建设的战略布局和重点任务》,《中国教育学刊》2018 年第 4 期。

[24] 袁桂林:《农村学校教师队伍建设需要制度保障和体制创新》,《华东师范大学学报》(教育科学版)2018 年第 36 卷第 4 期。

[25] 杨九诠:《学科核心素养的要义》,《江苏教育》2018 年第 62 期。

[26] 王牧华、李若一:《教师专业发展的生态视域:思维转向与视角转换》,《教师发展研究》2018 年第 2 卷第 1 期。

[27] 王恒、闫予沨、姚岩:《特岗教师留任意愿的影响因素研究——基于全国特岗教师抽样调查数据的 logistic 回归分析》,《教师教育研究》2018 年第 1 期。

[28] 王迪钊:《"双一流"建设背景下高校教师合理流动问题及对策研究——基于生态位的视角》,《教育发展研究》2017 年第 37 卷第 21 期。

[29] 石亚兵:《小学教师流动的文化动力及其变迁——基于"集体意识"理论的社会学分析》,《全球教育展望》2017 年第 46 卷第 11 期。

[30] 杨九诠:《学科核心素养与高阶思维》,《教师教育论坛》2017 年第 30 卷第 10 期。

[31] 杨九诠:《加强实证研究,推进教育科研转型》,《上海教育科研》2017 年第 9 期。

[32] 张亚星、梁文艳:《北京市义务教育阶段教师教学能力城乡差异研究——兼论城乡义务教育一体化进程中农村教师专业发展的对策》,《教育科学研究》2017 年第 6 期。

[33] 王艳玲、李慧勤:《小学教师流动及流失意愿的实证分析——基于云南省的调查》,《华东师范大学学报》(教育科学版)2017 年第 35 卷第 3 期。

[34] 王艳玲、李慧勤:《小学教师流动及流失意愿的实证分析——基于云南省的调查》,《华东师范大学学报》(教育科学版)2017 年第 35 卷第 3 期。

[35] 叶剑强、毕华林:《我国科学教育研究热点、现状与启示——基于

2370 篇硕士博士学位论文的知识图谱分析》，《课程·教材·教法》2017 年第 37 卷第 11 期。

[36] 文军、顾楚丹：《基础教育资源分配的城乡差异及其社会后果——基于中国教育统计数据的分析》，《华东师范大学学报》（教育科学版）2017 年第 35 卷第 2 期。

[37] 刘甲学、冯畅：《基于共词分析的国内信息资源管理研究热点可视化分析》，《情报科学》2016 年第 34 卷第 11 期。

[38] 郑建君：《心理资本在基层公务员角色压力与心理健康关系中的作用》，《江苏师范大学学报》（哲学社会科学版）2016 年第 42 卷第 1 期。

[39] 徐国庆：《高职教师课程教学能力分析与发展路径》，《中国高教研究》2015 年第 12 期。

[40] 王晓诚、车丽娜、孙宽宁、徐继存：《他者视野中的中小学教师专业素养——基于对校长及一线教师的调研》，《当代教育科学》2016 年第 20 期。

[41] 龚少英、李冬季、赵飞：《情绪工作策略对教师职业心理健康的影响：职业认同的调节作用》，《教育研究与实验》2016 年第 4 期。

[42] 郑建君：《心理资本在基层公务员角色压力与心理健康关系中的作用》，《江苏师范大学学报》（哲学社会科学版）2016 年第 42 卷第 1 期。

[43] 李学书、范国睿：《生命哲学视域中教师生存境遇研究》，《教师教育研究》2016 年第 28 卷第 1 期。

[44] 李硕豪、李文平：《基于结构方程模型的高等教育学生满意度研究——以甘肃省 13 所本大专院校为例》，《教育发展研究》2014 年第 34 卷第 7 期。

[45] 卢尚建：《城乡教师教学水平差距的现状调查及分析——基于对浙江省城乡教师的调查研究》，《全球教育展望》2013 年第 42 卷第 6 期。

[46] 张西方：《教师职业理想及其教育》，《山东师范大学学报》（人文社会科学版）2013 年第 58 卷第 6 期。

[47] 马红宇、唐汉瑛等：《中小学教师胜任特征模型构建及其绩效预测

力研究》,《教育研究与实验》2012 年第 3 期。

[48] 蔡明兰:《教师流动:问题与破解——基于安徽省城乡教师流动意愿的调查分析》,《教育研究》2022 年第 2 期。

[49] 田学红:《教师的情绪劳动及其管理策略》,《教育研究与实验》2010 年第 3 期。

[50] 王春燕:《教师:从职场专业发展走向生命关怀的个体成长——生命哲学视野下教师成长的思考》,《全球教育展望》2008 年第 6 期。

[51] 胡昌送、李明惠、卢晓春:《"关键能力"研究述评》,《山西师大学报》(社会科学版) 2008 年第 6 期。

三　国内学位论文类

[1] 秦苗苗:《习近平关于师德建设论述研究》,博士学位论文,大连海事大学,2020 年。

[2] 许晶:《初中数学课堂教学、学业考试与课程标准的一致性研究》,博士学位论文,东北师范大学,2020 年。

[3] 刘伟:《初中生数学建模能力培养研究》,博士学位论文,曲阜师范大学,2020 年。

[4] 陆珺:《实习数学教师专业素养的发展性评价研究》,博士学位论文,华东师范大学,2020 年。

[5] 赵凌云:《指向创造力培育的高中数学学习环境建构的案例研究》,博士学位论文,华东师范大学,2020 年。

[6] 蒙继元:《教师教学交往素养研究》,博士学位论文,天津师范大学,2020 年。

[7] 付天贵:《数学文化对小学生数学学习兴趣影响的评估模型构建研究》,博士学位论文,西南大学,2020 年。

[8] 程少波:《中小学教师社会心态现状及其调适对策研究》,博士学位论文,华中师范大学,2020 年。

[9] 岳增成:《HPM 对小学数学教师教学设计能力影响的个案研究》,博士学位论文,华东师范大学,2019 年。

[10] 刘燕茹:《价值领导——基于小学校长领导行为的研究》,博士学位论文,华东师范大学,2019 年。

［11］谢玲义：《小学数学教师教学胜任力实证研究》，硕士学位论文，江西师范大学，2019年。

［12］曲新：《一位小学数学特级教师专业成长的叙事研究——以锦州市孙燕鹏老师为研究对象》，硕士学位论文，渤海大学，2019年。

［13］李晓娜：《中学数学教师课堂教学核心能力的实证研究》，硕士学位论文，河北师范大学，2019年。

［14］王亚南：《高职院校专业带头人能力模型构建及发展研究》，博士学位论文，华东师范大学，2018年。

［15］谷晓沛：《小学数学教师学科教学知识建构模式研究》，博士学位论文，东北师范大学，2018年。

［16］潘婉茹：《小学数学教师评价能力研究》，博士学位论文，东北师范大学，2018年。

［17］陈薇：《TPACK视角下小学数学教师专业发展的研究》，博士学位论文，南京师范大学，2018年。

［18］乔资萍：《小学校长领导行为研究》，博士学位论文，山东师范大学，2018年。

［19］童健：《乡村文化视域下的乡村教师社会地位研究》，硕士学位论文，华中师范大学，2017年。

［20］徐莹：《乡村教师专业发展的社会支持系统现状调查及优化》，硕士学位论文，广西师范大学，2017年。

［21］周琬謦：《应用型大学教师教学能力评价体系研究》，博士学位论文，厦门大学，2017年。

［22］温平川：《公共目标与个体责任——高校教师绩效评价模型构建与实施研究》，博士学位论文，西南大学，2017年。

［23］刘欢：《初中数学教师MPCK对课堂教学行为的影响研究》，硕士学位论文，陕西师范大学，2016年。

［24］汤霓：《英、美、德三国职业教育师资培养的比较研究》，博士学位论文，华东师范大学，2016年。

［25］孙兴华：《小学数学教师学科教学知识建构表现的研究》，博士学位论文，东北师范大学，2015年。

［26］孟红玲：《小学数学教师专业知识发展培训模式研究》，博士学位论

文，华东师范大学，2015 年。

[27] 王兴福：《中学数学教师数学认识信念对教学行为的影响研究》，博士学位论文，南京师范大学，2014 年。

[28] 张文宇：《初中生数学学习选择能力研究》，博士学位论文，山东师范大学，2011 年。

[29] 王强：《知德共生：教师胜任力发展研究》，博士学位论文，华东师范大学，2008 年。

[30] 王芳：《中学校长胜任力模型及其与绩效的关系研究》，博士学位论文，南京师范大学，2008 年。

四　国内电子文献类

[1] 教育部：《关于加强和改进新时代师德师风建设的意见》［Z/OL］.（2019 - 12 - 16），http：//www. gov. cn/xinwen/2019 - 12/16/content_5461672. htm。

[2] 教育部：《关于减轻中小学教师负担进一步营造教育教学良好环境的若干意见》［Z/OL］.（2019 - 11 - 16），http：//www. gov. cn/xinwen/2019/12/16/content_5461672. htm。

[3] 教育部：《关于深化教育教学改革全面提高义务教育质量的意见》［Z/OL］.（2019 - 06 - 23），http：//www. moe. gov. cn/jyb_xxgk/moe_1777/moe_1778/201907/t20190708_389416. html。

[4] 中共中央国务院：《关于全面深化新时代教师队伍建设改革的意见》［Z/OL］.（2018 - 01 - 31），http：//www. gov. cn/zhengce/2018 - 01/31/content5262659. htm。

[5] 教育部：《中小学幼儿园教师培训课程指导标准（义务教育语文、数学、化学学科教学)》［Z/OL］.（2018 - 01 - 03），http：//www. gov. cn/xinwen/2018 - 01/03/content_5252820. htm。

[6] 中共中央组织部、教育部：《中小学校领导人员管理暂行办法》［EB/OL］，（2017 - 01 - 23），http：//www. moe. edu. cn/jyb。

[7] 习近平：《把思想政治工作贯穿教育教学全过程（在全国高校思想政治工作会议上的讲话)》［EB/OL］.（2016 - 12 - 08），http：//www. xinhuanet. com//politics/201612/08/c_1120082577. htm。

［8］钟焦平：《要舆论监督也要舆论宽容》，《中国教育报》2016 - 12 - 15（1）。

［9］汪明：《为教师减负这根弦要时刻绷紧》，《中国教师报》2015 - 062 - 11（3）。

［10］张以瑾：《学校教育：家校能否商量着来》，《中国教育报》2013 - 1 - 12（3）_ xwfb/s6319/zb _2017n/2017 _zb02/17zb02 _wj/201701/t20170123 _295587. html。

［11］《小学教师资格证统考〈教育与教学知识与能力大纲〉》［EB/OL］. 2013， https：//wenku. baidu. com/view/5f51076c48d7c1c708a1453a. html。

［12］《中小学教师专业标准（试行）》［EB/OL］. 2013， https：//wenku. baidu. com/view/846751e977c66137ee06eff9aef8941ea66e4b2b. html？fr = search-4-aladdinX-income6&fixfr = 1vzHnKyH% 2FTAQbecf-PXBe0w% 3D% 3D。

［13］《义务教育数学课程标准（2022 版）》［EB/OL］. 2022，https：//wenku. baidu. com/view/f6ab105a804d2b160b4ec08c. html。

［14］国务院：《国家中长期教育改革和发展规划纲要（2010—2020 年）》［EB/OL］，2010. http：//www. moe. gov. cn/srcsite/A01/s7048/201007/t20100729_171904. html。

五　国外著作类

［1］［美］埃德加·沙因：《组织文化与领导力（第四版）》，中国人民大学出版社 2017 年版。

［2］联合国教育、科学及文化组织 2015 年报告：《反思教育：向"全球共同体利益"的理念转变》，教育科学出版社 2017 年版。

［3］［美］盖瑞·彼得森、詹姆斯·桑普森、罗伯特·里尔登：《生涯发展和服务：一种认知的方法》，徐州师范大学出版社 2016 年版。

［4］［美］罗伯特·里尔登、珍妮特·伦兹、加里·彼得森、小詹姆斯·桑普森：《职业生涯发展与规划》，中国人民大学出版社 2016 年版。

［5］［美］大卫·卡鲁索、彼得·萨洛维：《情商》，高等教育出版社 2016 年版。

[6]［美］戴维·迈尔斯：《社会心理学》，人民邮电出版社 2016 年版。

[7]［美］加里·尤克尔：《组织领导学（第七版）》，中国人民大学出版社 2015 年版。

[8]［美］詹姆斯·M. 库泽斯、巴里·Z. 波斯纳：《领导力：如何在组织中成就卓越（第 5 版）》，电子工业出版社 2013 年版。

[9]［美］W. 理查德·斯科特、杰拉尔德·F. 戴维斯：《组织理论：理性、自然与开放系统的视角》，中国人民大学出版社 2012 年版。

[10]［美］约翰·P. 科特：《领导力革命》，商务印书馆 2012 年版。

[11]［美］芭芭拉·凯勒曼：《领导学：多学科的视角》，格致出版社 2022 年版。

[12]［美］威廉·威尔斯马、斯蒂芬·G. 于尔斯：《教育研究方法导论》第 9 版，袁振国主译，教育科学出版社 2010 年版。

[13]［日］佐藤学：《课程与教师》，钟启泉译，华东师范大学出版社 2003 年版。

六 国外期刊论文类

[1] Li Zhang, Hailun Fu, Na Wan. Application of AHP and Fuzzy Comprehensive Evaluation of Teaching Quality in Basic Mathematics Classroom [J]. Creative Education, 2018. 9 (11), 2615 – 2626.

[2] Wu L. C. Chao L. , Cheng P. Y. , et al. Elementary teachers' Perceptions of Their Professional Teaching Competencies: Differences Between Teachers of Math/Science Majors and Non-math/Science Majors in Taiwan [J]. International Journal of Science and Mathematics Education, 2018. 16 (5): 876 – 890.

[3] Milanovic V. D. , Trivic D. D. , The historical or the contemporary context: which of the two ensures a deeper understanding of gas properties? [J]. Chemistry Education Research and Practice, 2017, 18 (4): 549 – 558.

[4] Lin Ding. Mathematics Student Teacher' Development of pedagogical content knowledge: An Integrative-Transformative Procss [J]. Teacher Education and Knowledge, Brief Research Reports, 2017, 880 – 884.

[5] Sedibe M. , Mcema E. , Fourie J. , et al. Natural Science Teachers' per-

ceptions of their Teaching Competence in Senior Phase Township Schools in Soweto Area, Gauteng Province [J]. Journal of Anthropology, 2014, 18 (3): 1115 – 1122.

[6] Putter-Smits L. G. A. , Taconis R. , Jochems W. , et al. An analysis of teaching competence in science teachers involved in design of context-based curriculum materials [J]. International Journal of Science Education, Allchin D. , Andersen H. M. , Nielsen K. Complementary approaches to teaching nature of science: integrating student inquiry, historical cases, and contemporary cases in classroom practice [J]. Science Education, 2014. 98 (3): 461 – 486.

[7] Abd-EI-Khalic. Teaching with and about nature of science, and science teacher knowledge domains [J]. Science and Education, 2013, 22 (9): 2086 – 2107.

[8] Alake-Tuenter E. , Biemans H. J. A. , Tobi H. , et al. Inquiry-based science education competencies of primary school teachers: A literature study and critical review of the American National Science Education Standards [J]. International Journal of Science Education, 2012, 34 (17): 2609 – 2640.

[9] Saaty T. L. Decision making with the analytic hierarchy process [J]. International jounal of services sciences, 2008, I (1): 83 – 98.

[10] Lee W. How lo identify emerging resewch fields using scientometrics: An example in the kid of Information Security [J]. Scientometrics, 2008, 76 (3): 503 – 525.

[11] Green R. D. , Osah-Ogulu D. J. Integrated science teachers' instrucitional competencies: an emprical survey in Rivers State of Nigerial [J]. Journal of Education for Teaching, 2003, 29 (2): 149 – 158.

[12] Wimg H. A. , Mush D. D. Science instruction with a humanistic twist: teachers' perception and practice in using thehistory of science in their classrooms [J]. Science & Education, 2002, 11 (2): 169 – 189.

[13] Tulloch B. R. A factor analytic study of secondary science teacher competencies within which growth is perceived as important by science teachers, supervisors, and teacher educators [J]. Journal of Research in

Science Teaching, 1986, 23 (6): 543 – 556.

[14] Beasley W. Student teaching: perceived confidence at attaining teaching competencies during preservice courses [J]. European Journal of Sciecce Education, 1982, 4 (4): 421 – 427.

[15] Butzow J. W. , Qureshi Z. Science teachers'competencies: A practical approach [J]. Science Education, 1978, 62 (1): 59 – 66.

[16] Pettit D. W. Teacher Training: An appraisal and a suggestion [J]. The South Pactific Journal of Teacher Education, 1975, 3 (1): 52 – 59.

[17] Spore L. The competences of secondary school science teachers [J]. Science teachers [J]. Science Education, 1962, 46 (4): 319 – 334.

[18] Whitman W. D. The Science Teacher [J]. General Science Quarterly, 1929 (1): 46 – 50.

七 国外电子文献类

[1] Australian Institute for Teaching and School Leadership Limited. Australian Professional Standards for Teachers [DB/OL]. https://www.aitsl.edu.au/australian-professional-standards-for-teachers/standards/list.pdf, 2017 – 07 – 03.

[2] Post Primary Teachers' Association. Secondary Teachers' Collective Agreement [DB/OL]. http://ppta.org.nz/collective-agreements/secondary-teachers-collective-agreement-stca/supplement-1-professional-standards-for-secondary-teachers-criteria-for-quality-teaching/, 2017 – 07 – 03.

[3] Department for Education. Teachers Standards [DB/OL]. https://www.gov.uk/government/uploads/system/uploads/attachment_data/file/283566/Teachers_standard_information.pdf, 2017 – 06 – 20.

附　　录

附录一　中文关键词总频次统计表

序号	高频关键词	频次	序号	高频关键词	频次
1	评价能力	371	40	人生规划与幸福生活	7
2	探究教学能力	354	41	经验	7
3	课程与教学设计能力	242	42	技术素养	7
4	创新与创造力	217	43	环境意识	7
5	团队协作能力	203	44	道德伦理	7
6	创设情境能力	190	45	洞察力	7
7	实践反思能力	178	46	求知愿望	6
8	模型建构与建模教学能力	129	47	掌控课堂	6
9	解决问题能力	126	48	德行垂范	6
10	课程与教学实施能力	122	49	成就欲	6
11	信息化（大数据）能力	113	50	角色意识	6
12	实验操作能力	92	51	学习经历	6
13	数学学科教学知识	91	52	奉献	5
14	科学研究能力	89	53	耐心	5
15	辨识能力	84	54	自我教育	5
16	终身学习能力	80	55	主动进取	5
17	家庭教育指导能力	79	56	情绪观察能力	5
18	管理与监督能力	73	57	吃苦耐劳	5
19	组织协调能力	64	58	认知能力	5
20	适应能力	62	59	职业特质	4
21	数据分析能力	59	60	利他主义	4

续表

序号	高频关键词	频次	序号	高频关键词	频次
22	激发数学兴趣能力	58	61	概念性思维	4
23	数学实验能力	56	62	应急处理能力	4
24	决策判断能力	55	63	知识更新及应用能力	4
25	推理假设能力	51	64	专业价值观	4
26	作业与考试命题设计能力	50	65	道德修养	4
27	跨学科思维	47	66	法治修养	4
28	批判性思维	44	67	组织管理能力	4
29	尊重与包容	42	68	教学判断能力	4
30	责任心	36	69	系统思维能力	4
31	数学文化素养	34	70	勇于挑战	3
32	自我认知与自我调控能力	33	71	预知能力	3
33	沟通与交流（表达）能力	31	72	坚韧	3
34	人际关系	30	73	精力充沛	3
35	专业共同体	29	74	正确使用教具	2
36	领导力	16	75	公关能力	2
37	健康素养	12	76	指挥能力	2
38	跨文化与国际意识	11	77	社交意识	2
39	公民责任与社会参与	8	78	勇于冒险	2

附录二　编码词典

序号	关键能力 核心要素	核心要素词汇释义
1	责任心	指责任意识，即一切以学生和教学为中心，对教学工作和培养学生高度重视，牢固树立在实践教学过程中全心全意做好教书育人的意识和心理，具有强烈的职业荣誉感
2	职业态度与价值观	爱岗敬业、有爱心，能正确认识工作的价值和重大意义
3	自控能力	面对教学压力、社会有偿办学等不良风气诱惑和其他各种阻力，以及敌意、受激怒等情况时，能管理自己的行动，抑制自己消极情绪，及时调整和应对，最终实现教学目标和人生价值

序号	关键能力核心要素	核心要素词汇释义
4	协调能力	能够在不同的环境下，与不同的人或群体工作时，能通过自我调节，使自己的心理承受能力或者行为方式更加符合环境变化和自身发展的要求，具有较好的适应性
5	掌握新技能	对待新技能的掌握与应用
6	个人修养与行为	富有爱心、耐心和细心。乐观向上、热情开朗、和蔼可亲。能够自我调节情绪，保持稳定情绪。具备终身学习能力，衣着整洁得体，语言行为规范健康，文明礼貌
7	关爱儿童	了解掌握中小学生生存、发展和保护的相关法律法规及政策规定。了解掌握不同年龄及有特殊需要的中小学生身心发展特点和规律，掌握保护与促进中小学生身心健康发展的策略与方法。了解不同年龄段中小学生数学学习的特点，具备中小学生良好行为习惯养成的知识与方法。掌握幼升小和小升初衔接阶段学生的心理特点，具备帮助学生顺利过渡的方法。掌握对中小学生进行青春期和性健康教育的知识与方法。了解中小学生安全防护的知识，掌握针对中小学生可能出现的各种侵犯与伤害行为的预防与应对方法
8	数学探究能力	坚持追求真理、能够批判质疑并反复论证
9	数学实验能力	在实践中发现、教授数学的能力；引导学生实践数学的延伸能力
10	创新创造能力	能够运用数学学科知识引导学生实践创新；培养学生创新创造能力
11	掌握数学学科知识的能力	学习新的数学知识的能力；引导学生推理、运算的能力；处理数与形关系的能力；直观想象、正确运用教具的能力
12	数据分析与模型构建能力	运用数学语言进行教学的能力；编程能力；计算机信息技术运用能力
13	跨学科思维	联系数学与其他学科知识的能力；能够综合运用多种学科知识培养发散创新思维
14	传播数学文化能力	能够引导学生发现数学之美；激发学生学习数学的兴趣；掌握数学发展史；传播数学文化

续表

序号	关键能力核心要素	核心要素词汇释义
15	教学设计能力	"熟知数学课程性质、课程理念、课程目标""针对中小学生身心发展与学习需要，运用学科知识选择与处理教学内容，把握重点难点，充分利用课程资源""关注学生主体，突出学科特征，选择多种方法与教学手段进行教学"①
16	教学实施能力	"根据学生实际和教学内容，有针对性地使用多数教育方法和多样教学手段，积极完成教学任务"
17	教学评价能力	"具有正确的数学教学评价观，了解评价基本方式与方法，能对学生数学学习过程与结果进行评价，善于对数学教学活动进行反思，提出改进措施与方法"
18	实践反思能力	对自己和其他人在教学、科研过程中遇到的事件、问题甚至是成就进行总结和思考，以便从经验教训中得到启示，更好地提高自己、改进教学
19	慎独精神	在独处的时候也能严格要求自己、自觉遵守道德标准，不做不道德的事情
20	道德修养	为实现理想人格，在意识和行为方面进行道德上的自我锻炼以及由此达到的道德境界
21	科学探究能力	能运用已知的教学知识和理论，以科学的思维和适当的方法，对如何更好地实现教学目标等进行科学研究和探索，总结教学经验，发现教学规律。能发现或提出新颖、独特、有教学价值或有个人价值的新事物、新思想
22	人际交流和沟通能力	认真倾听他人的想法或意见；尊重差异；能以恰当的方式与家长和外界开展沟通，清楚地表达事实；积极与学校管理层、学生家长等相互联络，实现有成效的信息交流，讨论有关学生的教育及相关事项，及时化解矛盾和各项问题。平等的与学生交流对话、公平公正评价学生、尊重学生人格和权利

① 小学教师资格证《教育教学知识与能力》https://wenku.baidu.com/view/9b495c5d944bcf84b9d528ea81c758f5f61f291b.html；吴春薇：《初中音乐教师胜任力研究》，博士学位论文，东北师范大学，2019年。

续表

序号	关键能力核心要素	核心要素词汇释义
23	团队协作能力	具有良好的人际关系，能够妥善处理与上级、同事和学生家长的关系，获得更多的理解、支持与配合，形成良好的人际互动，共同实现教学能力和水平的提高，更好地实现教学目标，实现学校整体教学目标
24	成就动机	为发展自身目标，追求重要的工作价值，并使之达到完美状态。以高标准要求自己，以获取活动成功为目标的动机。希望在数学教学和科研事业上取得成就，以培养出优秀的学生、实现人生价值等坚定信念为指引，促使自己不断地努力前进
25	自我认同	坚持爱心育人、身正为范、潜心教学
26	关爱学生	针对不同年龄学生身心发展特点，积极开展中小学生自我实践活动，构建以增强学生自我管理能力为核心的班级建设，促进中小学生的健康成长
27	终身学习能力	能够坚持不断持续地提高自身专业素养、加强专业知识、提高教学水平、加强自身师德修养
28	分析性思维	对教学中出现问题的分析能力
29	数据挖掘能力	了解一定的信息科学技术理论知识，具备信息系统的基本操作能力，主要包括：运用信息工具，获取信息、处理信息、挖掘信息、生成信息、创造信息的能力
30	课堂管理能力	是一种提高组织效率、制定效率标准、纠正偏差的能力。能敏锐洞察到教学实践和教学目标之间的差距，实现数学课堂教学、维持良好的课堂教学能力
31	作业与考试命题设计能力	在学业评价、试题编制时，能够根据（跨）学科素养描述不同等级水平，根据水平设计不同类型试题；能够体现真实生活情境的创意与结构化设计，涵盖系列推理链和能力并且形式多样化，体现不同能力的多重组合
32	数学实验操作能力	注重数学本体性知识与学生生活经验的联系，组织学生开展实验、操作、尝试等活动，引导学生进行观察、分析、抽象概括，运用知识进行判断①

---

① 《义务教育数学课程标准（2022 版）》　[EB/OL]．2022，https：//wenku. baidu. com/view/06fa7d05bed5b9f3f90f1ce0. html。

续表

序号	关键能力 核心要素	核心要素词汇释义
33	家庭教育指导能力	能够对数学实验、家庭教育指导等线上线下教学活动进行有效的管理和引导

附录三 数学教师关键能力访谈提纲

尊敬的老师，您好！

我们正在开展有关数学教师关键能力的研究工作，本研究将使用关键事件访谈法进行，需要对数学教师开展访谈工作。本访谈要了解的内容，都是与您个人的工作相关，不涉及隐私，主要是您个人在教学过程遇到的典型或让您印象深刻或对您工作产生影响的事例。您是如何处理或引导这些事例，以及处理这些事例的过程。访谈开始之前，我们会提供访谈提纲，请您按提纲回答问题。访谈人员也会根据您的表述临时增加提问，只限与本访谈有关。访谈过程将进行录音，希望征得您的同意。关于您的访谈只会用于本次研究，用来分析总结提取数学教师关键能力的核心要素。我们在整理访谈并进行处理时，将会略去您的名字等一切与个人相关的信息，关于涉及您个人信息的访谈录音和整理的材料，我们将严格保守秘密。根据研究要求，访谈内容具体以下三个方面。

一、介绍您的学习经历和教学生涯。

二、请叙述您从教以来对您的工作和生活最为关键的事件。

叙述说明：老师无论是课堂教学，还是课后的指导、训练，带领学生参加活动等，都会出现一些困难和突发事件，而您认为处理得非常成功或者非常失败，并且关于今后的成长非常有帮助或者非常有启示。当面对这些事情的时候，您对当时情况作出正确的或者失误的判断和分析，并采取正确或者失误的行动和措施，有效地或者无效地克服了所面临的困难和难题并得到认可或否定，事件的结果影响是正面积极还是负面消极的。请您详细地介绍一下这些事件。

1. 这是一件什么样的事情，起因是什么？

2. 您遇到事件后的第一反应，对它做了哪些判断？

3. 您本人当时持什么样的情绪？激动、开心或者愤怒、恐慌？

4. 您感觉到的困难是什么？您首先想到应该采取的行动是什么，为什么认为采取这些行动能解决问题？

5. 您是第一时间付诸这些行动的吗？您如何克服困难的？

6. 该事件的最后结果如何，是否达到您的期望？您的体会或感受是什么？您分析过成功或者失败的原因吗？

7. 请举例说明在您的教育生涯中，哪些因素或能力可以促进您的能力不断发展？

8. 请您谈谈成为一名合格或优秀的数学教师，应具备何种知识、技能、性格或其他方面的关键能力。

三、追加问题：

1. 您对当前进行数学教师培养和培训体系，有什么意见或建议？

2. 您认为数学教师的培训，应该包括哪些方面的内容？

3. 您对您的工作和生活现状满意吗？有没有较高的自我认同和自我成就感？

4. 您平常感到的工作压力大吗？主要是来自哪些方面的压力？

5. 您认为您教授的学生对您的工作感到满意吗？感到不满意的有哪些方面？

6. 您认为一名高等师范院校毕业生，要想成为一名合格的数学教师，应具备哪些关键能力？高等师范院校应该对职前师范生着重进行哪些关键能力的培养？

7. 您认为要成为一名优秀的数学教师，应具备什么样的关键能力？

8. 您认为数学教师的职业生涯发展，从职前师范生—初任教师—骨干教师—名师名校长，应该采取何种有效措施来分别进行培养？

谢谢！

附录四 第一轮数学教师关键能力核心要素筛选调查表

第一轮专家咨询问卷个体特征调查表

姓名		年龄		最高学历	
职称或职务		教龄		联系电话	
E-mail		工作单位			

第一轮专家咨询自我评估量表

您对关键能力核心要素重要性评估依据和影响程度

评估依据	影响程度				
	很大	大	中	小	很小
理论知识					
实践经验					
科研成果					
个体认知					

您对本次调查内容的了解程度

程度	很了解	了解	一般	不太了解	完全不了解

填表说明：本研究以文献研究、文本研究和关键事件法为基础，提炼数学教师关键能力要素。就数学教师关键能力核心要素指标的重要性开展筛选调查和判定。下表中各要素分别对应的五个等级，表示其重要程度，5 分 = 最重要；4 分 = 重要；3 分 = 一般；2 分 = 不重要；1 分 = 最不重要。请在认为合适的栏内画"√"。若认为已列出的某项要素无法适用于本研究，请在"修改意见"栏声明"删除"或提出修改意见；若认为还应有必要增加的要素，请在"增补要素"栏内补充。为保证所有要素都具有可测量性和实用性，修改或补充的要素，请同样进行重要程度判断。

数学教师关键能力一级要素调查问卷量表

一级关键能力要素	第一轮专家函询意见与建议					
	修改意见	5 分	4 分	3 分	2 分	1 分
A 个体特质						
B 育德能力						
C 数学学科本体性知识						
D 教学实践技能						
E 跨学科与信息技术应用能力						
F 社会性能力						
G 创新与创造力						
增补指标						

第一轮数学教师关键能力二级要素咨询表

一级关键能力要素	二级关键能力要素	专家函询意见与建议					
		修改意见	5 分	4 分	3 分	2 分	1 分
A 个体特质	A_1 终身学习能力						
	A_2 自我认知与自我调控						
	A_3 人生规划与幸福生活						
	A_4 健康素养						
B 育德能力	B_1 责任心						
	B_2 关爱奉献						
	B_3 尊重与包容						
	B_4 心理辅导						
C 数学学科本体性知识	C_1 数学学科内容知识						
	C_2 学生学习认知知识						
	C_3 数学课程知识						
	C_4 教育学、心理学等相关知识						
D 教学实践技能	D_1 数学智慧课堂设计能力						
	D_2 课堂教学实施能力						
	D_3 学生发展的评价能力						
	D_4 作业与考试命题设计能力						
	D_5 家庭教育指导能力						
	D_6 科学研究能力						

续表

一级关键能力要素	二级关键能力要素	专家函询意见与建议					
		修改意见	5分	4分	3分	2分	1分
E 跨学科与信息技术应用能力	E_1数学实验能力						
	E_2数据分析能力						
	E_3混合式教学手段						
	E_4线上教育教学资源开发能力						
	E_5模型建构与建模教学能力						
F 社会性能力	F_1沟通与交流（表达）能力						
	F_2团队协作能力						
	F_3打造学习共同体						
	F_4培养学生社会实践能力						
	F_5数学与生活整合能力						
	F_6传播数学文化能力						
	F_7组织领导力						
	F_8跨文化与国际意识						
	F_9公民责任与社会参与						
G 创新与创造力	G_1激发学习数学兴趣能力						
	G_2问题解决能力						
	G_3实践反思能力						
	G_4逻辑推理能力						
	G_5批判性思维						
	增补要素						

附录五　第二轮数学教师关键能力核心要素筛选调查表

第二轮专家咨询问卷个体特征调查表

姓名		年龄		最高学历	
职称或职务		教龄		联系电话	
E-mail		工作单位			

第二轮专家咨询自我评估量表

评估依据	影响程度				
	很大	大	中	小	很小
理论知识					
实践经验					
科研成果					
个体认知					

您对关键能力核心要素重要性评估依据和影响程度

您对本次调查内容的了解程度

程度	很了解	了解	一般	不太了解	完全不了解

填表说明：

1. 本调查表是在第一轮专家函询，经数据分析统计，并综合专家小组意见和本研究小组讨论，修改部分一级要素、二级要素的命名和内涵的基础上，制定而成。具体的相关核心要素修改内容，详见表下说明文字。

第一轮专家问卷修改结果：（1）将一级关键能力核心要素"C 数学学科本体性知识"中的"教育学、心理学等相关理论知识"概念界定更改位"跨学科综合知识"；增加二级核心指标"C5 数学情感和态度"。（2）将一级核心指标"E 跨学科与信息技术应用能力"概念界定更改为"E 跨学科与信息化应用技能"。将"E1 数学实验能力"更改为"E1 科学实验能力"，增加"E6 追踪和掌握高新技术能力"。（3）将一级关键能力核心指标"G 创新与创造力"二级关键能力核心指标中"G5 批判性思维"改为"G5 批判性思维与教学"，增加二级关键能力核心指标"G6 质疑式思维与教学"。

2. 第二轮专家咨询表中，凡修改的要素，均在其后加"＊"，以示提醒，每项要素列出在第一轮问卷咨询所得权重平均分。

3. 请您再一次就数学教师关键能力评估体系中各要素的重要性开展筛选判断调查。下表中各要素分别对应的五个等级，表示其重要程度，5分＝最重要；4分＝重要，3分＝一般；2分＝不重要；1分＝最不重要，请在认为合适的栏内画"√"。若认为已列某项要素无法适用于本研究，请在"修改意见"栏声明"删除"或提出修改意见；若认为还应有必要增加的要素，应在"增补要素"栏内补充。为保证所有要素都具有可测量性和实用性，修改或补充的要素，请同样进行重要程度判断。

第二轮数学教师关键能力一级要素调查问卷量表

一级关键能力要素	第二轮专家函询意见与建议					
	修改意见	5分	4分	3分	2分	1分
A 个体特质						
B 育德能力						
C 数学学科本体性知识						
D 教学实践技能						
E 跨学科与信息化应用能力						
F 社会性能力						
G 创新与创造力						
增补指标						

第二轮数学教师关键能力二级要素调查问卷量表

一级核心要素	二级核心要素	均值	5分	4分	3分	2分	1分
A 个体特质	A_1 终身学习能力	3.97 ± 0.11					
	A_2 自我认知与调控	3.93 ± 0.29					
	A_3 人生规划与幸福生活	3.92 ± 0.22					
	A_4 健康素养	3.91 ± 0.19					
B 育德能力	B_1 责任心	4.56 ± 0.03					
	B_2 关爱奉献	4.40 ± 0.49					
	B_3 尊重与包容	4.74 ± 0.55					
	B_4 心理辅导	4.82 ± 0.32					
C 数学学科本体性知识	C_1 数学学科内容知识	4.31 ± 0.28					
	C_2 学生学习认知知识	4.23 ± 0.59					
	C_3 数学课程知识	4.52 ± 0.22					
	C_4 跨学科综合知识	4.26 ± 0.87					
	C_5 数学情感和态度	3.79 ± 0.40					

一级核心要素	二级核心要素	均值	5分	4分	3分	2分	1分
D 教学实践技能	D$_1$ 数学智慧课堂设计能力	4.09 ± 0.47					
	D$_2$ 课堂教学实施能力	4.17 ± 0.24					
	D$_3$ 学生发展的评价能力	4.11 ± 0.29					
	D$_4$ 作业与考试命题设计能力	4.01 ± 0.17					
	D$_5$ 家庭教育指导能力	4.10 ± 0.14					
	D$_6$ 科学研究能力	4.04 ± 0.10					
E 跨学科与信息化应用能力	E$_1$ 科学实验能力	3.89 ± 0.71					
	E$_2$ 数据分析能力	3.96 ± 0.15					
	E$_3$ 混合式教学手段	4.17 ± 0.29					
	E$_4$ 线上教育教学资源开发能力	3.81 ± 0.30					
	E$_5$ 模型建构与建模教学能力	3.93 ± 0.56					
	E$_6$ 追踪和掌握高新技术能力	3.52 ± 0.14					
F 社会性能力	F$_1$ 沟通与交流（表达）能力	4.25 ± 0.41					
	F$_2$ 团队协作能力	4.17 ± 0.40					
	F$_3$ 打造学习共同体	4.11 ± 0.29					
	F$_4$ 培养学生社会实践能力	4.09 ± 0.16					
	F$_5$ 数学与生活整合能力	3.93 ± 0.53					
	F$_6$ 传播数学文化能力	3.84 ± 0.23					
	F$_7$ 组织领导力	3.89 ± 0.46					
	F$_8$ 跨文化与国际意识	4.02 ± 0.24					
	F$_9$ 公民责任与社会参与	3.57 ± 0.33					
G 创新与创造力	G$_1$ 激发学习数学兴趣能力	4.22 ± 0.32					
	G$_2$ 问题解决能力	4.29 ± 0.23					
	G$_3$ 实践反思能力	4.27 ± 0.35					
	G$_4$ 逻辑推理能力	3.96 ± 0.31					

续表

一级核心要素	二级核心要素	均值	5分	4分	3分	2分	1分
G 创新与创造力	G_5批判性思维与教学	4.06 ± 0.18					
	G_6质疑式思维与教学	4.07 ± 0.23					
	增补要素						

附录六　数学教师关键能力评估模型量表（他评卷）

尊敬的老师：

您好！首先感谢您在百忙之中抽时间完成本调查问卷。

本次调查的目的是依照初步构建的数学教师关键能力评估模型的一级指标、二级指标，最终确定数学教师关键能力评估模型量表题项。

第1~6个题项是填写您个人基本信息，第7~46个题项是您认为数学教师关键能力评估模型构成量表题项的重要程度，由完全同意到非常不同意，依次打分为5~1。您的回答对我们的研究非常重要，衷心希望能够得到您的配合与支持。

"数学教师关键能力评估模型构建及应用研究"调查组

2020.1

您的个人基本信息

1. 您的性别［单选题］*

○男　　　　　　　　　　○女

2. 您任教学校办学性质：［单选题］*

○公办　　　　　　　　　　○民办

3. 您的教龄［单选题］*

○3年及以下　　　　　　　○4~5年

○6~10 年　　　　　　　　○11~20 年

○20 年以上

4. 学校所在地［单选题］*

○城市　　　　　　　　○县镇

○乡村

5. 您的月工资水平［单选题］*

○3000 元及以下　　　　○3001~4000 元

○4001~5000 元　　　　○5000 元以上

6. 您参加的校际交流次数［单选题］*

○0 次　　　　　　　　○1 次

○2 次　　　　　　　　○3 次及以上

数学教师关键能力评估模型量表（他评卷）

7. 终身学习能力［单选题］*

非常不同意　　○1　　○2　　○3　　○4　　○5　　完全同意

8. 自我认知与调控能力［单选题］*

非常不同意　　○1　　○2　　○3　　○4　　○5　　完全同意

9. 职业规划与幸福生活能力［单选题］*

非常不同意　　○1　　○2　　○3　　○4　　○5　　完全同意

10. 身体和心理的健康素养［单选题］*

非常不同意　　○1　　○2　　○3　　○4　　○5　　完全同意

11. 责任心［单选题］*

非常不同意　　○1　　○2　　○3　　○4　　○5　　完全同意

12. 关爱学生具有奉献精神［单选题］*

非常不同意　　○1　　○2　　○3　　○4　　○5　　完全同意

13. 能够尊重与包容学生［单选题］*

非常不同意　　○1　　○2　　○3　　○4　　○5　　完全同意

14. 能够定期对学生进行心理辅导［单选题］*

非常不同意　　○1　　○2　　○3　　○4　　○5　　完全同意

15. 能够熟练掌握数学学科内容知识［单选题］*

非常不同意　　○1　　○2　　○3　　○4　　○5　　完全同意

16. 能够熟练掌握学生学习认知知识［单选题］*

非常不同意　　○1　　○2　　○3　　○4　　○5　　完全同意

17. 能够熟练掌握数学课程知识［单选题］*

非常不同意　　○1　　○2　　○3　　○4　　○5　　完全同意

18. 能够掌握跨学科综合知识［单选题］*

非常不同意　　○1　　○2　　○3　　○4　　○5　　完全同意

19. 具备较高的数学情感与态度［单选题］*

非常不同意　　○1　　○2　　○3　　○4　　○5　　完全同意

20. 数学智慧课堂设计能力［单选题］*

非常不同意　　○1　　○2　　○3　　○4　　○5　　完全同意

21. 课堂教学实施能力［单选题］*

非常不同意　　○1　　○2　　○3　　○4　　○5　　完全同意

22. 学生发展的评价能力［单选题］*

非常不同意　　○1　　○2　　○3　　○4　　○5　　完全同意

23. 作业与考试命题设计能力［单选题］*

非常不同意　　○1　　○2　　○3　　○4　　○5　　完全同意

24. 家庭教育指导能力［单选题］*

非常不同意　　○1　　○2　　○3　　○4　　○5　　完全同意

25. 科学研究能力［单选题］*

非常不同意　　○1　　○2　　○3　　○4　　○5　　完全同意

26. 科学实验能力［单选题］*

非常不同意　　○1　　○2　　○3　　○4　　○5　　完全同意

27. 数据分析能力［单选题］*

非常不同意　　○1　　○2　　○3　　○4　　○5　　完全同意

28. 混合式教学手段［单选题］*

非常不同意　　○1　　○2　　○3　　○4　　○5　　完全同意

29. 线上教育教学资源开发能力［单选题］*

非常不同意　　○1　　○2　　○3　　○4　　○5　　完全同意

30. 模型建构与建模教学能力［单选题］*

非常不同意　　○1　　○2　　○3　　○4　　○5　　完全同意

31. 追踪和掌握高新技术能力［单选题］*

非常不同意　　○1　　○2　　○3　　○4　　○5　　完全同意

32. 沟通与交流（表达）能力［单选题］*

非常不同意　　○1　　○2　　○3　　○4　　○5　　完全同意

33. 团队协作能力［单选题］*

非常不同意　　○1　　○2　　○3　　○4　　○5　　完全同意

34. 打造学习共同体［单选题］*

非常不同意　　○1　　○2　　○3　　○4　　○5　　完全同意

35. 培养学生社会实践能力［单选题］*

非常不同意　　○1　　○2　　○3　　○4　　○5　　完全同意

36. 数学与生活整合能力［单选题］*

非常不同意　　○1　　○2　　○3　　○4　　○5　　完全同意

37. 传播数学文化能力［单选题］*

非常不同意　　○1　　○2　　○3　　○4　　○5　　完全同意

38. 班级领导力［单选题］*

非常不同意　　○1　　○2　　○3　　○4　　○5　　完全同意

39. 跨文化与国际意识［单选题］*

非常不同意　　○1　　○2　　○3　　○4　　○5　　完全同意

40. 公民责任与社会参与［单选题］*

非常不同意　　○1　　○2　　○3　　○4　　○5　　完全同意

41. 激发学习数学兴趣能力［单选题］*

非常不同意　　○1　　○2　　○3　　○4　　○5　　完全同意

42. 教育机智［单选题］*

非常不同意　　○1　　○2　　○3　　○4　　○5　　完全同意

43. 实践反思能力［单选题］*

非常不同意　　○1　　○2　　○3　　○4　　○5　　完全同意

44. 逻辑推理能力［单选题］*

非常不同意　　○1　　○2　　○3　　○4　　○5　　完全同意

45. 批判性思维与教学［单选题］*

非常不同意　　○1　　○2　　○3　　○4　　○5　　完全同意

46. 质疑式思维与教学［单选题］*

非常不同意　　○1　　○2　　○3　　○4　　○5　　完全同意

附录七　数学教师关键能力评估模型
指标权重专家问卷

尊敬的专家，您好：

这是一份关于数学教师关键能力评估模型指标权重赋值的专家调查问卷。需要您使用层次分析法（Analytic Hierarchy Process，AHP）对关键能力评估模型各个指标的权重进行比较分析。

一、层级分析法（Analytic Hierarchy Process，AHP）是设定行指标相对权重方法之一，通过两两比对，建立各指标项之间的层级关系。

二、同一组指标间的逻辑一致性为其必要条件，若有指标项 X、Y、Z，且 X＞Y、X＜Z，则 Y＜Z，必须成立，否则将导致问卷无效。

三、在相对重要性部分，请您比较其相对重要性，越偏向右，表示右边重要程度越大，越靠近中间，表示两者重要程度越接近。

填写范例

假设影响学生数学成绩的因素为：1. 兴趣、2 家长、3. 老师，若专家 A 认为：（1. 兴趣）＞（3. 老师）＞（2. 家长），则专家 A 在对应的表格中选取能够准确表述上述顺序的数字并在其下方打"√"。

指标	相对重要性																		指标
	9	8	7	6	5	4	3	2	1	2	3	4	5	6	7	8	9	
1. 兴趣	√																	2. 家长
1. 兴趣		√																3. 老师
2. 家长															√			3. 老师

注：若 A＞B，且 B＞C，则 A 一定大于 C。

四、问卷内容

第一级维度

评估"数学教师关键能力模型一级核心要素"的相对重要性。

进行两两比较，关于"数学教师关键能力评估模型一级核心要素构成"（1. 个体特质，2. 育德能力，3. 数学学科本体性知识，4. 教学实践技能，5. 跨学科与信息化应用能力，6. 社会性能力，7. 创新与创造力）的相对重要性如何？请按两两相比重要程度依序填写于下：

（　）>（　）>（　）>（　），并依据此顺序，比较它们的相对重要性。

一级要素	评估尺度																	一级要素
	9	8	7	6	5	4	3	2	1	2	3	4	5	6	7	8	9	
1. 个体特质																		2. 育德能力
1. 个体特质																		3. 数学学科本体性知识
1. 个体特质																		4. 教学实践技能
1. 个体特质																		5. 跨学科与信息化应用能力
1. 个体特质																		6. 社会性能力
1. 个体特质																		7. 创新与创造力
2. 育德能力																		3. 数学学科本体性知识
2. 育德能力																		4. 教学实践技能
2. 育德能力																		5. 跨学科与信息化应用能力
2. 育德能力																		6. 社会性能力
2. 育德能力																		7. 创新与创造力

续表

一级要素	评估尺度																	一级要素
	9	8	7	6	5	4	3	2	1	2	3	4	5	6	7	8	9	
3. 数学学科本体性知识																		4. 教学实践技能
3. 数学学科本体性知识																		5. 跨学科与信息化应用能力
3. 数学学科本体性知识																		6. 社会性能力
3. 数学学科本体性知识																		7. 创新与创造力
4. 教学实践技能																		5. 跨学科与信息化应用能力
4. 教学实践技能																		6. 社会性能力
4. 教学实践技能																		7. 创新与创造力
5. 跨学科与信息化应用能力																		6. 社会性能力
5. 跨学科与信息化应用能力																		7. 创新与创造力
6. 社会性能力																		7. 创新与创造力

注：若 A > B，且 B > C，则 A 一定大于 C。

第二级维度

评估"数学教师关键能力模型二级核心要素个体特质"的相对重要性。

进行两两比较，关于"数学教师关键能力评估模型一级核心要素构成"（1. 终身学习能力，2. 自我认知与调控，3. 职业规划与幸福生活，4. 健康素养）的相对重要性如何？请按两两相比重要程度依序填写于下：

（ ）>（ ）>（ ）>（ ），并依据此顺序，比较它们的相对重要性。

一级要素	评估尺度																	一级要素
	9	8	7	6	5	4	3	2	1	2	3	4	5	6	7	8	9	
1. 终身学习能力																		2. 自我认知与调控
1. 终身学习能力																		3. 职业规划与幸福生活
1. 终身学习能力																		4. 健康素养
2. 自我认知与调控																		3. 职业规划与幸福生活
2. 自我认知与调控																		4. 健康素养
3. 职业规划与幸福生活																		4. 健康素养

注：若 A > B，且 B > C，则 A 一定大于 C。

第二级维度

评估"数学教师关键能力模型二级核心要素育德能力"的相对重要性。

进行两两比较，关于"数学教师关键能力评估模型一级核心要素构成"（1. 积极情感，2. 责任心，3. 关爱奉献，4. 尊重与包容）的相对重要性如何？请按两两相比重要程度依序填写于下：

（　）＞（　）＞（　）＞（　），并依据此顺序，比较它们的相对重要性。

一级要素	评估尺度																	一级要素
	9	8	7	6	5	4	3	2	1	2	3	4	5	6	7	8	9	
1. 责任心																		2. 关爱奉献
1. 责任心																		3. 尊重与包容
1. 责任心																		4. 心理辅导
2. 关爱奉献																		3. 尊重与包容
2. 关爱奉献																		4. 心理辅导
3. 尊重与包容																		4. 心理辅导

注：若 A > B，且 B > C，则 A 一定大于 C。

第二级维度

评估"数学教师关键能力模型二级核心要素数学学科本体性知识"的相对重要性。

进行两两比较，关于"数学教师关键能力评估模型一级核心要素构成"（1. 数学学科内容知识，2. 学生学习认知知识，3. 数学课程知识，4. 跨学科综合知识，5. 数学情感和态度）的相对重要性如何？请按两两相比重要程度依序填写于下：

（   ）＞（   ）＞（   ）＞（   ），并依据此顺序，比较它们的相对重要性。

一级要素	评估尺度																		一级要素
	9	8	7	6	5	4	3	2	1	2	3	4	5	6	7	8	9	
1. 数学学科内容知识																			2. 学生学习认知知识
1. 数学学科内容知识																			3. 数学课程知识
1. 数学学科内容知识																			4. 跨学科综合知识
1. 数学学科内容知识																			5. 数学情感和态度
2. 学生学习认知知识																			3. 数学课程知识
2. 学生学习认知知识																			4. 跨学科综合知识
2. 学生学习认知知识																			5. 数学情感和态度
3. 数学课程知识																			4. 跨学科综合知识
3. 数学课程知识																			5. 数学情感和态度

续表

一级要素	评估尺度																	一级要素
	9	8	7	6	5	4	3	2	1	2	3	4	5	6	7	8	9	
4. 跨学科综合知识																		5. 数学情感和态度

注：若 A＞B，且 B＞C，则 A 一定大于 C。

第二级维度

评估"数学教师关键能力模型二级核心要素教学实践技能"的相对重要性。

进行两两比较，关于"数学教师关键能力评估模型一级核心要素构成"（1. 数学智慧课堂设计能力，2. 课堂教学实施能力，3. 学生发展的评价能力，4. 作业与考试命题设计能力，5. 家庭教育指导能力，6. 科学研究能力）的相对重要性如何？请按两两相比重要程度依序填写于下：

（　）＞（　）＞（　）＞（　），并依据此顺序，比较它们的相对重要性。

一级要素	评估尺度																	一级要素
	9	8	7	6	5	4	3	2	1	2	3	4	5	6	7	8	9	
1. 数学智慧课堂设计能力																		2. 课堂教学实施能力
1. 数学智慧课堂设计能力																		3. 学生发展的评价能力
1. 数学智慧课堂设计能力																		4. 作业与考试命题设计能力
1. 数学智慧课堂设计能力																		5. 家庭教育指导能力
1. 数学智慧课堂设计能力																		6. 科学研究能力
2. 课堂教学实施能力																		3. 学生发展的评价能力

续表

一级要素	评估尺度																	一级要素
	9	8	7	6	5	4	3	2	1	2	3	4	5	6	7	8	9	
2. 课堂教学实施能力																		4. 作业与考试命题设计能力
2. 课堂教学实施能力																		5. 家庭教育指导能力
2. 课堂教学实施能力																		6. 科学研究能力
3. 学生发展的评价能力																		4. 作业与考试命题设计能力
3. 学生发展的评价能力																		5. 家庭教育指导能力
3. 学生发展的评价能力																		6. 科学研究能力
4. 作业与考试命题设计能力																		5. 家庭教育指导能力
4. 作业与考试命题设计能力																		6. 科学研究能力
5. 家庭教育指导能力																		6. 科学研究能力

注：若 A>B，且 B>C，则 A 一定大于 C。

第二级维度

评估"数学教师关键能力模型二级核心要素跨学科与信息化应用能力"的相对重要性。

进行两两比较，关于"数学教师关键能力评估模型一级核心要素构成"（1. 科学实验能力，2. 数据分析能力，3. 混合式教学手段，4. 线上教育教学资源开发能力，5. 模型建构与建模教学能力，6. 追踪和掌握高新技术能力）的相对重要性如何？请按两两相比重要程度依序填写于下：

（　）＞（　）＞（　）＞（　），并依据此顺序，比较它们的相对重要性。

一级要素	评估尺度																		一级要素
	9	8	7	6	5	4	3	2	1	2	3	4	5	6	7	8	9	
1. 科学实验能力																			2. 数据分析能力
1. 科学实验能力																			3. 混合式教学手段
1. 科学实验能力																			4. 线上教育教学资源开发能力
1. 科学实验能力																			5. 模型建构与建模教学能力
1. 科学实验能力																			6. 追踪和掌握高新技术能力
2. 数据分析能力																			3. 混合式教学手段
2. 数据分析能力																			4. 线上教育教学资源开发能力
2. 数据分析能力																			5. 模型建构与建模教学能力
2. 数据分析能力																			6. 追踪和掌握高新技术能力
3. 混合式教学手段																			4. 线上教育教学资源开发能力
3. 混合式教学手段																			5. 模型建构与建模教学能力
3. 混合式教学手段																			6. 追踪和掌握高新技术能力
4. 线上教育教学资源开发能力																			5. 模型建构与建模教学能力
4. 线上教育教学资源开发能力																			6. 追踪和掌握高新技术能力

续表

一级要素	评估尺度																		一级要素
	9	8	7	6	5	4	3	2	1	2	3	4	5	6	7	8	9	
5. 模型建构与建模教学能力																			6. 追踪和掌握高新技术能力

注：若 A > B，且 B > C，则 A 一定大于 C。

第二级维度

评估"数学教师关键能力模型二级核心要素社会性能力"的相对重要性。

进行两两比较，关于"数学教师关键能力评估模型一级核心要素构成"（1. 沟通与协作能力，2. 打造学习共同体，3. 培养学生社会实践能力，4. 数学与生活整合能力，5. 传播数学文化能力，6. 组织领导力，7. 跨文化与国际意识，8. 公民责任与社会参与）的相对重要性如何？请按两两相比重要程度依序填写于下：

（　）>（　）>（　）>（　），并依据此顺序，比较它们的相对重要性。

一级要素	评估尺度																		一级要素
	9	8	7	6	5	4	3	2	1	2	3	4	5	6	7	8	9	
1. 沟通与协作能力																			2. 打造学习共同体
1. 沟通与协作能力																			3. 培养学生社会实践能力
1. 沟通与协作能力																			4. 数学与生活整合能力
1. 沟通与协作能力																			5. 传播数学文化能力
1. 沟通与协作能力																			6. 组织领导力
1. 沟通与协作能力																			7. 跨文化与国际意识

续表

一级要素	评估尺度																		一级要素
	9	8	7	6	5	4	3	2	1	2	3	4	5	6	7	8	9	
1. 沟通与协作能力																			8. 公民责任与社会参与
2. 打造学习共同体																			3. 培养学生社会实践能力
2. 打造学习共同体																			4. 数学与生活整合能力
2. 打造学习共同体																			5. 传播数学文化能力
2. 打造学习共同体																			6. 组织领导力
2. 打造学习共同体																			7. 跨文化与国际意识
2. 打造学习共同体																			8. 公民责任与社会参与
3. 培养学生社会实践能力																			4. 数学与生活整合能力
3. 培养学生社会实践能力																			5. 传播数学文化能力
3. 培养学生社会实践能力																			6. 组织领导力
3. 培养学生社会实践能力																			7. 跨文化与国际意识
3. 培养学生社会实践能力																			8. 公民责任与社会参与
4. 数学与生活整合能力																			5. 传播数学文化能力
4. 数学与生活整合能力																			6. 组织领导力
4. 数学与生活整合能力																			7. 跨文化与国际意识

续表

一级要素	评估尺度																		一级要素
	9	8	7	6	5	4	3	2	1	2	3	4	5	6	7	8	9	
4. 数学与生活整合能力																			8. 公民责任与社会参与
5. 传播数学文化能力																			6. 组织领导力
5. 传播数学文化能力																			7. 跨文化与国际意识
5. 传播数学文化能力																			8. 公民责任与社会参与
6. 组织领导力																			7. 跨文化与国际意识
6. 组织领导力																			8. 公民责任与社会参与
7. 跨文化与国际意识																			8. 公民责任与社会参与

注：若 A > B，且 B > C，则 A 一定大于 C。

第二级维度

评估"数学教师关键能力模型二级核心要素创新与创造力"的相对重要性。

进行两两比较，关于"数学教师关键能力评估模型一级核心要素构成"（1. 激发学习数学兴趣能力，2. 教育机智，3. 实践反思能力，4. 逻辑推理能力，5. 批判性思维与教学，6. 质疑式思维与教学）的相对重要性如何？请按两两相比重要程度依序填写于下：

（　）>（　）>（　）>（　），并依据此顺序，比较它们的相对重要性。

一级要素	评估尺度																		一级要素
	9	8	7	6	5	4	3	2	1	2	3	4	5	6	7	8	9	
1. 激发学习数学兴趣能力																		2. 教育机智
1. 激发学习数学兴趣能力																		3. 实践反思能力
1. 激发学习数学兴趣能力																		4. 逻辑推理能力
1. 激发学习数学兴趣能力																		5. 批判性思维与教学
1. 激发学习数学兴趣能力																		6. 质疑式思维与教学
2. 教育机智																		3. 实践反思能力
2. 教育机智																		4. 逻辑推理能力
2. 教育机智																		5. 批判性思维与教学
2. 教育机智																		6. 质疑式思维与教学
3. 实践反思能力																		4. 逻辑推理能力
3. 实践反思能力																		5. 批判性思维与教学
3. 实践反思能力																		6. 质疑式思维与教学
4. 逻辑推理能力																		5. 批判性思维与教学
4. 逻辑推理能力																		6. 质疑式思维与教学
5. 批判性思维与教学																		6. 质疑式思维与教学

注：若 A > B，且 B > C，则 A 一定大于 C。

AHP 层次分析判断矩阵（具体指标要素判断矩阵）

平均值	项	1	2	3	4	5	6	7	8	9	10	11	12	13	14	15	16	17	18	19
4.050	A（1）	1	1.002	1.071	1.064	0.876	0.876	0.880	0.945	0.906	0.917	0.911	0.993	0.983	0.938	0.952	0.971	0.995	1.037	1.048
4.042	A（2）	0.998	1	1.068	1.062	0.874	0.874	0.878	0.943	0.904	0.915	0.909	0.991	0.981	0.936	0.950	0.969	0.993	1.035	1.045
3.783	A（3）	0.934	0.936	1	0.994	0.818	0.818	0.822	0.882	0.846	0.856	0.851	0.928	0.918	0.877	0.889	0.907	0.929	0.969	0.979
3.807	A（4）	0.940	0.942	1.006	1	0.823	0.823	0.827	0.888	0.851	0.862	0.856	0.933	0.924	0.882	0.895	0.913	0.935	0.975	0.985
4.625	B（1）	1.142	1.144	1.222	1.215	1	1	1.005	1.079	1.034	1.047	1.040	1.134	1.122	1.072	1.087	1.109	1.136	1.184	1.196
4.625	B（2）	1.142	1.144	1.222	1.215	1	1	1.005	1.079	1.034	1.047	1.040	1.134	1.122	1.072	1.087	1.109	1.136	1.184	1.196
4.601	B（3）	1.136	1.138	1.216	1.209	0.995	0.995	1	1.073	1.029	1.041	1.034	1.128	1.117	1.066	1.082	1.103	1.130	1.178	1.190
4.288	B（4）	1.059	1.061	1.133	1.126	0.927	0.927	0.932	1	0.959	0.971	0.964	1.051	1.041	0.994	1.008	1.028	1.053	1.098	1.109
4.473	C（1）	1.104	1.107	1.182	1.175	0.967	0.967	0.972	1.043	1	1.012	1.006	1.097	1.085	1.036	1.052	1.072	1.099	1.145	1.157
4.418	C（2）	1.091	1.093	1.168	1.161	0.955	0.955	0.960	1.030	0.988	1	0.993	1.083	1.072	1.024	1.039	1.059	1.085	1.131	1.143
4.448	C（3）	1.098	1.100	1.176	1.168	0.962	0.962	0.967	1.037	0.994	1.007	1	1.091	1.079	1.030	1.046	1.066	1.093	1.139	1.150
4.078	C（4）	1.007	1.009	1.078	1.071	0.882	0.882	0.886	0.951	0.912	0.923	0.917	1	0.990	0.945	0.959	0.978	1.002	1.044	1.055
4.121	D（1）	1.017	1.020	1.089	1.082	0.891	0.891	0.896	0.961	0.921	0.933	0.927	1.010	1	0.955	0.969	0.988	1.012	1.055	1.066
4.316	D（2）	1.066	1.068	1.141	1.134	0.933	0.933	0.938	1.007	0.965	0.977	0.970	1.058	1.047	1	1.015	1.035	1.060	1.105	1.116
4.253	D（3）	1.050	1.052	1.124	1.117	0.920	0.920	0.924	0.992	0.951	0.963	0.956	1.043	1.032	0.985	1	1.020	1.045	1.089	1.100
4.171	D（4）	1.030	1.032	1.102	1.096	0.902	0.902	0.907	0.973	0.933	0.944	0.938	1.023	1.012	0.966	0.981	1	1.025	1.068	1.079
4.071	D（5）	1.005	1.007	1.076	1.069	0.880	0.880	0.885	0.949	0.910	0.921	0.915	0.998	0.988	0.943	0.957	0.976	1	1.042	1.053
3.905	D（6）	0.964	0.966	1.032	1.026	0.844	0.844	0.849	0.911	0.873	0.884	0.878	0.958	0.948	0.905	0.918	0.936	0.959	1	1.010

续表

平均值	项	1	2	3	4	5	6	7	8	9	10	11	12	13	14	15	16	17	18	19
3.866	E (1)	0.955	0.957	1.022	1.016	0.836	0.836	0.840	0.902	0.864	0.875	0.869	0.948	0.938	0.896	0.909	0.927	0.950	0.990	1
3.993	E (2)	0.986	0.988	1.055	1.049	0.863	0.863	0.868	0.931	0.893	0.904	0.898	0.979	0.969	0.925	0.939	0.957	0.981	1.022	1.033
4.031	E (3)	0.995	0.997	1.065	1.059	0.872	0.872	0.876	0.940	0.901	0.912	0.906	0.988	0.978	0.934	0.948	0.966	0.990	1.032	1.043
3.938	E (4)	0.972	0.974	1.041	1.035	0.852	0.852	0.856	0.918	0.881	0.891	0.886	0.966	0.956	0.912	0.926	0.944	0.968	1.008	1.019
3.970	E (5)	0.980	0.982	1.049	1.043	0.858	0.858	0.863	0.926	0.888	0.899	0.893	0.973	0.963	0.920	0.933	0.952	0.975	1.016	1.027
3.893	E (6)	0.961	0.963	1.029	1.022	0.842	0.842	0.846	0.908	0.870	0.881	0.875	0.954	0.945	0.902	0.915	0.933	0.956	0.997	1.007
4.185	F (1)	1.033	1.035	1.106	1.099	0.905	0.905	0.910	0.976	0.936	0.947	0.941	1.026	1.015	0.970	0.984	1.003	1.028	1.072	1.082
4.090	F (2)	1.010	1.012	1.081	1.074	0.884	0.884	0.889	0.954	0.914	0.926	0.919	1.003	0.992	0.947	0.961	0.980	1.005	1.047	1.058
4.064	F (3)	1.003	1.006	1.074	1.068	0.879	0.879	0.883	0.948	0.909	0.920	0.914	0.997	0.986	0.942	0.956	0.974	0.998	1.041	1.051
4.130	F (4)	1.020	1.022	1.092	1.085	0.893	0.893	0.898	0.963	0.923	0.935	0.929	1.013	1.002	0.957	0.971	0.990	1.015	1.057	1.068
4.105	F (5)	1.014	1.016	1.085	1.078	0.888	0.888	0.892	0.957	0.918	0.929	0.923	1.007	0.996	0.951	0.965	0.984	1.009	1.051	1.062
4.244	F (6)	1.048	1.050	1.122	1.115	0.918	0.918	0.922	0.990	0.949	0.961	0.954	1.041	1.030	0.983	0.998	1.017	1.043	1.087	1.098
3.753	F (7)	0.926	0.928	0.992	0.986	0.811	0.811	0.816	0.875	0.839	0.849	0.844	0.920	0.911	0.869	0.882	0.900	0.922	0.961	0.971
4.230	F (8)	1.044	1.047	1.118	1.111	0.915	0.915	0.919	0.986	0.946	0.957	0.951	1.037	1.026	0.980	0.994	1.014	1.039	1.083	1.094
4.272	G (1)	1.055	1.057	1.129	1.122	0.924	0.924	0.928	0.996	0.955	0.967	0.960	1.047	1.037	0.990	1.004	1.024	1.049	1.094	1.105
4.193	G (2)	1.035	1.037	1.108	1.101	0.907	0.907	0.911	0.978	0.937	0.949	0.943	1.028	1.018	0.971	0.986	1.005	1.030	1.074	1.085
4.195	G (3)	1.036	1.038	1.109	1.102	0.907	0.907	0.912	0.978	0.938	0.949	0.943	1.029	1.018	0.972	0.986	1.006	1.031	1.074	1.085
4.233	G (4)	1.045	1.047	1.119	1.112	0.915	0.915	0.920	0.987	0.946	0.958	0.952	1.038	1.027	0.981	0.995	1.015	1.040	1.084	1.095
4.132	G (5)	1.020	1.022	1.092	1.085	0.893	0.893	0.898	0.964	0.924	0.935	0.929	1.013	1.003	0.957	0.971	0.991	1.015	1.058	1.069
4.144	G (6)	1.023	1.025	1.095	1.088	0.896	0.896	0.901	0.966	0.926	0.938	0.932	1.016	1.006	0.960	0.974	0.993	1.018	1.061	1.072

续表

平均值	项	20	21	22	23	24	25	26	27	28	29	30	31	32	33	34	35	36	37	38
4.050	A (1)	1.014	1.005	1.028	1.020	1.041	0.968	0.990	0.997	0.981	0.987	0.954	1.079	0.958	0.948	0.966	0.966	0.957	0.980	0.977
4.042	A (2)	1.012	1.003	1.026	1.018	1.038	0.966	0.988	0.994	0.979	0.985	0.952	1.077	0.956	0.946	0.964	0.964	0.955	0.978	0.975
3.783	A (3)	0.947	0.939	0.961	0.953	0.972	0.904	0.925	0.931	0.916	0.922	0.891	1.008	0.894	0.886	0.902	0.902	0.894	0.916	0.913
3.807	A (4)	0.953	0.944	0.967	0.959	0.978	0.910	0.931	0.937	0.922	0.927	0.897	1.014	0.900	0.891	0.908	0.908	0.899	0.921	0.919
4.625	B (1)	1.158	1.147	1.174	1.165	1.188	1.105	1.131	1.138	1.120	1.127	1.090	1.232	1.093	1.083	1.103	1.103	1.093	1.119	1.116
4.625	B (2)	1.158	1.147	1.174	1.165	1.188	1.105	1.131	1.138	1.120	1.127	1.090	1.232	1.093	1.083	1.103	1.103	1.093	1.119	1.116
4.601	B (3)	1.152	1.141	1.168	1.159	1.182	1.099	1.125	1.132	1.114	1.121	1.084	1.226	1.088	1.077	1.097	1.097	1.087	1.113	1.110
4.288	B (4)	1.074	1.064	1.089	1.080	1.102	1.025	1.049	1.055	1.038	1.045	1.010	1.143	1.014	1.004	1.023	1.022	1.013	1.038	1.035
4.473	C (1)	1.120	1.110	1.136	1.127	1.149	1.069	1.094	1.101	1.083	1.090	1.054	1.192	1.057	1.047	1.067	1.066	1.057	1.082	1.079
4.418	C (2)	1.106	1.096	1.122	1.113	1.135	1.056	1.080	1.087	1.070	1.076	1.041	1.177	1.044	1.034	1.054	1.053	1.044	1.069	1.066
4.448	C (3)	1.114	1.103	1.129	1.120	1.143	1.063	1.088	1.094	1.077	1.083	1.048	1.185	1.051	1.041	1.061	1.060	1.051	1.076	1.073
4.078	C (4)	1.021	1.012	1.036	1.027	1.048	0.975	0.997	1.003	0.988	0.993	0.961	1.087	0.964	0.955	0.973	0.972	0.964	0.987	0.984
4.121	D (1)	1.032	1.022	1.046	1.038	1.059	0.985	1.008	1.014	0.998	1.004	0.971	1.098	0.974	0.965	0.983	0.982	0.974	0.997	0.994
4.316	D (2)	1.081	1.071	1.096	1.087	1.109	1.031	1.055	1.062	1.045	1.051	1.017	1.150	1.020	1.010	1.029	1.029	1.020	1.045	1.042
4.253	D (3)	1.065	1.055	1.080	1.071	1.093	1.016	1.040	1.047	1.030	1.036	1.002	1.133	1.006	0.996	1.014	1.014	1.005	1.029	1.026
4.171	D (4)	1.045	1.035	1.059	1.051	1.072	0.997	1.020	1.026	1.010	1.016	0.983	1.112	0.986	0.976	0.995	0.994	0.985	1.009	1.007
4.071	D (5)	1.019	1.010	1.034	1.025	1.046	0.973	0.995	1.002	0.986	0.992	0.959	1.085	0.962	0.953	0.971	0.970	0.962	0.985	0.982
3.905	D (6)	0.978	0.969	0.992	0.984	1.003	0.933	0.955	0.961	0.946	0.951	0.920	1.041	0.923	0.914	0.931	0.931	0.923	0.945	0.942
3.866	E (1)	0.968	0.959	0.982	0.974	0.993	0.924	0.945	0.951	0.936	0.942	0.911	1.030	0.914	0.905	0.922	0.922	0.913	0.936	0.933

续表

平均值	项	20	21	22	23	24	25	26	27	28	29	30	31	32	33	34	35	36	37	38
3.993	E (2)	1	0.991	1.014	1.006	1.026	0.954	0.976	0.983	0.967	0.973	0.941	1.064	0.944	0.935	0.952	0.952	0.943	0.966	0.964
4.031	E (3)	1.009	1	1.023	1.015	1.036	0.963	0.986	0.992	0.976	0.982	0.950	1.074	0.953	0.944	0.961	0.961	0.952	0.975	0.973
3.938	E (4)	0.986	0.977	1	0.992	1.012	0.941	0.963	0.969	0.954	0.959	0.928	1.050	0.931	0.922	0.939	0.939	0.930	0.953	0.950
3.970	E (5)	0.994	0.985	1.008	1	1.020	0.949	0.971	0.977	0.961	0.967	0.935	1.058	0.938	0.929	0.947	0.946	0.938	0.961	0.958
3.893	E (6)	0.975	0.966	0.988	0.981	1	0.930	0.952	0.958	0.943	0.948	0.917	1.037	0.920	0.911	0.928	0.928	0.920	0.942	0.939
4.185	F (1)	1.048	1.038	1.063	1.054	1.075	1	1.023	1.030	1.013	1.019	0.986	1.115	0.989	0.980	0.998	0.998	0.989	1.013	1.010
4.090	F (2)	1.024	1.015	1.038	1.030	1.051	0.977	1	1.006	0.990	0.996	0.964	1.090	0.967	0.957	0.975	0.975	0.966	0.990	0.987
4.064	F (3)	1.018	1.008	1.032	1.024	1.044	0.971	0.994	1	0.984	0.990	0.958	1.083	0.961	0.951	0.969	0.969	0.960	0.984	0.981
4.130	F (4)	1.034	1.025	1.049	1.040	1.061	0.987	1.010	1.016	1	1.006	0.973	1.101	0.976	0.967	0.985	0.985	0.976	0.999	0.997
4.105	F (5)	1.028	1.018	1.042	1.034	1.055	0.981	1.004	1.010	0.994	1	0.967	1.094	0.970	0.961	0.979	0.979	0.970	0.993	0.991
4.244	F (6)	1.063	1.053	1.078	1.069	1.090	1.014	1.038	1.044	1.028	1.034	1	1.131	1.003	0.993	1.012	1.012	1.003	1.027	1.024
3.753	F (7)	0.940	0.931	0.953	0.945	0.964	0.897	0.918	0.923	0.909	0.914	0.884	1	0.887	0.878	0.895	0.895	0.887	0.908	0.906
4.230	F (8)	1.059	1.049	1.074	1.066	1.087	1.011	1.034	1.041	1.024	1.030	0.997	1.127	1	0.990	1.009	1.008	0.999	1.024	1.021
4.272	G (1)	1.070	1.060	1.085	1.076	1.097	1.021	1.045	1.051	1.034	1.041	1.007	1.138	1.010	1	1.019	1.018	1.009	1.034	1.031
4.193	G (2)	1.050	1.040	1.065	1.056	1.077	1.002	1.025	1.032	1.015	1.021	0.988	1.117	0.991	0.982	1	1.000	0.991	1.015	1.012
4.195	G (3)	1.050	1.041	1.065	1.057	1.078	1.002	1.026	1.032	1.016	1.022	0.988	1.118	0.992	0.982	1.000	1	0.991	1.015	1.012
4.233	G (4)	1.060	1.050	1.075	1.066	1.087	1.012	1.035	1.041	1.025	1.031	0.997	1.128	1.001	0.991	1.009	1.009	1	1.024	1.021
4.132	G (5)	1.035	1.025	1.049	1.041	1.062	0.987	1.010	1.017	1.001	1.007	0.974	1.101	0.977	0.967	0.985	0.985	0.976	1	0.997
4.144	G (6)	1.038	1.028	1.052	1.044	1.065	0.990	1.013	1.020	1.003	1.009	0.976	1.104	0.980	0.970	0.988	0.988	0.979	1.003	1

注：第一行数字表示分析项的编号。

附录八　数学教师关键能力模糊综合评估量表（他评卷）

尊敬的老师：

您好！首先感谢您在百忙之中抽时间完成本调查问卷。

本次调查的目的是根据初步构建的数学教师关键能力评估模型及各级指标权重赋值，对当前数学教师关键能力进行模糊综合评估。请您客观、公正、全面、真实地依据模型中的量化指标对您认为当前数学教师关键能力水平进行打分评估。

问卷分为两部分，第一部分是填写您个人基本信息。第二部分是"数学教师关键能力模糊综合评估量表（他评卷）"的具体题项与评估等级。数学教师关键能力评估模型的指标评语集分为 5 个评估等级（优秀、良好、一般、较差、很差），请您客观、公正、全面、真实地对当前数学教师关键能力水平等级进行选择。您的回答对我们的研究非常重要，衷心希望能够得到您的配合与支持。

"数学教师关键能力评估模型构建及应用研究"调查组

2020.3

您的个人基本信息

1. 您的性别［单选题］*
○男　　　　　　　　　　　○女

2. 您任教学校办学性质：［单选题］*
○公办　　　　　　　　　　○民办

3. 您的教龄［单选题］*
○3 年及以下　　　　　　　○4～5 年
○6～10 年　　　　　　　　○11～20 年
○20 年以上

4. 学校所在地 ［单选题］*

○城市　　　　　　　　　　○县镇

○乡村

5. 您的月工资水平 ［单选题］*

○3000 元及以下　　　　　　○3001～4000 元

○4001～5000 元　　　　　　○5000 元以上

6. 您参加的校际交流次数 ［单选题］*

○0 次　　　　　　　　　　○1 次

○2 次　　　　　　　　　　○3 次及以上

数学教师关键能力模糊综合评估量表（他评卷）

	一级核心 要素	二级核心 要素	优秀	良好	一般	较差	很差
小学数学 教师关键 能力模糊 综合测评 量表	A 个体特质	A_1 终身学习能力					
		A_2 自我认知与调控					
		A_3 人生规划与幸福生活					
		A_4 健康素养					
	B 育德能力	B_1 责任心					
		B_2 关爱奉献					
		B_3 尊重与包容					
		B_4 心理辅导					
	C 数学学科 本体性知识	C_1 数学学科内容知识					
		C_2 学生学习认知知识					
		C_3 数学课程知识					
		C_4 跨学科综合知识					
	D 教学实践 技能	D_1 数学智慧课堂设计能力					
		D_2 课堂教学实施能力					
		D_3 学生发展的评价能力					
		D_4 作业与考试命题设计能力					
		D_5 家庭教育指导能力					
		D_6 科学研究能力					
	E 跨学科与 信息化应用 能力	E_1 科学实验能力					
		E_2 数据分析能力					
		E_3 混合式教学手段					

续表

	一级核心 要素	二级核心 要素	优秀	良好	一般	较差	很差
小学数学教师关键能力模糊综合测评量表	E 跨学科与 信息化应用 能力	E_4 线上教育教学资源开发能力					
		E_5 模型建构与建模教学能力					
		E_6 追踪和掌握高新技术能力					
	F 社会性能力	F_1 沟通与协作能力					
		F_2 打造学习共同体					
		F_3 培养学生社会实践能力					
		F_4 数学与生活整合能力					
		F_5 传播数学文化能力					
		F_6 组织领导力					
		F_7 跨文化与国际意识					
		F_8 公民责任与社会参与					
	G 创新与 创造力	G_1 激发学习数学兴趣能力					
		G_2 问题解决能力					
		G_3 实践反思能力					
		G_4 逻辑推理能力					
		G_5 批判性思维与教学					
		G_6 质疑式思维与教学					

附录九　数学教师关键能力现状及
影响因素调查问卷

尊敬的老师：

您好！首先感谢您在百忙之中抽时间完成本调查问卷。

本次调查的目的尽可能客观、真实地反映当前数学教师关键能力现状及影响因素，并以此为基础，为我国数学教师关键能力的发展及相关政策文件的完善落实提供理论和实践依据。

第 1～9 个题项是填写您个人基本信息，第 10～47 个题项是您认为当下数学学科教师的关键能力现状水平，第 48～59 个题项是您认为题项内容影响数学教师关键能力的因素的重要程度。您的回答对我们的研究非常重要，衷心希望能够得到您的配合与支持。

"数学教师关键能力评估模型构建及应用研究"调查组
2020.6

您的个人基本信息

1. 您的性别［单选题］*
　○男　　　　　　　　　　　　○女

2. 您任教学校所在地域［单选题］*
　○鲁东地区　　　　　　　　　○鲁中地区
　○鲁西地区

3. 您任教学校办学性质［单选题］*
　○公办　　　　　　　　　　　○民办

4. 您的教龄［单选题］*
　○3 年及以下　　　　　　　　○4～5 年
　○6～10 年　　　　　　　　　○11～20 年
　○20 年以上

5. 您的最高学历［单选题］*
　○高中　　　　　　　　　　　○中专
　○大专　　　　　　　　　　　○本科
　○硕士研究生

6. 您的专业技术职称［单选题］*
　○未定级　　　　　　　　　　○初级
　○中级　　　　　　　　　　　○副高级
　○正高级

7. 您目前的任教身份［单选题］*
　○实习教师　　　　　　　　　○代课教师
　○合同教师　　　　　　　　　○在编教师

8. 您的月工资水平［单选题］*

○3000 元及以下　　　　　　　○3001~4000 元

○4001~5000 元　　　　　　　○5000 元以上

9. 您参加的校际交流次数［单选题］*

○0 次　　　　　　　　　　　　○1 次

○2 次　　　　　　　　　　　　○3 次及以上

数学教师关键能力现状及影响因素调查

下面 38 个题项是您对您当前自身关键能力现状的满意程度打分：

10. 终身学习能力［单选题］*

非常不满意　　　○1　　○2　　○3　　○4　　○5　　非常满意

11. 自我认知与调控能力［单选题］*

非常不满意　　　○1　　○2　　○3　　○4　　○5　　非常满意

12. 职业规划与幸福生活能力［单选题］*

非常不满意　　　○1　　○2　　○3　　○4　　○5　　非常满意

13. 身体和心理的健康素养［单选题］*

非常不满意　　　○1　　○2　　○3　　○4　　○5　　非常满意

14. 责任心［单选题］*

非常不满意　　　○1　　○2　　○3　　○4　　○5　　非常满意

15. 关爱学生具有奉献精神［单选题］*

非常不满意　　　○1　　○2　　○3　　○4　　○5　　非常满意

16. 能够尊重与包容学生［单选题］*

非常不满意　　　○1　　○2　　○3　　○4　　○5　　非常满意

17. 能够定期对学生进行心理辅导［单选题］*

非常不满意　　　○1　　○2　　○3　　○4　　○5　　非常满意

18. 能够熟练掌握数学学科内容知识［单选题］*

非常不满意　　　○1　　○2　　○3　　○4　　○5　　非常满意

19. 能够熟练掌握学生学习认知知识［单选题］*

非常不满意　　　○1　　○2　　○3　　○4　　○5　　非常满意

20. 能够熟练掌握数学课程知识［单选题］*

非常不满意　　○1　　○2　　○3　　○4　　○5　　非常满意

21. 能够掌握跨学科综合知识［单选题］*

非常不满意　　○1　　○2　　○3　　○4　　○5　　非常满意

22. 数学智慧课堂设计能力［单选题］*

非常不满意　　○1　　○2　　○3　　○4　　○5　　非常满意

23. 课堂教学实施能力［单选题］*

非常不满意　　○1　　○2　　○3　　○4　　○5　　非常满意

24. 学生发展的评价能力［单选题］*

非常不满意　　○1　　○2　　○3　　○4　　○5　　非常满意

25. 作业与考试命题设计能力［单选题］*

非常不满意　　○1　　○2　　○3　　○4　　○5　　非常满意

26. 家庭教育指导能力［单选题］*

非常不满意　　○1　　○2　　○3　　○4　　○5　　非常满意

27. 科学研究能力［单选题］*

非常不满意　　○1　　○2　　○3　　○4　　○5　　非常满意

28. 科学实验能力［单选题］*

非常不满意　　○1　　○2　　○3　　○4　　○5　　非常满意

29. 数据分析能力［单选题］*

非常不满意　　○1　　○2　　○3　　○4　　○5　　非常满意

30. 混合式教学手段［单选题］*

非常不满意　　○1　　○2　　○3　　○4　　○5　　非常满意

31. 线上教育教学资源开发能力［单选题］*

非常不满意　　○1　　○2　　○3　　○4　　○5　　非常满意

32. 模型建构与建模教学能力［单选题］*

非常不满意　　○1　　○2　　○3　　○4　　○5　　非常满意

33. 追踪和掌握高新技术能力［单选题］*

非常不满意　　○1　　○2　　○3　　○4　　○5　　非常满意

34. 沟通与协作能力［单选题］*

非常不满意　　○1　　○2　　○3　　○4　　○5　　非常满意

35. 打造学习共同体［单选题］*

非常不满意　　○1　　○2　　○3　　○4　　○5　　非常满意

36. 培养学生社会实践能力［单选题］*

非常不满意　　○1　　○2　　○3　　○4　　○5　　非常满意

37. 数学与生活整合能力［单选题］*

非常不满意　　○1　　○2　　○3　　○4　　○5　　非常满意

38. 传播数学文化能力［单选题］*

非常不满意　　○1　　○2　　○3　　○4　　○5　　非常满意

39. 班级领导力［单选题］*

非常不满意　　○1　　○2　　○3　　○4　　○5　　非常满意

40. 跨文化与国际意识［单选题］*

非常不满意　　○1　　○2　　○3　　○4　　○5　　非常满意

41. 公民责任与社会参与［单选题］*

非常不满意　　○1　　○2　　○3　　○4　　○5　　非常满意

42. 激发学习数学兴趣能力［单选题］*

非常不满意　　○1　　○2　　○3　　○4　　○5　　非常满意

43. 教育机智［单选题］*

非常不满意　　○1　　○2　　○3　　○4　　○5　　非常满意

44. 实践反思能力［单选题］*

非常不满意　　○1　　○2　　○3　　○4　　○5　　非常满意

45. 逻辑推理能力［单选题］*

非常不满意　　○1　　○2　　○3　　○4　　○5　　非常满意

46. 批判性思维与教学［单选题］*

非常不满意　　○1　　○2　　○3　　○4　　○5　　非常满意

47. 质疑式思维与教学［单选题］*

非常不满意　　○1　　○2　　○3　　○4　　○5　　非常满意

下面12个题项是您认为对数学教师的关键能力产生影响因素的重要程度打分：

48. 国家完善教师荣誉制度，采取发展教师政治地位、突出主体地位相关措施［单选题］*

很不重要　　○1　　○2　　○3　　○4　　○5　　很重要

49. 国家实施"乡村教师""教师流动"等支持教师发展的计划和相关政策等［单选题］*

很不重要　　　○1　　○2　　○3　　○4　　○5　　很重要

50. "支教"等促进教育公平的资源配置均衡的相关政策［单选题］*

很不重要　　　○1　　○2　　○3　　○4　　○5　　很重要

51. 国家大力支持并逐步提高教师的福利待遇和工资收入［单选题］*

很不重要　　　○1　　○2　　○3　　○4　　○5　　很重要

52. 学校非常重视评优评模、职称评选办法合理公正［单选题］*

很不重要　　　○1　　○2　　○3　　○4　　○5　　很重要

53. 学校能够非常满意地落实教师的福利待遇政策［单选题］*

很不重要　　　○1　　○2　　○3　　○4　　○5　　很重要

54. 学校非常重视教师基本技能考核工作，积极组织开展并鼓励教师参加相关培训［单选题］*

很不重要　　　○1　　○2　　○3　　○4　　○5　　很重要

55. 学校晋升机制完善，晋升渠道畅通合理［单选题］*

很不重要　　　○1　　○2　　○3　　○4　　○5　　很重要

56. 对当下的生活质量，生活稳定等的满意程度［单选题］*

很不重要　　　○1　　○2　　○3　　○4　　○5　　很重要

57. 师德师风优良，能尊重爱护学生［单选题］*

很不重要　　　○1　　○2　　○3　　○4　　○5　　很重要

58. 具有良好的个人人际关系［单选题］*

很不重要　　　○1　　○2　　○3　　○4　　○5　　很重要

59. 具有较高的个人成就动机［单选题］*

很不重要　　　○1　　○2　　○3　　○4　　○5　　很重要

后　记

写完本文的最后一章，不知不觉已过冬至，济南的冬天来了。正如老舍先生所说"这样一个老城，有山有水，全在天底下晒着阳光，暖和安适地睡着，只等春风来把它们唤醒，这是不是个理想的境界？"而我的梦想也这在静美的初冬照进现实，静待春日繁华。漫步在铺满银杏叶的校园里，我百感交集，思绪万千。回想起四年前的今天，我开始着手写作的前期准备，既满怀期待又忐忑不安。憧憬的是终于可以研究兴趣变成分享给更多的人，忐忑的是完成的作品不能很好地诠释我的想法。于是奋笔疾书，历经四年洋洋洒洒写了30万字，经过仔细斟酌，删删减减，最终这部拙作才得以问世。再创作的过程中，我特别感谢恩师傅海伦教授，在写作最迷茫困惑的初期对我的殷切叮咛、引领点拨和全力支持，这些都给予了我莫大的勇气和信心。每当写作遇到困难想泄气的时候，老师总是耐心的劝导和鼓励我，为我加油打气，鼎力相助，引导我另辟蹊径或者尝试换个思考路径。傅老师给我创造了纯粹和轻松的写作环境，让我能够心无旁骛、专心致志的潜心钻研学术，踏实做学问。每次跟老师交流研讨，总能赋予我满满的正能量。感谢傅老师的教育哲学智慧，亦师亦友的为师之道，像海上的灯塔，照亮了我的之路。导师严谨求实的治学态度始终激励着我学术写作容不得半点马虎和懈怠，导师孜孜不倦的坚守前沿引领着我不断开辟数学学科教育的研究方向。导师醍醐灌顶的点拨评价增长了我的见识和灵感。"逝者如斯，不舍昼夜"，这两年的写作生涯，我就像一块干燥的海绵不断汲取着知识海洋的能量，啃下一块又一块难啃的骨头，也培养了我不放弃、不抛弃的坚韧性格，是我一生最美好最宝贵最值得回忆珍藏的时光。感谢徐继存老师，他才智学识、谆谆教诲和亲历亲为真真切切地影响了我、鞭笞了我、改变了我、激励着我并伴随我整个写作过程，可以说没有徐老师就没有这本书。一次次真心实意的忠告劝诫、一次次耐心细致的批阅指导、一次次全力以赴的倾力支持。回想写作之初徐老师"恨铁不成钢"的殷切期望，内心充满愧疚，我深知本书的学术和认知层次都无法达到徐老师的要求。巨大的建筑总是由一木一石叠起来的，艰辛的写作之路仅仅是"教师关键能力"研究的起点，而新的研究旅程才刚刚开始。在忙碌的生活中，唯有静下心读书沉淀，才能创作出更有价值的作品。